国网宁夏电力有限公司输变电工程通用设计

35～110kV分册

（含三维模型库）

国网宁夏电力有限公司　编

国网宁夏电力有限公司输变电工程通用设计是根据宁夏地区电网建设工程特点和实践经验，以提升工程质量和标准化建设能力为目标，统一工程建设标准、规范建设管理、合理控制造价的重要手段。

《国网宁夏电力有限公司输变电工程通用设计 35～110kV 分册（含三维模型库）》共分为 3 篇，第 1 篇为总的部分；第 2 篇为变电站部分，包括 1 个 35kV 变电站、4 个 110kV 变电站通用设计方案；第 3 篇为线路部分，包括 12 个模块共 95 个线路杆塔方案。本书可供国网宁夏电力有限公司系统内各设计单位，以及电力工程管理、施工、运行等专业人员使用。

图书在版编目（CIP）数据

国网宁夏电力有限公司输变电工程通用设计. 35～110kV 分册：含三维模型库 / 国网宁夏电力有限公司编. —北京：中国电力出版社，2020.11

ISBN 978-7-5198-5173-6

Ⅰ. ①国… Ⅱ. ①国… Ⅲ. ①输电–电力工程–工程设计–宁夏②变电所–电力工程–工程设计–宁夏③输电线路–电力工程–工程设计–宁夏 Ⅳ. ①TM7②TM63

中国版本图书馆 CIP 数据核字（2020）第 230687 号

出版发行：中国电力出版社
地　　址：北京市东城区北京站西街 19 号（邮政编码：100005）
网　　址：http://www.cepp.sgcc.com.cn
责任编辑：王春娟　匡　野（010-63412786）
责任校对：黄　蓓　郝军燕
装帧设计：张俊霞
责任印制：石　雷

印　　刷：三河市万龙印装有限公司
版　　次：2020 年 11 月第一版
印　　次：2020 年 11 月北京第一次印刷
开　　本：880 毫米×1230 毫米　横 16 开本
印　　张：13
字　　数：457 千字
定　　价：220.00 元

编 委 会

编 写 单 位

组织单位　国网宁夏电力有限公司
牵头单位　国网宁夏电力有限公司建设部
主编单位　国网宁夏电力有限公司经济技术研究院
通用设计技术方案参编单位　宁夏宁电电力设计有限公司　宁夏吴忠天能电力设计有限公司　宁夏石嘴山天净电力勘测设计有限公司
宁夏中卫天源电力勘测设计咨询有限公司
三维模型库建模单位　宁夏宁电电力设计有限公司

编 写 人 员

第1篇　总的部分
审　　核　薛　东　丁向阳　夏　峻
编　　写　柴少磊　田　源　李钧超

第 2 篇　变电站部分

NX－110－A1－1 通用设计方案：

编制单位　宁夏吴忠天能电力设计有限公司

审　　核　张　辰　闫志杰　任凤琴　董晓晶

编　　写　文　杰　池　翔　韩　婷　樊永春　王学国　武晓播　杜宁花　买　亮

NX－110－A1－2 通用设计方案：

编制单位　宁夏石嘴山天净电力勘测设计有限公司

审　　核　施浩楠　邵雪瑾　陈　丹　任大江

编　　写　杨志钧　金　晶　丁　成　李少军　张晓娟　秦　博　张喜龙　汪　慧

NX－110－A2－6 通用设计方案：

编制单位　宁夏宁电电力设计有限公司

审　　核　武玉萍　张　辰　张铃珠　殷鹏飞

编　　写　施浩楠　崔丽丽　王　茜　张文娟　邵雪瑾　陆文鹏　李永华　戴朝恒

NX－110－A3－2 通用设计方案：

编制单位　宁夏宁电电力设计有限公司

审　　核　白　英　闫志杰　任凤琴　孟旭红

编　　写　张文娟　郭　科　饶美妮　胡广燕　王新新　宋江宁　李永华　谢春雷

NX－35－E1－2 通用设计方案：

编制单位　宁夏中卫天源电力勘测设计咨询有限公司

审　　核　李钧超　陈　丹　张铃珠　丁丽霞

编　　写　韩　力　蔡晓波　陆　浩　魏黎明　黄　越　王书君

变电站三维建模：

编制单位　宁夏宁电电力设计有限公司

审　　核　李钧超　张　辰　陈　丹　董晓晶　任大江

编　　写　白　英　宋江宁　施浩楠　郭　科　胡广燕　彭海涛　饶美妮　王艳婷　柳　楠

第3篇　线路部分

技术方案部分：

编制单位　国网宁夏电力有限公司经济技术研究院

审　　核　彭正伟　王学平

编　　写　巩鑫龙　张　维　王　龙　李钧超

杆塔三维建模：

编制单位　宁夏宁电电力设计有限公司

审　　核　张　维　巩鑫龙　王　龙

编　　写　田　帅　马海鹏　王学平　付红安　刘鹏飞　郭明明　卢　佳　江　涛

前　　言

为提高宁夏电网工程建设质量，提升标准化建设能力，国网宁夏电力有限公司建设部会同相关部门及单位，组织国网宁夏电力有限公司经济技术研究院和4家设计单位，在《国家电网有限公司35～750kV输变电工程通用设计、通用设备应用目录》（2019年版）的基础上，深入总结宁夏电网建设技术创新及实践成果，深化省级通用设计应用研究，编制宁夏公司35～110kV通用设计及三维模型库。

《国网宁夏电力有限公司输变电工程通用设计　35～110kV分册（含三维模型库）》包括宁夏地区常用的35～110kV变电站及线路杆塔设计方案、主要设计图纸、三维模型等。本书共分为3篇，第1篇为总的部分；第2篇为变电站部分，包括1个35kV变电站、4个110kV变电站通用设计方案；第3篇为线路部分，包括12个模块共95个线路杆塔方案。本书提供各方案技术文件及主要设计图纸，其他设计图纸及三维模型库以电子版形式通过其他方式发布。

由于编者水平有限，不妥之处敬请读者批评指正。

目　录

第1篇　总的部分

第2篇　变电站部分

第3篇　线路部分

第1篇

总　的　部　分

第1章　概　　述

1.1　工作内容

为全面提升电网建设能力，应用模块化变电站建设及三维设计技术，国网宁夏电力有限公司组织开展35～110kV输变电工程通用设计（含三维模型库）编制工作。主要包括以下内容：

（1）根据《国家电网有限公司35～750kV输变电工程通用设计、通用设备应用目录》（2019年版），结合《国网基建部关于发布35～750kV变电站通用设计通信、消防部分修订成果的通知》（基建技术〔2019〕51号）相关修订内容，选择宁夏地区常用的35～110kV变电站通用设计方案及线路杆塔模块，进行深化设计。

（2）编制形成《国网宁夏电力有限公司输变电工程通用设计　35～110kV分册（含三维模型库）》，通过对现行通用设计的应用情况梳理，优化、细化了宁夏地区常用方案，形成省级应用方案及模块，包括110kV变电站方案4个、35kV变电站方案1个、110kV线路杆塔67个、35kV线路杆塔28个，全面涵盖宁夏地区近年来常用方案及模块。

（3）按照全面应用三维设计的工作要求，根据《国家电网公司输变电工程三维设计建模规范》，对通用设计方案及模块进行三维建模，形成发布省级三维设计模型库。

1.2　目的和意义

（1）深化标准化建设。积极倡导“标准化+优化”理念，集成应用成熟实用的模块化建设技术，形成各专业标准化技术方案，实现设计、建设标准化，并结合地区实际情况不断优化方案，提升工程建设水平。

（2）适应数字化建设发展要求。全面应用三维设计技术，建设统一标准模型，提升宁夏整体三维设计能力建设，锻炼三维设计人才队伍。

（3）提高工程建设效率。实现工程设计、工程评审、设备采购、工程建设、数据移交、生产运行环节有效衔接，提高电网建设项目建设全过程的精益化管理和建设效率。

1.3　编制原则

国网宁夏电力有限公司输变电工程通用设计编制坚持“可靠性、先进性、经济性、适用性”的原则。

（1）可靠性。各基本方案及模块安全可靠，可以成熟应用。

（2）先进性。推广应用电网新技术、鼓励设计创新，设备选型和各项技术经济指标先进合理。

（3）经济性。综合考虑工程投资、改扩建与运行费用，追求工程全寿命周期内最佳的经济效益。

（4）适用性。综合考虑宁夏地区实际情况，基本方案涵盖地区常用方案及模块，通过方案优化及模块组合满足各类工程应用需求。

第2章 工 作 过 程

2.1 工作方式

本次通用设计编制由国网宁夏电力有限公司建设部（简称国网宁夏电力建设部）牵头，国网宁夏电力有限公司经济技术研究院（简称国网宁夏经研院）统一组织，宁夏宁电电力设计有限公司、宁夏吴忠天能电力设计有限公司、宁夏石嘴山天净电力勘测设计有限公司、宁夏中卫天源电力勘测设计咨询有限公司等单位参与编写。

（1）广泛调研，征求意见。在现行模块化通用设计的基础上，广泛调研各地区应用需求，优化确定方案，并征求公司相关部门及单位意见。

（2）统一组织，分工负责。统一组织工作大纲编制、征集意见协调、设计成果评审、成果整理发布等工作，各设计单位负责编写具体方案内容。

（3）严格把关、保证质量。由国网宁夏电力有限公司建设部牵头成立协调工作组，把控工作进度，经研院成立专家评审组，确保工作质量，保证按期完成。

2.2 工作过程

通用设计编制工作分为需求调研、工作分工、方案编制、三维建模、征集意见、组织出版等过程。

（1）需求调研。2019 年 3 月，调研区内所属各供电公司近 3 年通用设计应用情况，包括实施情况、应用比例、未来 3 年电网建设规划等。2019 年 4 月，根据调研情况提出技术方案实施内容，确定拟实施的变电站方案及线路杆塔模块，并征求各单位意见。

（2）工作分工。2019 年 5 月，由国网宁夏电力建设部组织召开国网宁夏电力有限公司通用设计深化编制工作启动会，由国网宁夏经研院组织区内各设计单位进行方案讨论，明确了技术方案组合、工作内容及分工。

（3）方案编制。2019 年 6～8 月，各设计单位根据要求，完成 5 个变电站方案及 95 个铁塔模块的方案初稿编制，国网宁夏经研院组织专家进行初审。

2019 年 8 月，国网基建部发布了《35～750kV 变电站通用设计通信、消防部分修订成果》，该成果内容根据最新的规范对现行通用设计进行了较大幅度的修编，国网宁夏电力建设部立刻组织编制工作组进行学习并将成果应用至本次编制工作。

2019 年 10～12 月，国网宁夏电力建设部与国网宁夏经研院多次成立专家组对编制完成的通用设计方案进行评审并修改。

（4）三维建模。2019 年 11 月，经研院组织对修编完成的通用设计成果进行三维建模，于 2020 年 1 月完成所有模型建立，并通过校核。

（5）征集意见。2020 年 3 月，公司建设部组织征集意见，将编制完成的通用设计方案发送相关部门，并根据反馈意见进行最终修编。

（6）组织出版。2020 年 4～6 月，编辑整理最终成果并交中国电力出版社。

第3章 设 计 依 据

3.1 设计依据性文件

《国家电网公司输变电工程 35～110kV 智能变电站模块化建设通用设计》（2016 年版）

基建技术〔2019〕51 号 《国网基建部关于发布 35～750kV 变电站通用设计通信、消防部分修订成果的通知》

国家电网基建〔2018〕585 号 《国家电网有限公司关于全面应用输变电工程三维设计及建设工程数据中心的意见》

国家电网基建〔2019〕168 号 《国家电网有限公司关于发布 35～750kV 输变电工程通用设计通用设备应用目录（2019 年版）的通知》

宁电建设字〔2016〕14 号 《国网宁夏电力公司关于印发智能变电站模块化建设推进实施方案的通知》

宁电建设字〔2019〕28 号 《国网宁夏电力建设部关于印发电网工程数字化管理应用建设推进工作方案的通知》

3.2 主要设计标准、规程规范

GB/T 14285—2006 《继电保护和安全自动装置技术规程》
GB/T 30155—2013 《智能变电站技术导则》
GB/T 50006—2010 《厂房建筑模数协调标准》
GB 50016—2014 《建筑设计防火规范》
GB 50017—2017 《钢结构设计标准》
GB 50059—2011 《35kV～110kV 变电站设计规范》
GB 50060—2008 《3～110kV 高压配电装置设计规范》
GB 50061—2010 《66kV 及以下架空电力线路设计规范》
GB 50064—2014 《交流电气装置的过电压保护和绝缘配合设计规范》
GB 50065—2011 《交流电气装置的接地设计规范》
GB 50116—2013 《火灾自动报警系统设计规范》
GB 50217—2018 《电力工程电缆设计标准》
GB 50229—2019 《火力发电厂与变电站设计防火标准》
GB 50545—2010 《110kV～750kV 架空输电线路设计规范》
GB 50974—2014 《消防给水及消火栓系统技术规范》
GB 50260—2013 《电力设施抗震设计规范》
DL/T 448—2016 《电能计量装置技术管理规程》
DL/T 620—1997 《交流电气装置的过电压保护和绝缘配合》
DL/T 860 《变电站通信网络和系统》
DL/T 5002—2005 《地区电网调度自动化设计技术规程》
DL/T 5003—2017 《电力系统调度自动化设计规程》
DL/T 5044—2014 《电力工程直流电源系统设计技术规程》
DL/T 5056—2007 《变电站总布置设计技术规程》
DL/T 5136—2012 《火力发电厂、变电站二次接线设计技术规程》
DL/T 5137—2001 《电测量及电能计量装置设计技术规程》
DL/T 5154—2012 《架空输电线路杆塔结构设计技术规定》
DL/T 5157—2012 《电力系统调度通信交换网设计技术规程》
DL/T 5202—2004 《电能量计量系统设计技术规程》
DL/T 5222—2005 《导体和电器选择设计技术规定》
DL/T 5242—2010 《35kV～220kV 变电站无功补偿装置设计技术规定》
DL/T 5352—2018 《高压配电装置设计规范》
DL/T 5457—2012 《变电站建筑结构设计技术规程》
DL/T 5149—2020 《变电站监控系统设计规程》
Q/GDW 166 《国家电网有限公司输变电工程初步设计内容深度规定》
Q/GDW 11798—2018 《输变电工程三维设计技术导则》
Q/GDW 11809—2018 《输变电工程三维设计模型交互规范》
Q/GDW 11810—2018 《输变电工程三维设计建模规范》
Q/GDW 11811—2018 《输变电工程三维设计软件基本功能规范》
Q/GDW 11812—2018 《输变电工程数字化移交技术导则》
Q/GDW 11152—2014 《智能变电站模块化建设技术导则》
Q/GDW 11154—2014 《智能变电站预制电缆技术规范》
Q/GDW 11155—2014 《智能变电站预制光缆技术规范》
Q/GDW 11157—2017 《预制舱式二次组合设备技术规范》

第 4 章 主 要 内 容

4.1 变电站通用设计方案

全面应用通用设计、通用设备，满足初步设计阶段的应用要求。本次编制变电站通用设计方案 5 个，如表 4－1 所示。

表 4-1　　变电站通用设计方案

序号	方案编号	建设规模	接线型式	总布置及配电装置	围墙内占地面积（m²）/总建筑面积（m²）
1	NX-110-A1-1	主变压器：3×50MVA；出线：110kV 4 回，10kV 36 回；每台主变压器 10kV 侧无功：并联电容器 2 组	110kV：单母线分段接线；10kV：单母线分段接线	110kV 与主变压器场地户外平行布置；110kV：户外 GIS，架空出线；10kV：户内开关柜，电缆出线	0.3678/455
2	NX-110-A1-2	主变压器：3×50MVA；出线：110kV 4 回，35kV 6 回：10kV 36 回；每台主变压器 10kV 侧无功：并联电容器 2 组	110kV：单母线分段接线；35kV：单母线分段接线；10kV：单母线分段接线	110kV 与主变压器场地户外平行布置，110kV：户外 GIS，架空出线；35kV、10kV：户内开关柜，电缆出线	0.4073/540
3	NX-110-A2-6	主变压器：3×50MVA；出线：110kV 4 回，10kV 36 回；每台主变压器 10kV 侧无功：并联电容器 2 组	110kV：单母线分段接线；10kV：单母线分段接线	全户内一幢楼布置；110kV：户内 GIS，电缆出线；10kV：户内开关柜，电缆出线	0.3643/1116
4	NX-110-A3-2	主变压器：3×50MVA；出线：110kV 4 回，35kV 12 回，10kV 24 回；每台主变压器 10kV 侧无功：并联电容器 2 组	110kV：单母线分段接线；35kV：单母线分段接线；10kV：单母线分段接线	半户内一幢楼布置，主变压器户外布置；110kV：户内 GIS，电缆出线；35kV、10kV：户内开关柜，电缆出线	0.4517/1176
5	NX-35-E1-2	主变压器：2×10MVA；出线 35kV 2 回，10kV 8 回；每台主变压器 10kV 侧无功：并联电容器 1 组	35kV：单母线接线；10kV：单母线分段接线	主变压器户外布置，35kV、10kV：户内开关柜，预制舱布置，电缆出线	0.1057/60

4.2　线路杆塔通用设计模块

全面应用通用设计，严格按照统一属性参数、统一数据格式建模，实现模型的通用性，满足初步设计阶段的应用要求。本次编制输电线路杆塔通用模块 95 个，如表 4-2 所示。

表 4-2

线路杆塔通用设计模块

序号	模块编号	模块数量	铁塔
1	1B3	9	1B3-ZM1
			1B3-ZM2
			1B3-ZM3
			1B3-ZMK
			1B3-J1
			1B3-J2
			1B3-J3
			1B3-J4
			1B3-DJ
2	1E4	9	1E4-SZ1
			1E4-SZ2
			1E4-SZ3
			1E4-SZK
			1E4-SJ1
			1E4-SJ2
			1E4-SJ3
			1E4-SJ4
			1E4-SDJ
3	1D17	9	1D17-SZ1
			1D17-SZ2
			1D17-SZ3
			1D17-SZK
			1D17-SJ1
			1D17-SJ2
			1D17-SJ3
			1D17-SJ4
			1D17-SDJ
4	1A4	9	1A4-ZM1
			1A4-ZM2
			1A4-ZM3
			1A4-ZMK
			1A4-J1
			1A4-J2
			1A4-J3
			1A4-J4
			1A4-DJ
5	1C3	9	1C3-ZM1
			1C3-ZM2
			1C3-ZM3
			1C3-ZMK
			1C3-J1
			1C3-J2
			1C3-J3
			1C3-J4
			1C3-DJ
6	1D17	9	1D17-SZ1
			1D17-SZ2
			1D17-SZ3
6	1D17	9	1D17-SZK
			1D17-SJ1
			1D17-SJ2
			1D17-SJ3
			1D17-SJ4
			1D17-SDJ
7	1F3	4	1F3-SZ1
			1F3-SZ2
			1F3-SZ3
			1F3-SZK
8	1F4	9	1F4-SZ1
			1F4-SZ2
			1F4-SZ3
			1F4-SZK
			1F4-SJ1
			1F4-SJ2
			1F4-SJ3
			1F4-SJ4
			1F4-SDJ
9	35B07	7	35B07-Z1
			35B07-Z2
			35B07-Z3
			35B07-J1
			35B07-J2
			35B07-J3
			35B07-J4
10	35B08	7	35B08-Z1
			35B08-Z2
			35B08-Z3
			35B08-J1
			35B08-J2
			35B08-J3
			35B08-J4
11	35B09	7	35B09-SZ1
			35B09-SZ2
			35B09-SZ3
			35B09-SJ1
			35B09-SJ2
			35B09-SJ3
			35B09-SJ4
12	35B10	7	35B10-SZ1
			35B10-SZ2
			35B10-SZ3
			35B10-SJ1
			35B10-SJ2
			35B10-SJ3
			35B10-SJ4
合计		95	

第 2 篇

变 电 站 部 分

第 5 章 NX－110－A1－1 通用设计方案

1. 主要技术条件

NX－110－A1－1 通用设计方案主要技术条件，如表 5－1 所示。

表 5－1 主 要 技 术 条 件

序号	项目名称	技术条件
1	主变压器	3×50MVA
2	出线规模	110kV 远期出线 4 回，架空出线 10kV 远期出线 36 回，电缆出线
3	电气主接线	110kV 采用单母线分段接线 10kV 采用单母线三分段接线
4	无功补偿	每台变压器配置 10kV 电容器 2 组，容量为（3.6+4.8）Mvar
5	短路电流	110kV 短路电流：40kA 10kV 短路电流：31.5、40kA
6	主要设备选型	主变压器：三相双绕组低损耗、低噪声自冷式有载调压变压器 110kV：户外 GIS 10kV：开关柜，配置真空断路器 10kV 电容器：框架式，电抗器三相叠落布置
7	电气总平面及配电装置	110kV 配电装置、主变压器、10kV 配电装置平行布置 主变压器：户外布置 110kV GIS：户外布置，架空出线 10kV：户内开关柜双列布置、电缆出线
8	监控系统	按无人值守设计，采用计算机监控系统，监控和远动统一考虑

续表

序号	项目名称	技术条件
9	模块化二次设备	采用预制舱二次组合设备，全站设置 1 个二次设备室、1 个Ⅲ型预制舱和 1 个蓄电池室。二次设备室内布置一体化电源设备模块及通信设备模块，舱内含站控层设备模块、110kV 间隔设备模块、公用设备模块及主变压器间隔层设备模块 采用预制式智能控制柜，110kV 过程层设备按间隔配置，分散布置于就地预制式智能控制柜内
10	土建部分	围墙内占地面积 3678m^2，总建筑面积 455m^2，设 1 座配电装置室、1 座警卫室，采用单层装配式钢框架结构，室内外设置移动式化学灭火装置
11	站址基本条件	海拔不大于 1500m，设计基本地震加速度按 0.20g 考虑，重现期 50 年的设计基本风速 v_0=30m/s，天然地基的地基承载力特征值 f_{ak}=150kPa，无地下水影响，假设场地为同一标高

2. 方案基本模块划分

NX－110－A1－1 通用设计方案基本模块划分如表 5－2 所示。

表 5－2 基 本 模 块 划 分

序号	基本模块编号	基本模块名称	基本模块描述
1	NX－110－A1－1－110	110kV 基本模块划分配电装置模块	110kV 远期出线 4 回，采用单母线分段接线，户外 GIS，架空出线，单回出线宽度 7.5m
2	NX－110－A1－1－ZB&10	主变压器及 10kV 配电装置模块	主变压器远期 3 组 50MVA，户外布置 10kV 远期出线 36 回，采用单母线分段接线，户内开关柜，电缆出线

续表

序号	基本模块编号	基本模块名称	基本模块描述
3	NX－110－A1－1－PDL	配电装置室模块	单层建筑，钢框架结构，建筑面积 395m²
4	NX－110－A1－1－JWS	警卫室模块	单层建筑，钢框架结构，建筑面积 60m²
5	NX－110－A1－1－YZC	预制舱式二次组合设备模块	Ⅲ型二次设备预制舱，舱内二次设备双列布置

3. 技术导则

3.1 概述

本设计方案是在《国家电网公司输变电工程 35～110kV 智能变电站模块化建设通用设计》（2016 年版）110kV－A1－1 方案的基础上，结合《国网基建部关于发布 35～750kV 变电站通用设计通信、消防部分修订成果的通知》（基建技术〔2019〕51 号）完成该方案初步设计阶段深度内容设计，并根据相关各部门意见对该方案局部调整。

3.1.1 设计对象

国网宁夏电力有限公司系统内的 110kV 户外变电站 A1－1 方案。

3.1.2 设计范围

变电站围墙以内，设计标高零米以上的生产及辅助生产设施。受外部条件影响的项目，如系统通信、保护通道、进站道路、站外给排水、地基处理、土方工程等不列入设计范围。

3.1.3 运行管理方式

本方案按无人值守设计。

3.1.4 模块化建设原则

（1）电气一、二次集成设备最大程度实现工厂内规模生产、调试、模块化配送，减少现场安装、接线、调试工作，提高建设质量、效率。一次设备本体与智能控制柜之间二次控制电缆采用预制电缆连接。

（2）配电装置布局应统筹考虑按二次设备模块化布置，便于安装、消防、扩建、运维、检修及试验等工作。

（3）变电站预制舱式二次组合设备由集成供货商一体化设计、一体化配送。

（4）监控、保护、通信等站内公用二次设备按功能设置一体化监控模块、电源模块、通信模块等，采用预制舱式二次组合设备和预制式智能控制柜。

（5）一次设备与二次设备之间采用预制电缆标准化连接；二次设备之间采用预制光缆标准化连接。

（6）变电站高级应用应满足电网运行管理需求，模块化设计、分阶段实施。

（7）建筑物，构、支架采用装配式钢结构，实现标准化设计、工厂化制作、机械化安装。

（8）建筑物、构筑物基础采用标准化尺寸，定型钢模浇制。

3.1.5 设计深度

原则上按照 Q/GDW 166.2《国家电网公司输变电工程初步设计内容深度规定　第 2 部分：110（66）kV 变电站》有关内容开展工作。

3.2 电力系统部分

3.2.1 主变压器

设计方案中单台主变压器容量一般按 50MVA 常用容量配置。对于负荷密度较轻的地区，可以采用 40MVA 的变压器，当负荷特别轻时也可采用 31.5MVA 容量的变压器，对于负荷密度特别高的城市中心地区，单台主变压器容量可按 63MVA 或 80MVA 容量配置。

一般地区主变压器远期规模宜按 3 台配置，对于负荷密度特别高的城市中心、站址选择困难地区主变压器远期规模可按 4 台配置，对于负荷密度较低的地区主变压器远期规模可按 2 台配置。

主变压器采用双绕组。

实际工程中主变压器台数和容量、绕组数应根据相关的规程规范、导则和已经批准的电网规划计算确定，变压器调压方式应根据系统情况确定。

3.2.2 出线回路数

110kV 出线：一般情况下按 2～4 回配置，有电网特殊要求时可按 6～8 回配置。

10kV 出线：一般情况下每台主变压器按 8～12 回配置，有电网特殊要求时可按 14～24 回配置。

实际工程可根据具体情况对各电压等级出线回路数进行适当调整。

3.2.3 无功补偿

容性无功补偿容量按 10%～15%配置。

对于架空、电缆混合的 110kV 变电站，应根据系统条件经过具体计算后确定感性和容性无功补偿配置。

在不引起高次谐波谐振、有危害的谐波放大和电压变动过大的前提下，无功补偿装置宜加大分组容量和减少分组组数。

通用设计每台变压器低压侧无功补偿组数为 2 组。

具体工程必须经过调相调压计算来确定无功容量及分组的配置。

3.2.4 系统接地方式

110kV 系统采用直接接地方式；主变压器 10kV 侧接地方式宜结合线路负荷性质、供电可靠性等因素，采用不接地、经消弧线圈或小电阻接地方式。

3.3 电气一次部分

3.3.1 电气主接线

变电站的电气主接线应根据变电站的规划容量，线路、变压器连接元件总数，设备特点等条件确定，应综合考虑供电可靠性、运行灵活、操作检修方便、节省投资、便于过渡或扩建等要求。

（1）110kV 电气接线。110kV 最终规模 4 线 3 变采用单母线分段接线。实际工程中应根据出线规模、变电站在电网中的地位及负荷性质，确定电气接线，当满足运行要求时，宜简化接线。

（2）10kV 电气接线。2 台主变压器时宜采用单母线分段接线；3 台主变压器出线回路数在 36 回以下时采用单母线三分段接线，36 回及以上时采用单母线三分段、四分段接线；当每台主变压器带 16 回及以上出线时，每台主变压器采用双分支单母线分段接线。

（3）主变压器中性点接地方式。110kV 主变压器中性点直接接地或经隔离开关接地，依据出线线路总长度及出线线路性质确定 10kV 系统采用不接地、经消弧线圈或小电阻接地方式。

3.3.2 短路电流

110kV 电压等级：设备短路电流水平 40kA。

10kV 电压等级：31.5kA 或 40kA（实际工程根据所处电网短路电流水平确定）。

3.3.3 主要设备选择

（1）电气设备选型应从《国家电网公司标准化成果（输变电工程通用设计、通用设备）应用目录》中选择。

（2）变电站内一次设备应采用“一次设备本体+智能组件”形式；与一次设备本体有安装配合的互感器、智能组件，应与一次设备本体采用一体化设计，优化安装结构，保证一次设备运行的可靠性及安全性。

（3）主变压器采用三相双绕组、低损耗、油浸自冷式，容量特别大或者布置受限时也可采用油浸风冷式主变压器；位于城镇区域的变电站宜采用低噪声变压器。主变压器可通过集成于设备本体的传感器，配置相关的智能组件实现冷却装置、有载分接开关的智能控制。

（4）110kV 开关设备根据站址地理位置、环境条件等因素的要求，采用 GIS 设备。

（5）110kV 电压等级及主变压器各侧采用常规互感器+合并单元形式，并应按要求优化互感器二次绕组配置数量以及容量。

（6）10kV 开关设备采用户内空气绝缘开关柜。海拔高于 2000m 以上，10kV 开关设备采用户内充气式开关柜。

（7）无功补偿装置选用户外框架式并联电容器，容量根据实际工程核算无功补偿容量后配置，串联干式空芯电抗器，电抗率根据实际工程所处谐波级次配置。电抗器采用叠装方式，应采取有效措施防止电抗器单相事故发展为相间事故。

3.3.4 导体选择

母线载流量按最大穿越功率考虑，按发热条件校验。

出线回路的导体截面按不小于送电线路的截面考虑。

110kV 导线截面应进行电晕校验及对无线电干扰校验。

主变压器 110kV 侧导线载流量按不小于主变压器额定容量 1.05 倍计算，实际工程中可根据需要考虑承担另一台主变压器事故或检修时转移的负荷。

110kV 分段载流量须按系统规划要求的最大通流容量考虑。

3.3.5 电气总平面布置

电气总平面布置应减少变电站占地面积，以最少土地资源达到变电站建设要求。出线方向适应各电压等级线路走廊要求，尽量减少线路交叉和迂回。配电装置尽量不堵死扩建的可能，进站道路条件允许时，变电站大门直对主变压器运输道路。

变电站大门及道路的设置应满足主变压器、大型装配式预制件、预制舱式二次组合设备等的整体运输；户外变电站采用预制舱式二次组合设备，利用配电装置附近空余场地布置预制舱式二次组合设备，优化二次设备室面积和变电站总平面布置。

3.3.6 配电装置

（1）配电装置布局紧凑合理，主要电气设备、装配式建（构）筑物以及预制舱式二次组合设备的布置应便于安装、消防、扩建、运维、检修及试验工作。

（2）配电装置可结合装配式建筑以及预制舱式二次组合设备的应用进一步合理优化，但电气设备与建（构）筑物之间电气尺寸应满足 DL/T 5352—2018《高压配电装置设计规范》的要求。

（3）屋外高压配电装置采用软母线普通中型配电装置。

（4）屋外配电装置的布置应能适应预制舱式二次组合设备的下放布置，缩短一次设备与二次系统之间的距离。

（5）屋内配电装置布置在装配式建筑内时，应考虑其安装、检修、起吊、运行、巡视以及气体回收装置所需的空间和通道。

（6）110kV 配电装置采用户外 GIS 配电装置。户外 GIS 设备间隔宽度宜取 1.5m。2 回出线共用一跨构架，间隔宽度 1.5m（可根据工程实际海拔高度对间隔宽度进行调整）。110kV 电气设备距围墙距离采用 3.0m。

3.3.7 站用电

交流站用电系统为 380/220V 中性点接地系统。站用电系统采用单母线分段接线。

站用电源采用交直流一体化电源系统。

3.3.8 电缆敷设

电力电缆和控制电缆选择按照 GB 50217—2018《电力工程电缆设计标准》和 Q/GDW 11154—2014《智能变电站预制电缆技术规范》选择。

优化电缆敷设路径，取消间隔内支沟。电缆沟内强弱电缆进行有效分隔，在满足电缆（光缆）敷设容量要求的前提下，配电装置场地主通道可采用电缆沟或槽盒。二次设备室不宜设置电缆夹层，位于建筑一层时，宜设置电缆沟。

高压组合电器设备本体与汇控柜采用标准预制电缆连接。

光缆由不同路径进入二次设备室。

3.4 二次系统

3.4.1 系统继电保护安全自动装置

3.4.1.1 110kV 线路保护

（1）每回 110kV 线路按光纤电流差动保护配置，以光纤电流差动为主保护，三段式相间距离、三段式接地距离，四段式零序电流方向保护为后备保护，含断路器操作及重合闸功能。当因为外部条件无法配置光纤电流差动保护时，也可配置距离保护。

（2）110kV 主网（环网）线路的保护和测控应配置独立的保护装置和测控装置，其他 110kV 线路配置保护测控一体装置。

（3）保护采用直接采样、直接跳闸。

3.4.1.2 110kV 母线保护

（1）配置一套母线保护。

（2）110kV 母线保护直接采样、直接跳闸。

3.4.1.3 110kV 母联（分段）保护

（1）按断路器配置单套母联（分段），具备瞬时和延时跳闸功能的充电及过电流保护。

（2）110kV 主网（环网）母联保护和测控应配置独立的保护装置和测控装置，其他 110kV 母联断路器配置保护测控一体装置。

（3）母联（分段）保护采用直接采样。

3.4.1.4 故障录波

保护及故障信息系统子站不配置独立装置，保护装置信息由 I 区监控主机或 I 区通信网关机接收后存储在 I 区。

其主要功能有：

（1）保护运行管理功能，对站内的保护装置的运行信息，如保护动作、保护起动、自检、开关量压板、工况等信息进行查询统计工作，并可生成各种报告。

（2）利用录波数据、采样值数据，能够进行波形分析、相序分量分析、谐波分析，对波形可进行拷贝、放缩、叠加等操作。

（3）数据远传。通过路由器广域网方式与管理主站进行双向通信，并接受管理主站的访问及管理。

3.4.2 调度自动化

3.4.2.1 调度关系及远动信息传输原则

调度管理关系根据电力系统概况、调度管理范围划分原则和调度自动化系统现状确定。远动信息的传输原则根据调度管理关系确定。

3.4.2.2 远动设备配置

远动通信设备（I 区数据通信网关机）配置应符合本章 3.4.4.3 的相关要求，并优先采用专用装置、无硬盘型，采用专用操作系统。

3.4.2.3 远动信息采集

远动信息采取“直采直送”原则，直接从监控系统的测控单元获取远动信息并向调度端传送。

3.4.2.4 远动信息传送

（1）远动通信设备应能实现与相关调控中心的数据通信，采用电力调度数据网络方式或常规远动通道互为备用的方式。网络通信采用 DL/T 634.5104 规约。

（2）远动信息内容应满足 DL/T 5003—2017《电力系统调度自动化设计规程》、DL/T 5002—2005《地区电网调度自动化设计技术规程》、Q/GDW 678《智能变电站一体化监控系统功能规范》、Q/GDW 679《智能变电站一体化监控系统建设技术规范》和相关调度端、无人值班远方监控中心对变电站的监控要求。

3.4.2.5 电能量计量系统

（1）全站配置一套电能量计量系统子站设备，包括电能计量表与电能量远方终端。信息通过综合信息数据网方式将电能量数据传送至各级电网计量主站。

（2）关口计费点配置独立电能表，并符合 DL/T 5202—2004《电能量计量系统设计技术规程》的规定。

3.4.2.6 调度数据网络及安全防护装置

（1）配置双套调度数据网络接入设备，含相应的调度数据网络交换机及路由器，组柜 2 面。

（2）安全Ⅰ区设备与安全Ⅱ区设备之间通信可设置防火墙；监控系统通过正反向隔离装置向Ⅲ/Ⅳ区数据通信网关机传送数据，实现与其他主站的信息传输；监控系统与远方调度（调控）中心进行数据通信应设置纵向加密认证装置。

（3）安全Ⅱ区部署 1 套网络安全监测装置，接入电力调度数据网与调度机构的网络安全管理平台，实现主站网络安全平台的统一管控。

3.4.3 光纤系统及站内通信

3.4.3.1 光纤系统通信

光纤通信电路的设计，应结合通信网现状、工程实际业务需求以及各网省公司通信网规划进行。

（1）光缆类型以 OPGW 为主，光缆纤芯类型宜采用 G.652 光纤。随新建 110kV 线路应至少建设 1 根 OPGW 光缆，每根光缆芯数不少于 48 芯。

（2）宜随新建 110kV 电力线路建设光缆，110kV 变电站应具备至少 2 个光缆路由以及 2 条及以上独立的光缆敷设通道。

（3）变电站应按调度关系及地区通信网络规划要求建设相应的光传输系统。光传输系统的传输速率应满足各类业务需求及规划发展要求。

（4）变电站应至少配置 1 套地市级光传输设备，接入相应的光传输网。

（5）同一方向的多条光缆或同一传输系统不同方向的多条光缆应避免同路由敷设进入二次设备室。

3.4.3.2 站内通信

（1）变电站不设置程控调度交换机。变电站调度、行政电话由调度运行单位采用 PCM 放小号方式或软交换及 IAD 接入方式解决。

（2）变电站应配置 1 套综合数据通信网设备。综合数据通信网设备宜采用两条独立的上联链路与网络中就近的两个汇聚节点互联。

（3）变电站通信设备的环境监测功能由站内智能辅助控制系统统一考虑。

（4）变电站通信设备采用站内一体化电源系统实现－48V 直流供电，配置独立的 DC/DC 转换装置。每个 DC/DC 转换模块直流输入侧加装独立空气开关，通信负载电流按 130A 考虑。

（5）变电站通信设备与二次设备统一布置，通信设备屏位应按变电站远期规模考虑。

3.4.4 变电站自动化系统

3.4.4.1 监控范围及功能

监控系统实现全站信息的统一接入、统一存储和统一展示，具备运行监视、操作与控制、综合信息分析与智能告警、运行管理各辅助应用等功能。

变电站自动化系统设备配置和功能要求按无人值班设计，采用开放式分层分布式网络结构，通信规约统一采用 DL/T 860。监控范围及功能满足 Q/GDW 678、Q/GDW 679 的要求。

3.4.4.2 系统网络

（1）站控层网络。站控层网络采用单套星形以太网络，站控层交换机按二次设备室（舱）或按电压等级配置交换机，并相互级联。

（2）过程层网络。

1）110kV 过程层设置单星形以太网络，GOOSE 报文与 SV 报文共网传输。110kV 间隔层设备与过程层设备之间保护信息采用点对点方式传输 GOOSE、SV 报文，测控信息采用组网方式传输 GOOSE、SV 报文。过程层集中设置过程层交换机。

2）10kV 不单独设置过程层网络，当 110kV 过程层设置单星形以太网络时，主变压器 10kV 过程层设备接入 110kV 过程层网络，GOOSE 报文通过站控层网络传输。

3.4.4.3 设备配置原则

（1）站控层设备配置原则。站控层设备按远期规模配置，按照功能分散配置、资源共享、避免设备重复设置的原则。

1）监控主机双套配置，集成数据服务器、操作员站、工程师工作站与监控主机。

2）综合应用服务器单套配置。

3）Ⅰ区数据通信网关机兼具图形网关机功能，按双套配置。

4）Ⅱ区数据通信网关机单套配置。

5）Ⅲ/Ⅳ区数据通信网关机单套配置。

（2）间隔层设备配置原则。间隔层包括继电保护、安全自动装置、测控装置、站域保护控制装置、故障录波系统、网络记录分析系统、计量装置等设备。

1）继电保护安全自动装置具体配置详见本章 3.4.1。

2）110kV 间隔（主变压器间隔除外）应采用保护测控集成装置；主变压器间隔测控装置应独立配置。10kV 电压等级采用保护、测控集成装置。

3）全站统一配置 1 套网络记录分析装置。网络记录分析装置应记录所有过程层 GOOSE、SV 网络报文、站控层 MMS 报文。

4）全站电能表独立配置。

（3）过程层设备配置原则。

1）合并单元。110kV 间隔合并单元单套配置；110kV 母线合并单元双套配置；主变压器各侧合并单元双套配置，中性点（含间隙）合并单元独立配置，也可并入相应侧合并单元；10kV 不配置合并单元（主变压器间隔除外）。

同一间隔内的电流互感器和电压互感器合用一个合并单元。合并单元分散布置于配电装置场地智能控制柜内，采用合并单元智能终端集成装置。

2）智能终端。110kV 及主变压器各侧智能终端单套配置，分散布置于配电装置场地智能控制柜内。主变压器本体智能终端单套配置，集成非电量保护功能。10kV 不配置智能终端（主变压器间隔除外）。采用合并单元智能终端集成装置。

3）预制式智能控制柜。预制式智能控制柜按间隔进行配置；对于 GIS 设备，预制式智能控制柜应与 GIS 汇控柜一体化设计。

（4）网络通信设备。包括网络交换机、接口设备和网络连接线、电缆、光缆及网络安全设备等。

1）站控层网络按二次设备室（舱）或按电压等级配置站控层交换机，并相互级联；交换机端口数量应满足应用需求，采用 100Mbit/s 电口。

2）过程层交换机集中设置。过程层每个虚拟网均应预留 1～2 个备用端口。任意两台智能电子设备之间的数据传输路由不应超过 4 台交换机。

3.4.5 元件保护

3.4.5.1 110kV 主变压器保护

（1）110kV 主变压器电量保护宜按双套配置，每套保护包含完整的主、后备保护功能；110kV 变压器电量保护也可按单套配置，主、后备保护分开；非电量保护单套配置，与本体智能终端装置集成。

（2）主变压器电量保护直接采样，直接跳各侧断路器；主变压器保护跳母联、分段断路器及闭锁备自投等可采用 GOOSE 网络传输。主变压器非电量保护采用就地通过电缆直接跳闸，信息通过本体智能终端上送。

3.4.5.2 10kV 线路、站用变压器、电容器保护

按间隔单套配置，采用保护、测控集成装置。

3.4.6 直流系统及不间断电源

3.4.6.1 系统组成

站用交直流一体化电源系统由站用交流电源、直流电源、交流不间断电源（UPS）、逆变电源（INV，根据工程需要选用）、直流变换电源（DC/DC）及监控装置等组成。监控装置作为一体化电源系统的集中监控管理单元。

系统中各电源通信规约应相互兼容，能够实现数据、信息共享。系统的总监控装置应通过以太网通信接口采用 DL/T 860 规约与变电站后台设备连接，实现对一体化电源系统的远程监控维护管理。

3.4.6.2 直流电源

（1）直流系统电压。110kV 变电站操作电源额定电压采用 220V，通信电源额定电压－48V。

（2）蓄电池型式、容量及组数。

全站装设 1 组蓄电池，蓄电池容量按 500Ah 考虑，设置独立的蓄电池室。

蓄电池容量选择应满足全站交流电源事故停电时间 2h 要求；对地理位置

偏远的变电站，电气负荷按 2h 事故放电时间计算，通信负荷按 4h 事故放电时间计算。

DC/DC 负荷系数为 0.8，合并单元、智能终端负荷系数参照保护装置。

（3）充电装置台数及型式。直流系统采用高频开关充电装置，每套蓄电池配置 1 套高频开关充电装置，模块数按 *N*+1 配置。

（4）直流系统供电方式。直流电源均采用辐射供电方式。35kV 及以下的保护、控制、合并单元智能终端由直流分电屏直接馈出，若馈电屏直流断路器不足，也可多间隔并接供电。对于下放至配电装置场地的智能控制柜，以柜为单位配置直流供电回路。每套智能控制柜配置一路公共直流电源。智能控制柜内各装置共用直流电源，采用独立空气开关分别引接。

3.4.6.3 交流不停电电源系统

配置两套交流不停电电源系统（UPS）。

3.4.6.4 直流变换电源装置

配置 1 套直流变换电源装置，采用高频开关模块型；*N*+1 冗余配置。通信电源采用直流变换电源（DC/DC）装置供电。

3.4.7 时间同步系统

（1）配置 1 套公用的时钟同步系统，主时钟双套配置，另配置扩展装置实现站内所有对时设备的软、硬对时。支持北斗系统和 GPS 系统单向标准授时信号，优先采用北斗系统，时钟同步精度和守时精度满足站内所有设备的对时精度要求。扩展装置的数量应根据二次设备的布置及工程规模确定。该系统预留地基时钟源接口。

（2）时间同步系统对时范围包括监控系统站控层设备、保护装置、测控装置、故障录波、合并单元、智能终端及站内其他智能设备等。

（3）站控层设备采用 SNTP 对时方式。间隔层设备采用 IRIG－B 对时方式，条件具备时也可采用 IEC 61588 网络对时。

（4）过程层设备同步：当采样值传输采用点对点方式时，合并单元采样值同步应不依赖于外部时钟。当采样值传输采用组网方式时，合并单元采样值同步采用 IRIG－B 方式（条件具备时也可采用 IEC 61588 网络对时），合并单元布置于户内配电装置场地时，时钟输入采用电信号；合并单元下放布置于户外配电装置场地时，时钟输入采用光信号。采样的同步误差应不大于±1μs。

3.4.8 辅助控制系统

全站配置一套智能辅助控制系统，实现图像监视及安全警卫、火灾报警、消防、照明、采暖通风、环境监测等系统的智能联动控制。智能辅助控制系统包括智能辅助系统综合监控平台、图像监视及安全警卫子系统、火灾自动报警及消防子系统、环境监视子系统等。

全站可配置 1 套智能辅助系统综合监控平台后台系统，由综合应用服务器实现，实现辅助系统的数据分类存储分析以及智能联动功能。

辅助控制系统具体功能要求应符合《智能变电站辅助控制系统技术规范》的规定。

3.4.9 二次设备模块化布置

3.4.9.1 二次设备模块划分原则

二次设备应最大程度实现工厂内规模生产、集成、调试、模块化配送，实现二次接线“即插即用”，有效减少现场安装、接线、调试工作，提高建设质量、效率。

（1）站控层设备模块：包含监控系统站控层设备、调度数据网络设备、二次系统安全防护设备等。

（2）公用设备模块：包含公用测控装置、时钟同步系统、电能量计量系统、故障录波装置、网络记录分析装置、辅助控制系统、火灾报警系统等。

（3）通信设备模块：包含光纤系统通信设备、站内通信设备等。

（4）一体化电源系统模块：包含站用交流电源、直流电源、交流不间断电源（UPS）、逆变电源（INV）、直流变换电源（DC/DC）、蓄电池等。

（5）110kV 间隔设备模块：包含 110kV 线路（母联、桥、分段）保护测控集成装置、110kV 母线保护、电能表、110kV 公用测控装置与交换机等。

（6）主变压器间隔层设备模块：包含主变压器保护装置、主变压器测控装置、电能表等。

3.4.9.2 二次设备模块布置原则

变电站采用预制舱式二次组合设备和预制式智能控制柜，基于上述模块划分原则开展多模块组合布置。

（1）采用预制舱式二次组合设备，全站设置一个公用设备预制舱，舱内含所有二次模块。

（2）预制舱应根据变电站远期建设规模、总平面布置、配电装置型式等，就近分散布置于配电装置区空余场地。

（3）预制舱具体技术要求详见 Q/GDW 11157《预制舱式二次组合设备技术规范》。

3.4.9.3 二次设备组柜原则

（1）站控层设备组柜原则。

1）2 台监控主机兼操作员、工程师工作站与数据服务器组 1 面柜。

2）1 台综合应用服务器组 1 面柜。

3）2 台Ⅰ区、1 台Ⅱ区数据通信网关机组 1 面柜。

4）公用设备（各电压等级公用测控装置）、站控层网络交换机组 1 面柜

（2）间隔层设备组柜原则。

1）110kV 线路间隔。110kV 线路 1 保护测控集成装置+110kV 线路 2 保护测控集成装置+110kV 线路 1 电能表+110kV 线路 2 电能表，组 1 面柜。

2）110kV 分段间隔。110kV 分段保护测控装置+过程层中心交换机组 1 面柜+备自投装置，组 1 面柜。

3）110kV 母线保护。110kV 母线保护组 1 面柜。

4）主变压器间隔。

a）主变压器电量保护：主变压器保护装置+过程层交换机，组 1 面柜；

b）主变压器测控：主变压器各侧测控装置，组 1 面柜；

c）主变压器电能表柜：全站主变压器各侧的电能表+电能量采集装置，组 1 面柜。

5）10kV 保护、测控集成装置，分散就地布置于开关柜。

（3）过程层设备组柜原则。

1）110kV 侧合并单元智能终端集成装置布置于智能控制柜内。

2）主变压器 10kV 侧合并单元智能终端集成装置布置于开关柜或智能控制柜内。

（4）网络设备组柜原则。

1）站控层不单独设置网络交换机柜，站控层网络设备与公用设备共同组 1 面柜。

2）过程层不单独设置过程层网络交换机柜，过程层网络交换机与保护装置共同组柜安装。

3）10kV 站控层交换机分散布置在各母线设备开关柜上，也可组 1 面柜布置在 10kV 配电装置室内。

（5）其他二次设备组柜原则。

1）故障录波。故障录波装置组 1 面柜。

2）网络记录分析。网络记录分析装置组 1 面柜。

3）时钟同步系统。时钟同步系统组 1 面柜。

4）智能辅助控制系统。智能辅助控制单独组柜。

5）交直流一体化电源系统。交直流一体化电源系统组柜安装。

6）电能计量系统。计费关口表每 6 块组一面柜。电能量采集终端与主变压器各侧电能表共同组柜。

7）集中接线柜。在预制舱内设置集中接线柜。

8）预留屏柜。预制舱内预留 2～3 面屏柜；二次设备室内按远期规模的 10%～15%预留。

3.4.9.4 柜体统一要求

根据配电装置型式选择不同型式的屏柜，断路器汇控柜与智能控制柜一体化设计。

（1）柜体要求。

1）全站二次系统设备柜体颜色应统一。

2）预制舱内二次设备采用前接线、前显示式装置，屏柜采用双列靠墙布置。屏柜采用 2260mm×800mm×600mm（高×宽×深）屏柜，站控层服务器柜可采用 2260mm×800mm×900（1000）mm（高×宽×深）屏柜，屏正面开门，屏后面不开门。

3）二次设备室内二次设备采用后接线、前显示装置，屏柜采用 2260mm×600mm×600mm（高×宽×深），二次设备室内柜体尺寸应统一。

（2）预制式智能控制柜要求。

1）柜体颜色，全站智能控制柜体颜色应统一。

2）柜体要求。

a）应采用双层不锈钢结构，内层密闭，夹层通风；当采用户外布置时，柜体的防护等级至少应达到 IP55。

b）具有散热和加热除湿装置，在温湿度达到预设条件时起动，信号需上传。

c）预制式智能控制柜内部的环境能够满足智能终端等二次元件的长年正常工作温度、电磁干扰、防水防尘条件，不影响其运行寿命。

3.4.10 互感器二次参数要求

3.4.10.1 对电流互感器的要求

采用常规电流互感器时，配置合并单元，合并单元下放布置在预制式智能控制柜内。对于关口计量点、考核点均配置独立的二次绕组接入计量表计。电

流互感器二次参数要求如表 5－3 所示。

表 5－3　　电流互感器二次参数一览表

电压（kV）	110	10
主接线	单母线	单母线分段
台数	3 台/间隔	3（2）台/间隔
二次额定电流（A）	5 或 1	5 或 1
准确级	5P/0.2S 5P/5P/0.2S/0.2S （主变压器进线）	5P/0.5/0.2S （出线、电容器、站用变压器、分段） 5P/5P/0.2S/0.2S （主变压器进线） 10P/10P （主变压器中性点、间隙）
二次绕组数	2（4）	出线、电容器、占用变压器、分段：3 主变压器进线：4 主变压器高压侧中性点 间隙：2
二次绕组容量（按 5A 考虑）	推荐值：15VA， 按计算结果选择	推荐值：15（30）VA 按计算结果选择

注　关口计费点可根据需要增加一组 0.2S 二次绕组。

3.4.10.2　对电压互感器的要求

采用常规电压互感器配置合并单元时，合并单元下放布置在预制式智能控制柜内。电压互感器二次参数要求如表 5－4 所示。

表 5－4　　电压互感器二次参数一览表

电压（kV）	110	10
主接线	单母分段	单母线分段
数量	母线：三相 线路外侧：单相	母线：三相
准确级	母线： 0.2/0.5（3P）/0.5（3P）/6P 线路：0.5（3P）	母线： 0.2/0.5（3P）/0.5（3P）/6P
二次绕组数	母线：4 线路外侧：1	4
额定变比	母线：$(110/\sqrt{3})/(0.1/\sqrt{3})/(0.1/\sqrt{3})/(0.1/\sqrt{3})/0.1$ 线路外侧：$(110/\sqrt{3})/(0.1/\sqrt{3})$	$(10/\sqrt{3})/(0.1/\sqrt{3})/(0.1/\sqrt{3})/(0.1/\sqrt{3})/(0.1/3)$
二次绕组容量	母线：推荐值：10VA 按计算结果选择	推荐值：10VA 按计算结果选择
	线路外侧：推荐值为 10VA 按计算结果选择	

3.4.11　光/电缆选择

3.4.11.1　光缆选择要求

（1）光缆选择应符合 Q/GDW 11155《智能变电站预制光缆技术规范》。

（2）采样值和保护 GOOSE 等可靠性要求较高的信息传输应采用光纤。

（3）光缆起点、终点在同一智能控制柜内并且同属于继电保护的同一套保护测控集成装置、合并单元、智能终端、过程层交换机等多个装置，可合用同一根光缆进行连接。

（4）跨房间、跨场地不同屏柜间二次装置连接采用室外双端预制光缆。

（5）预制舱式二次组合设备、二次设备室内部屏柜间光缆接线全部由集成商在工厂内完成。现场施工采用预制光缆实现二次光缆接线即插即用。

（6）光缆选择。

1）光缆的选用根据其传输性能、使用的环境条件决定。

2）除线路纵联保护专用光纤外，其余采用缓变型多模光纤。

3）室外预制光缆选用铠装、阻燃型，自带高密度连接器或分支器。光缆芯数选用 8 芯、12 芯、24 芯。

4）室内不同屏柜间二次装置连接采用尾缆或软装光缆，尾缆（软装光缆）采用 4 芯、8 芯、12 芯规格。柜内二次装置间连接采用跳纤，柜内跳线采用单芯或多芯跳纤。

5）每根光缆或尾缆应至少预留 2 芯备用芯，一般预留 20%备用芯。

6）应准确测算预制光缆敷设长度，避免出现光缆长度不足或过长情况。可利用柜体底部或特制槽盒两种方式进行光缆余长收纳。

7）应根据室外光缆、尾缆、跳纤不同的性能指标、布线要求预先规划合理的柜内布线方案，有效利用线缆收纳设备，合理收纳线缆余长及备用芯，满足柜内布线整洁美观、柜内布线分区清楚、线缆标识明晰的要求，便于运行维护。

8）室外光缆、尾缆从屏柜底部两侧或中间开孔进入，合理分配开孔数量，在屏柜两侧布线。

9）直流系统及蓄电池采用阻燃电缆。

3.4.11.2　网线选择要求

二次设备室内通信联系采用超五类屏蔽双绞线。

3.4.11.3　电缆选择及敷设要求

（1）电缆选择及敷设应符合 GB 50217—2018《电力工程电缆设计标准》

及 Q/GDW 11154—2014《智能变电站预制电缆技术规范》的规定。

（2）为增强抗干扰能力，机房和小室内强电和弱电间应采用不同的走线槽进行敷设。

（3）主变压器、GIS 本体与智能控制柜之间二次控制电缆采用预制电缆连接。

3.4.12 二次设备的接地、防雷、抗干扰

二次设备防雷、接地和抗干扰应满足 DL/T 5136—2012《火力发电厂、变电站二次接线设计技术规程》和 DL/T 5149—2020《变电站监控系统设计规程》的规定。预制舱的接地及抗干扰还应满足以下要求：

（1）预制舱应采用屏蔽措施，满足二次设备抗干扰要求。对于钢柱结构房，可采用 40mm×4mm 的扁钢焊成 2m×2m 的方格网，并连成六面体，与周边接地网相连，网格可与钢构房的钢结构统筹考虑。

（2）在预制舱静电地板下层，按屏柜布置的方向敷设 $100mm^2$ 的专用铜排，将该专用铜排首末端连接，形成预制舱内二次等电位接地网。屏柜内部接地铜排采用 $100mm^2$ 的铜带（缆）与二次等电位接地网连接。舱内二次等电位接地网采用 4 根以上截面积不小于 $50mm^2$ 的铜带（缆）与舱外主地网一点连接。连接点处需设置明显的二次接地标识。

（3）预制舱内暗敷接地干线，Ⅰ型预制舱在离活动地板 300mm 处设置 2 个临时接地端子，Ⅱ型、Ⅲ型预制舱在离活动地板 300mm 处设置 3 个临时接地端子。舱内接地干线与舱外主地网采用多点连接，不少于 4 处。

3.5 土建部分

3.5.1 站址基本条件

海拔不大于 1500m，抗震设防烈度 8 度，设计基本地震加速度 0.20g，设地震分组第二组，重现期 50 年的设计基本风速 v_0=30m/s，天然地基的地基承载力特征值 f_{ak}=150kPa，无地下水影响，场地同一标高。

3.5.2 总布置

3.5.2.1 总平面布置

变电站的总平面布置应根据生产工艺、运输、防火、防爆、保护和施工等方面的要求，按远期规模对站区的建（构）筑物、管线及道路进行统筹安排，工艺流畅。

变电站大门及道路的设置应满足主变压器、大型装配式预制件、预制舱式二次组合设备等整体运输。

3.5.2.2 站内道路

站内道路形成环形道路或结合市政道路形成环形布置，变电站大门面向站内主变压器运输道路。

站内主变压器运输道路及消防道路宽度为 4m，转弯半径不小于 9m。

站内道路采用城市型道路，可采用混凝土路面或沥青路面。

3.5.2.3 场地处理

屋外配电装置场地采用碎石地坪，设备操作区及巡视区域采用铺砌块地坪，湿陷性黄土场地应设置灰土封闭层，站区不考虑绿化。

3.5.3 装配式建筑物

3.5.3.1 建筑

（1）建筑应按工业建筑标准设计，统一标准、统一模数布置、方便生产运行。应做好建筑“四节”（节能、节地、节水、节材）工作。建筑材料选用因地制宜，选择节能、环保、经济、合理的材料。

（2）建筑物体型应紧凑、规整，在满足工艺要求和总平面布置的前提下，布置成单层建筑，建筑外观、预制舱应与周围环境相协调，符合城市规划要求。

（3）建筑设计的模数协调宜按 GB/T 50006—2010《厂房建筑模数协调标准》执行。

（4）建筑设计按无人值守运行要求，变电站内设置配电装置室及警卫室。配电装置室为单层建筑，布置有 10kV 配电室、二次设备室、蓄电池室、安全工具间、资料室；警卫室为单层建筑，布置有休息室、门卫室、卫生间等，具体工程可根据运行需要进行调整。

（5）建筑物外墙板及其接缝设计应满足结构、热工、防水、防火及建筑装饰等要求，内墙板设计应满足结构、隔声及防火要求。

（6）建筑物外墙板采用纤维水泥复合板或压型钢板复合板，靠近主变压器一侧墙板应满足防火相关要求；内墙板采用防火石膏板，墙体保温材料可采用聚苯板、岩棉等，墙厚根据热工计算确定。

（7）外墙、内墙采用涂料装饰；卫生间采用瓷砖墙面，设吊顶。

（8）门窗预留洞口位置应与墙板尺寸相适应，内门采用木门、外门采用钢制防盗门或防火门，外窗采用铝合金玻璃窗。

（9）屋面应采用Ⅰ级防水屋面。

3.5.3.2　结构

（1）配电装置室采用钢框架结构，推荐柱距为 6.0m 和 8.5m，跨度 9m，层高 4.0m；警卫室采用钢框架结构，推荐柱距 6.0m，跨度 3.5m，层高 3.0m。

（2）钢结构梁、柱采用热轧 H 型钢，屋面板采用钢筋桁架楼承板。

（3）基础采用钢筋混凝土独立基础，钢柱与基础采用外包式柱脚。

（4）钢结构的防腐采用镀层防腐和涂层防腐。

（5）钢结构防火采用涂敷防火涂料、外包防火板；耐火极限要求：钢柱 2.5h、钢梁 1.5h，楼板 1.0h。

3.5.4　装配式构筑物

3.5.4.1　围墙及大门

围墙采用清水围墙，高度为 2.3m。围墙顶部设置砌体压顶，围墙中部及转角处设置构造柱，构造柱间距不大于 3m，采用标准钢模浇制。

变电站大门采用钢制电动大门。

3.5.4.2　防火墙

防火墙可采用框架+大砌块、框架+预制墙板或组合钢模板清水钢筋混凝土三种型式。防火墙宽、高根据设备尺寸确定，应满足相关规程要求，墙体需满足耐火极限不小于 3h 的要求。

根据主变压器构架柱和防火墙长度设置钢筋混凝土现浇柱，现浇柱采用标准钢模浇制混凝土；框架+大砌块防火墙墙体材料采用大砌块，砌块推荐尺寸 600mm（长）×300mm（宽）×300mm（高），水泥砂浆抹面；框架+预制墙板防火墙墙体材料可采用轻质混凝土板或其他复合材料。

3.5.4.3　电缆沟

（1）电缆沟采用现浇混凝土或钢筋混凝土沟体，也可采用预制式电缆沟体；沟壁应高出场地地坪 100mm，沟宽采用 800mm、1100mm、1400mm。

（2）电缆沟盖板采用钢框架现浇整体盖板，每隔 6m 设一钢活动盖板，活动盖板宽度 500（600）mm，也可采用预制电缆沟盖板，大风沙地区盖板应采用防沙型盖板。

（3）配电装置区不设置电缆支沟，可采用电缆埋管或成品电缆槽盒系统。

3.5.4.4　构、支架

（1）构、支架统一采用钢结构，钢结构连接方式采用螺栓连接。

（2）110kV 出线构架采用两回一跨共用构架，主变压器构架采用与防火墙共用布置，构架柱采用钢管 A 型柱，构架梁采用三角形钢桁架梁，构架柱与基础采用地脚螺栓连接。

（3）设备支架柱采用圆形钢管柱，支架横梁采用钢管或槽钢横梁，支架柱与基础采用地脚螺栓连接。

（4）钢构、支架防腐采用热镀锌防腐。

（5）构架基础采用标准钢模浇制混凝土，构架基础尺寸为 1800mm、2100mm、2400mm。

3.5.4.5　设备基础

（1）主变压器基础宜采用筏板基础+支墩的基础形式，主变压器油坑尺寸根据设备尺寸确定，应满足相关规程要求。

（2）GIS 设备基础宜采用筏板+支墩的基础形式。

（3）小型基础宜采用预制清水混凝土构件。

3.5.5　暖通、水工、消防

3.5.5.1　暖通

变电站电气设备间设置分体柜式冷暖空调，其他房间可根据使用需要采用壁挂式空调。

变电站电气设备间室设置机械排风系统，其他房间均为自然通风。采用 SF_6 气体绝缘设备的配电装置室内应配置 SF_6 气体探测器。

变电站所有房间采暖均采用分散电采暖设备。

采暖通风系统与消防报警系统应能联动闭锁，同时具备自动起停、现场控制和远方控制的功能。

3.5.5.2　水工

水源采用市政管网引接，不具备引接条件的变电站可采用拉水方式，站内设储水设施；污水采用化粪池收集后排入市政污水管网，不具备外排条件的定期处理。

站区雨水经排水系统收集后排入市政雨水管网或站外排水设施。

主变压器设有油水分离式总事故油池，油池有效容积应按最大主变压器油量的 100%考虑。

3.5.5.3　消防

变电站消防设计应执行 GB 50229—2019《火力发电厂及变电站设计防火标准》、GB 50016—2014《建筑设计防火规范》相关规定。

主变压器消防采用推车式干粉灭火器及消防沙箱，配电装置室及电气设备采用移动式化学灭火器。电缆从室外进入室内的入口处，应采取防止电缆火灾蔓延的阻燃及分隔的措施。

站内设置火灾报警及控制系统，报警信号上传至地区监控中心及相关单位。

4. 标准化图纸目录

本书仅提供方案图纸及装配模型目录，如表5–5、表5–6所示，具体图纸与模型文件电子版以其他方式出版发行。

4.1 设计图纸

表5–5 设计图纸一览表

序号	图纸编号	图名
1	NX–110–A1–1–01	电气主接线图
2	NX–110–A1–1–02	总平面布置图
3	NX–110–A1–1–03	110kV 屋外配电装置断面图
4	NX–110–A1–1–04	主变场地平断面图
5	NX–110–A1–1–05	10kV 屋内配电装置平面布置图
6	NX–110–A1–1–06	10kV 并联电容器装置平断面图
7	NX–110–A1–1–07	全站直击雷保护布置图
8	NX–110–A1–1–08	预制舱与二次设备室平面布置图
9	NX–110–A1–1–09	综合自动化系统网络构成图
10	NX–110–A1–1–10	站区总平面布置图
11	NX–110–A1–1–11	配电装置室平面图
12	NX–110–A1–1–12	配电装置室立面图
13	NX–110–A1–1–13	配电装置室剖面图
14	NX–110–A1–1–14	警卫室平、立、剖面图
15	NX–110–A1–1–15	构架透视图

4.2 装配模型

表5–6 装配模型一览表

序号	模型名称	数据格式
1	方案整体模型	GIM
2	总图	GIM
3	电气一次	GIM
4	电气二次	GIM
5	建筑	GIM
6	结构	GIM
7	构架	GIM
8	警卫室	GIM

5. 主要设计图纸

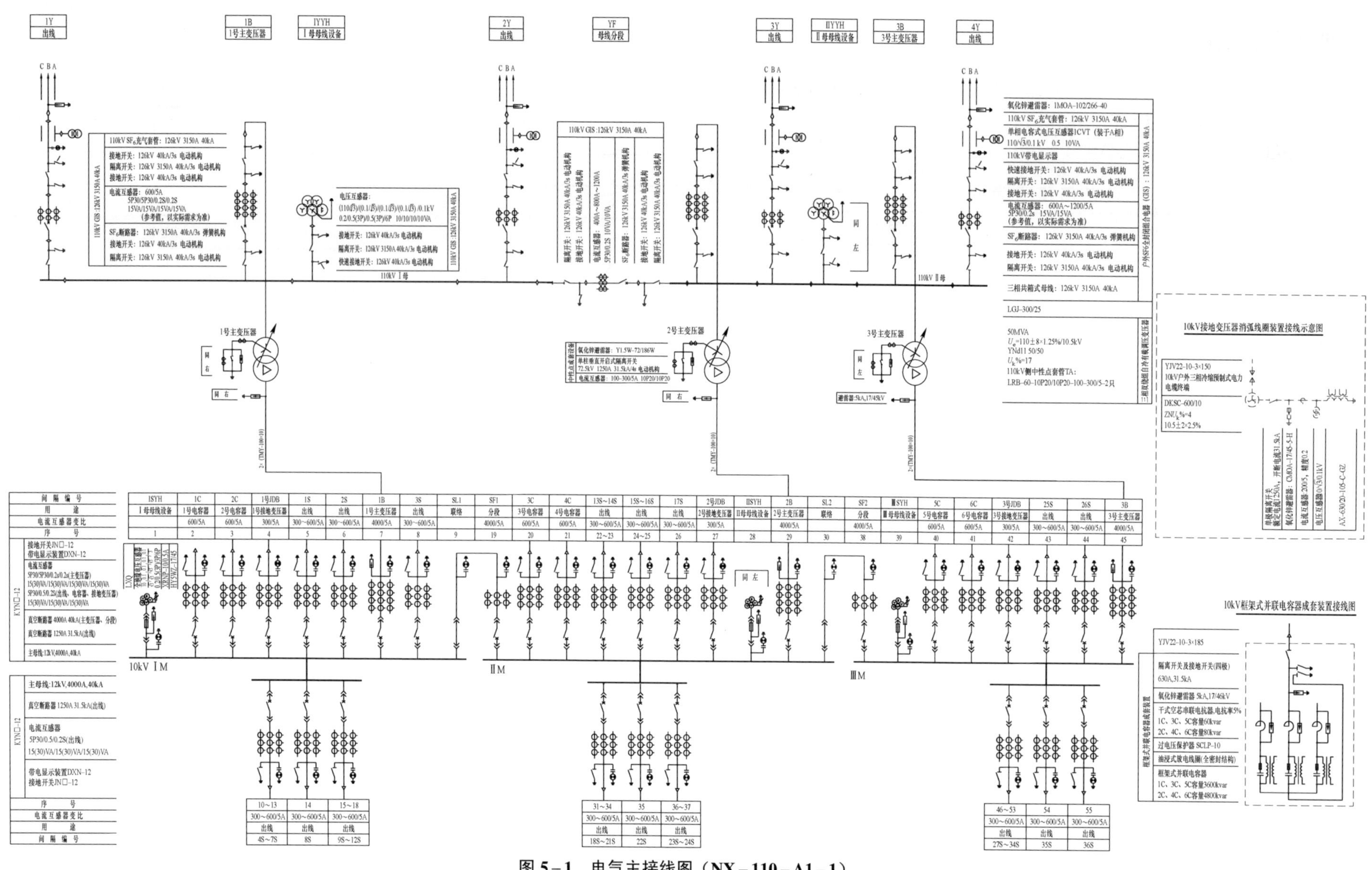

图 5-1 电气主接线图（NX-110-A1-1）

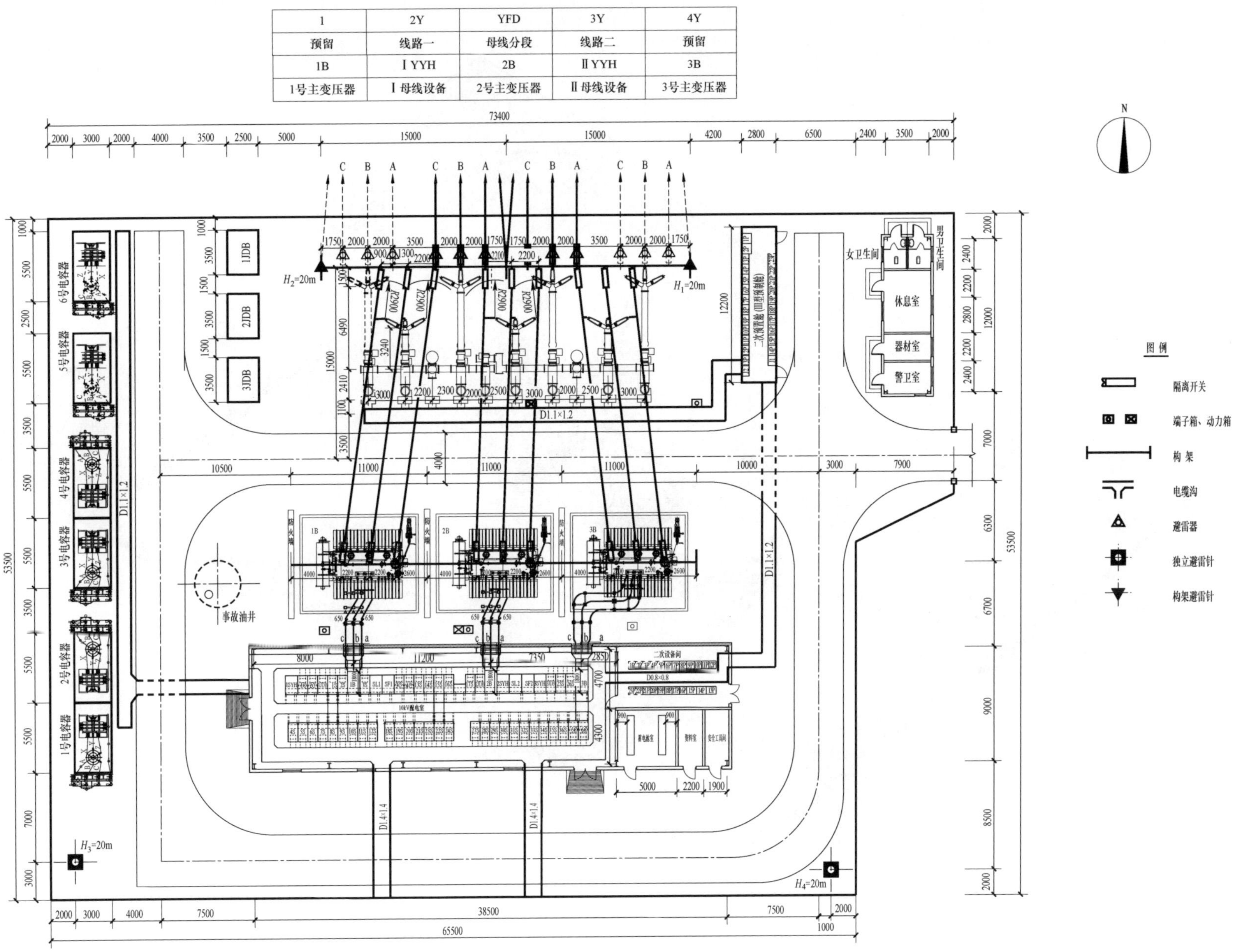

1	2Y	YFD	3Y	4Y
预留	线路一	母线分段	线路二	预留
1B	Ⅰ YYH	2B	Ⅱ YYH	3B
1号主变压器	Ⅰ 母线设备	2号主变压器	Ⅱ 母线设备	3号主变压器

图 5-2 总平面布置图（NX-110-A1-1）

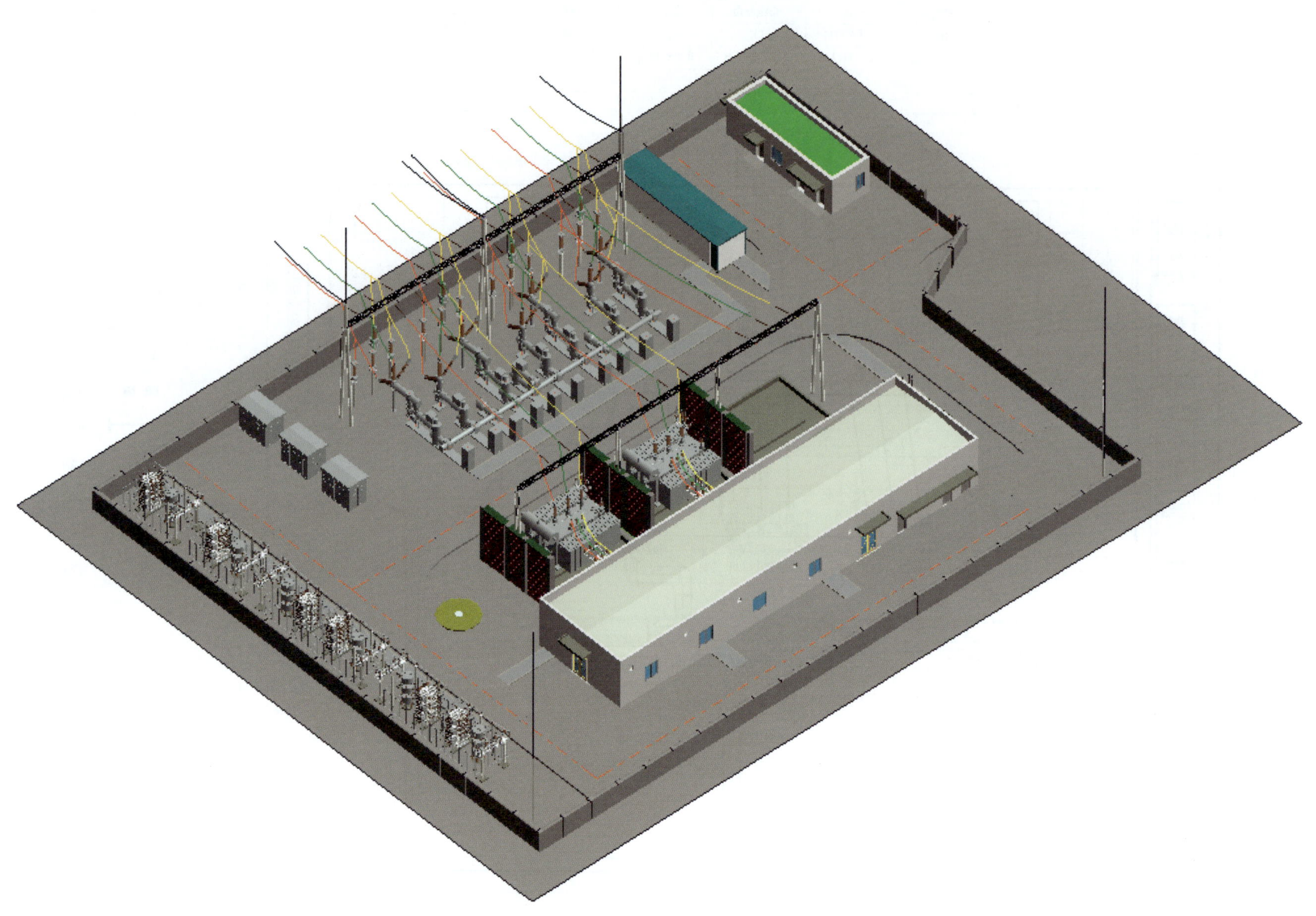

图 5-3　方案整体模型（NX-110-A1-1）

第 6 章　NX－110－A1－2 通用设计方案

1. 主要技术条件

NX－110－A1－2 通用设计方案，如表 6－1 所示。

表 6－1　　主 要 技 术 条 件

序号	项目名称	技术条件
1	主变压器	3×50MVA
2	出线规模	110kV 出线 4 回，架空出线 35kV 出线 6 回，电缆出线 10kV 出线 24 回，电缆出线
3	电气主接线	110kV 采用单母线分段接线 35kV 采用单母线分段接线 10kV 采用单母线三分段接线
4	无功补偿	每台变压器配置 10kV 电容器 2 组，容量为（3.6+4.8）Mvar
5	短路电流	110kV 短路电流：40kA 35kV 短路电流：25、31.5kA 10kV 短路电流：31.5、40kA
6	主要设备选型	主变压器选用三相双绕组低损耗、低噪声自冷式有载调压变压器 110kV：户外 GIS 35kV：户内开关柜/充气柜 10kV：开关柜，配置真空断路器 10kV 电容器：框架式，电抗器三相叠落布置
7	电气总平面及配电装置	110kV 配电装置、主变压器、10kV 配电装置平行布置 主变压器：户外布置 110kV GIS 户外布置，架空出线 35kV、10kV：户内开关柜双列布置、电缆出线
8	监控系统	按无人值守设计，采用计算机监控系统，监控和远动统一考虑
9	模块化二次设备	采用预制舱二次组合设备，全站设置 1 个二次设备室、1 个Ⅲ型预制舱和 1 个蓄电池室。二次设备室内布置一体化电源设备模块及通信设备模块，舱内含站控层设备模块、110kV 间隔设备模块、公用设备模块及主变压器间隔层设备模块。 采用预制式智能控制柜，110kV 过程层设备按间隔配置，分散布置于就地预制式智能控制柜内
10	土建部分	围墙内占地面积 4073m²，总建筑面积 540m²，设 1 座配电装置室、1 座警卫室，采用装配式单层钢框架结构，室内外设置移动式化学灭火装置
11	站址基本条件	海拔不大于 1500m，设计基本地震加速度按 0.20g 考虑，重现期 50 年的设计基本风速 v_0=30m/s，天然地基和地基承载力特征值 f_{ak}=150kPa，无地下水影响，假设场地为同一标高

2. 方案基本模块划分

NX－110－A1－2 通用设计方案，如表 6－2 所示。

表 6－2　　基 本 模 块 划 分

序号	基本模块编号	基本模块名称	基本模块描述
1	NX－110－A1－2－110	110kV 配电装置模块	110kV 远期出线 4 回，采用单母线分段接线，户外 GIS，架空出线，单回出线宽度 7.5m
2	NX－110－A1－2－ZB&35&10	主变压器及 35kV 和 10kV 配电装置模块	主变压器远期 3 组 50MVA，户外布置 35kV 远期出线 6 回，采用单母线分段接线，户内开关柜，电缆出线 10kV 远期出线 24 回，采用单母线分段接线，户内开关柜，电缆出线
3	NX－110－A1－2－PDL	配电装置室模块	单层建筑，钢框架结构，建筑面积 480m²
4	NX－110－A1－2－JWS	警卫室模块	单层建筑，钢框架结构，建筑面积 60m²
5	NX－110－A1－2－YZC	预制舱式二次组合设备模块	Ⅲ型二次设备预制舱，舱内二次设备双列布置

3. 技术导则

3.1 概述

本设计方案是在《国家电网公司输变电工程 35～110kV 智能变电站模块化建设通用设计》（2016 年版）110kV－A1－2 方案的基础上，结合《国网基建部关于发布 35～750kV 变电站通用设计通信、消防部分修订成果的通知》（基建技术〔2019〕51 号）完成该方案初步设计阶段深度内容设计，并根据相关各部门意见对该方案局部调整。

3.1.1 设计对象

国网宁夏电力有限公司系统内的 110kV 户外变电站 A1－2 方案。

3.1.2 设计范围

变电站围墙以内，设计标高零米以上的生产及辅助生产设施。受外部条件影响的项目，如系统通信、保护通道、进站道路、站外给排水、地基处理、土方工程等不列入设计范围。

3.1.3　运行管理方式

本方案按无人值守设计。

3.1.4　模块化建设原则

（1）电气一、二次集成设备最大程度实现工厂内规模生产、调试、模块化配送，减少现场安装、接线、调试工作，提高建设质量、效率。一次设备本体与智能控制柜之间二次控制电缆采用预制电缆连接。

（2）配电装置布局应统筹考虑按二次设备模块化布置，便于安装、消防、扩建、运维、检修及试验等工作。

（3）变电站预制舱式二次组合设备由集成供货商一体化设计、一体化配送。

（4）监控、保护、通信等站内公用二次设备按功能设置一体化监控模块、电源模块、通信模块等，采用预制舱式二次组合设备和预制式智能控制柜。

（5）一次设备与二次设备之间采用预制电缆标准化连接；二次设备之间采用预制光缆标准化连接。

（6）变电站高级应用应满足电网运行管理需求，模块化设计、分阶段实施。

（7）建筑物，构、支架采用装配式钢结构，实现标准化设计、工厂化制作、机械化安装。

（8）建筑物、构筑物基础采用标准化尺寸，定型钢模浇制。

3.1.5　设计深度

原则上按照 Q/GDW 166.2《国家电网公司输变电工程初步设计内容深度规定　第 2 部分：110（66）kV 变电站》有关内容开展工作。

3.2　电力系统部分

3.2.1　主变压器

通用设计方案中单台主变压器容量一般按 50MVA 常用容量配置。对于负荷密度较轻的地区，可以采用 40MVA 的变压器，当负荷特别轻时也可采用 31.5MVA 容量的变压器，对于负荷密度特别高的城市中心地区，单台主变压器容量可按 63MVA 或 80MVA 容量配置。

一般地区主变压器远期规模宜按 3 台配置，对于负荷密度特别高的城市中心、站址选择困难地区主变压器远期规模可按 4 台配置，对于负荷密度较低的地区主变压器远期规模可按 2 台配置。

1 号、2 号主变压器采用三绕组变压器，3 号变压器采用双绕组变压器。

实际工程中主变压器台数和容量、绕组数应根据相关的规程规范、导则和已经批准的电网规划计算确定，变压器调压方式应根据系统情况确定。

3.2.2　出线回路数

110kV 出线：一般情况下按 2～4 回配置，有电网特殊要求时可按 6～8 回配置。

35kV 出线：每台主变压器按 3～4 回配置。

10kV 出线：一般情况下每台主变压器按 8～12 回配置，有电网特殊要求时可按 14～24 回配置。

实际工程可根据具体情况对各电压等级出线回路数进行适当调整。

3.2.3　无功补偿

容性无功补偿容量按 10%～15%配置。

对于架空、电缆混合的 110kV 变电站，应根据系统条件经过具体计算后确定感性和容性无功补偿配置。

在不引起高次谐波谐振、有危害的谐波放大和电压变动过大的前提下，无功补偿装置宜加大分组容量和减少分组组数。

通用设计每台变压器低压侧无功补偿组数为 2 组。

具体工程必须经过调相调压计算来确定无功容量及分组的配置。

3.2.4　系统接地方式

110kV 系统采用直接接地方式；主变压器 35kV 或 10kV 侧接地方式宜结合线路负荷性质、供电可靠性等因素，采用不接地、经消弧线圈或小电阻接地方式。

3.3　电气一次部分

3.3.1　电气主接线

变电站的电气主接线应根据变电站的规划容量，线路、变压器连接元件总数，设备特点等条件确定，应综合考虑供电可靠性、运行灵活、操作检修方便、节省投资、便于过渡或扩建等要求。

（1）110kV 电气接线。110kV 最终规模 4 线 3 变采用单母线分段接线。

实际工程中应根据出线规模、变电站在电网中的地位及负荷性质，确定电气接线，当满足运行要求时，宜简化接线。

（2）35kV 电气接线。35kV 出线 6 回，采用单母线分段接线。

（3）10kV 电气接线。2 台主变压器时宜采用单母线分段接线；3 台主变压器出线回路数在 36 回以下时采用单母线三分段接线，36 回及以上时采用单母线三分段。

（4）主变压器中性点接地方式。110kV 主变压器中性点直接接地或经隔离开关接地，依据出线线路总长度及出线线路性质确定 35kV、10kV 系统采用不接地、经消弧线圈或小电阻接地方式。

3.3.2 短路电流

110kV 电压等级：设备短路电流水平 40kA。

35kV 电压等级：25kA 或 31.5kA（实际工程计算确定）。

10kV 电压等级：31.5kA 或 40kA（实际工程根据所处电网短路电流水平确定）。

3.3.3 主要设备选择

（1）电气设备选型应从《国家电网公司标准化成果（输变电工程通用设计、通用设备）应用目录》中选择。

（2）变电站内一次设备应采用“一次设备本体+智能组件”形式；与一次设备本体有安装配合的互感器、智能组件，应与一次设备本体采用一体化设计，优化安装结构，保证一次设备运行的可靠性及安全性。

（3）主变压器采用三相双绕组/三绕组、低损耗、油浸自冷式主变压器，容量特别大或者布置受限时也可采用油浸风冷式主变压器；位于城镇区域的变电站宜采用低噪声变压器。主变压器可通过集成于设备本体的传感器，配置相关的智能组件实现冷却装置、有载分接开关的智能控制。

（4）110kV 开关设备根据站址地理位置、环境条件等因素的要求，采用 GIS 设备。

（5）110kV 电压等级及主变压器各侧宜采用常规互感器+合并单元形式，并应按要求优化互感器二次绕组配置数量以及容量。

（6）35kV 开关设备采用户内气体绝缘开关柜。

（7）10kV 开关设备采用户内空气绝缘开关柜。海拔高于 2000m 以上，10kV 开关设备采用户内充气式开关柜。

（8）无功补偿装置选用户外框架式并联电容器，容量根据实际工程核算无功补偿容量后配置，串联干式空芯电抗器，电抗率根据实际工程所处谐波级次配置。电抗器采用叠装方式，应采取有效措施防止电抗器单相事故发展为相间事故。

3.3.4 导体选择

母线载流量按最大穿越功率考虑，按发热条件校验。

出线回路的导体截面按不小于送电线路的截面考虑。

110kV 导线截面应进行电晕校验及对无线电干扰校验。

主变压器 110kV 侧导线载流量按不小于主变压器额定容量 1.05 倍计算，实际工程中可根据需要考虑承担另一台主变压器事故或检修时转移的负荷。

110kV 分段载流量须按系统规划要求的最大通流容量考虑。

3.3.5 电气总平面布置

电气总平面布置应减少变电站占地面积，以最少土地资源达到变电站建设要求。出线方向适应各电压等级线路走廊要求，尽量减少线路交叉和迂回。配电装置尽量不堵死扩建的可能，进站道路条件允许时，变电站大门宜直对主变压器运输道路。

变电站大门及道路的设置应满足主变压器、大型装配式预制件、预制舱式二次组合设备等的整体运输；户外变电站采用预制舱式二次组合设备，利用配电装置附近空余场地布置预制舱式二次组合设备，优化二次设备室面积和变电站总平面布置。

3.3.6 配电装置

（1）配电装置布局紧凑合理，主要电气设备、装配式建（构）筑物以及预制舱式二次组合设备的布置应便于安装、消防、扩建、运维、检修及试验工作。

（2）配电装置可结合装配式建筑以及预制舱式二次组合设备的应用进一步合理优化，但电气设备与建（构）筑物之间电气尺寸应满足 DL/T 5352—2018《高压配电装置设计规范》的要求。

（3）屋外配电装置的布置应能适应预制舱式二次组合设备的下放布置，缩短一次设备与二次系统之间的距离。

（4）屋内配电装置布置在装配式建筑内时，应考虑其安装、检修、起吊、运行、巡视以及气体回收装置所需的空间和通道。

（5）110kV 配电装置采用户外 GIS 配电装置。户外 GIS 设备间隔宽度宜取 1.5m。2 回出线共用一跨构架，间隔宽度 1.5m（可根据工程实际海拔高度对间隔宽度进行调整）。110kV 电气设备距围墙距离采用 3.0m。

3.3.7 站用电

交流站用电系统为 380/220V 中性点接地系统。站用电系统采用单母线分段接线。

站用电源采用交直流一体化电源系统。

3.3.8 电缆敷设

电力电缆和控制电缆选择按照 GB 50217—2018《电力工程电缆设计标准》和 Q/GDW 11154《智能变电站预制电缆技术规范》选择。

优化电缆敷设路径，取消间隔内支沟。电缆沟内强弱电缆进行有效分隔，在满足电缆（光缆）敷设容量要求的前提下，配电装置场地主通道可采用电缆沟或槽盒。二次设备室不宜设置电缆夹层，位于建筑一层时，宜设置电缆沟。

高压组合电器设备本体与汇控柜采用标准预制电缆联接。

光缆由不同路径进入二次设备室。

3.4 二次系统

3.4.1 系统继电保护安全自动装置

3.4.1.1 110kV 线路保护

（1）每回 110kV 线路按光纤电流差动保护配置，以光纤电流差动为主保护，三段式相间距离、三段式接地距离，四段式零序电流方向保护为后备保护，含断路器操作及重合闸功能。当因为外部条件无法配置光纤电流差动保护时，也可配置距离保护。

（2）110kV 主网（环网）线路的保护和测控应配置独立的保护装置和测控装置，其他 110kV 线路配置保护测控一体装置。

（3）保护采用直接采样、直接跳闸。

3.4.1.2 110kV 母线保护

（1）配置一套母线保护。

（2）110kV 母线保护直接采样、直接跳闸。

3.4.1.3 110kV 母联（分段）保护

（1）按断路器配置单套母联（分段），具备瞬时和延时跳闸功能的充电及过电流保护。

（2）110kV 主网（环网）母联保护和测控应配置独立的保护装置和测控装置，其他 110kV 母联断路器配置保护测控集成装置。

（3）母联（分段）采用直接采样。

3.4.1.4 故障录波

（1）110kV 变电站应配置故障录波器。

（2）当设置过程层网络时，故障录波通过网络方式采集相关信息。

3.4.1.5 保护及故障信息系统子站

保护及故障信息系统子站不配置独立装置，保护装置信息由Ⅰ区监控主机或Ⅰ区通信网关机接收后存储在Ⅰ区。

其主要功能有：

（1）保护运行管理功能，对站内的保护装置的运行信息，如保护动作、保护启动、自检、开关量压板、工况等信息进行查询统计工作，并可生成各种报告。

（2）利用录波数据、采样值数据，能够进行波形分析、相序分量分析、谐波分析，对波形可进行拷贝、放缩、叠加等操作。

（3）数据远传。通过路由器广域网方式与管理主站进行双向通信，并接受管理主站的访问及管理。

3.4.1.6 安全自动装置

变电站是否配全安全自动装置应根据接入后的系统安全稳定校核计算结论确定，装置配置应遵循如下原则：

（1）站内备自投功能配置一套独立的备自投装置实现。

（2）低频低压减载功能配置一套独立的低频低压减载装置实现。

3.4.2 调度自动化

3.4.2.1 调度关系及远动信息传输原则

调度管理关系根据电力系统概况、调度管理范围划分原则和调度自动化系统现状确定。远动信息的传输原则根据调度管理关系确定。

3.4.2.2 远动设备配置

远动通信设备（Ⅰ区数据通信网关机）配置应符合本章 3.4.4.3 的相关要求，并优先采用专用装置、无硬盘型，采用专用操作系统。

3.4.2.3 远动信息采集

远动信息采取“直采直送”原则，直接从监控系统的测控单元获取远动信息并向调度端传送。

3.4.2.4 远动信息传送

（1）远动通信设备应能实现与相关调控中心的数据通信，采用电力调度数据网络方式或常规远动通道互为备用的方式。网络通信采用 DL/T 634.5104 规约。

（2）远动信息内容应满足 DL/T 5003—2017《电力系统调度自动化设计规程》、DL/T 5002—2005《地区电网调度自动化设计技术规程》、Q/GDW 678《智能变电站一体化监控系统功能规范》、Q/GDW 679《智能变电站一体化监控系统建设技术规范》和相关调度端、无人值班远方监控中心对变电站的监控要求。

3.4.2.5 电能量计量系统

（1）全站配置一套电能量计量系统子站设备，包括电能计量表与电能量远方终端。信息通过综合信息数据网方式将电能量数据传送至各级电网计量主站。

（2）关口计费点配置独立电能表，并符合 DL/T 5202—2004《电能量计量系统设计技术规程》的规定。

3.4.2.6 调度数据网络及安全防护装置

（1）配置双套调度数据网络接入设备，含相应的调度数据网络交换机及路由器，组柜 2 面。

（2）安全Ⅰ区设备与安全Ⅱ区设备之间通信可设置防火墙；监控系统通过正反向隔离装置向Ⅲ/Ⅳ区数据通信网关机传送数据，实现与其他主站的信息传输；监控系统与远方调度（调控）中心进行数据通信应设置纵向加密认证装置。

（3）安全Ⅱ区部署 1 套网络安全监测装置，接入电力调度数据网与调度机构的网络安全管理平台，实现主站网络安全平台的统一管控。

3.4.3 光纤系统及站内通信

3.4.3.1 光纤系统通信

光纤通信电路的设计，应结合通信网现状、工程实际业务需求以及各网省公司通信网规划进行。

（1）光缆类型以 OPGW 为主，光缆纤芯类型宜采用 G.652 光纤。随新建 110kV 线路应至少建设 1 根 OPGW 光缆，每根光缆芯数不少于 48 芯。

（2）宜随新建 110kV 电力线路建设光缆，110kV 变电站应具备至少 2 个光缆路由以及 2 条及以上独立的光缆敷设通道。

（3）变电站应按调度关系及地区通信网络规划要求建设相应的光传输系统。光传输系统的传输速率应满足各类业务需求及规划发展要求。

（4）变电站应至少配置 1 套地市级光传输设备，接入相应的光传输网。

（5）同一方向的多条光缆或同一传输系统不同方向的多条光缆应避免同路由敷设进入二次设备室。

3.4.3.2 站内通信

（1）变电站不设置程控调度交换机。变电站调度、行政电话由调度运行单位采用 PCM 放小号方式或软交换及 IAD 接入方式解决。

（2）变电站应配置 1 套综合数据通信网设备。综合数据通信网设备宜采用两条独立的上联链路与网络中就近的两个汇聚节点互联。

（3）变电站通信设备的环境监测功能由站内智能辅助控制系统统一考虑。

（4）变电站通信设备采用站内一体化电源系统实现－48V 直流供电，配置独立的 DC/DC 转换装置。每个 DC/DC 转换模块直流输入侧加装独立空气开关，通信负载电流按 130A 考虑。

（5）变电站通信设备与二次设备统一布置，通信设备屏位应按变电站远期规模考虑。

3.4.4 变电站自动化系统

3.4.4.1 监控范围及功能

监控系统实现全站信息的统一接入、统一存储和统一展示，具备运行监视、操作与控制、综合信息分析与智能告警、运行管理各辅助应用等功能。

变电站自动化系统设备配置和功能要求按无人值班设计，采用开放式分层分布式网络结构，通信规约统一采用 DL/T 860。监控范围及功能满足 Q/GDW 678、Q/GDW 679 的要求。

3.4.4.2 系统网络

（1）站控层网络。站控层网络采用单套星形以太网络，站控层交换机按二次设备室（舱）或按电压等级配置交换机，并相互级联。

（2）过程层网络。

1）110kV 过程层设置单星形以太网络，GOOSE 报文与 SV 报文共网传输。110kV 间隔层设备与过程层设备之间保护信息采用点对点方式传输 GOOSE、SV 报文，测控信息采用组网方式传输 GOOSE、SV 报文。过程层集中设置过程层交换机。

2）10kV 不单独设置过程层网络，当 110kV 过程层设置单星形以太网络时，主变压器 10kV 过程层设备接入 110kV 过程层网络，GOOSE 报文通过站控层网络传输。

3.4.4.3 设备配置原则

（1）站控层设备配置原则。站控层设备按远期规模配置，按照功能分散配置、资源共享、避免设备重复设置的原则。站控层设备由以下几部分组成：

1）监控主机双套配置，集成数据服务器、操作员站、工程师工作站与监控主机。

2）综合应用服务器单套配置。

3）Ⅰ区数据通信网关机兼具图形网关机功能，按双套配置。

4）Ⅱ区数据通信网关机单套配置。

5）Ⅲ/Ⅳ区数据通信网关机单套配置。

（2）间隔层设备配置原则。间隔层包括继电保护、安全自动装置、测控装置、站域保护控制装置、故障录波系统、网络记录分析系统、计量装置等设备。

1）继电保护安全自动装置具体配置详见本章3.4.1。

2）110kV间隔（主变压器间隔除外）应采用保护测控集成装置；主变压器间隔测控装置应独立配置。10kV电压等级采用保护、测控集成装置。

3）全站统一配置1套网络记录分析装置。网络记录分析装置应记录所有过程层GOOSE、SV网络报文、站控层MMS报文。

4）全站电能表独立配置。

（3）过程层设备配置原则。

1）合并单元。110kV间隔合并单元单套配置；110kV母线合并单元双套配置；主变压器各侧合并单元双套配置，中性点（含间隙）合并单元独立配置，也可并入相应侧合并单元；10kV不配置合并单元（主变压器间隔除外）。

同一间隔内的电流互感器和电压互感器合用一个合并单元。合并单元分散布置于配电装置场地智能控制柜内，采用合并单元智能终端集成装置。

2）智能终端。110kV及主变压器各侧智能终端单套配置，分散布置于配电装置场地智能控制柜内。主变压器本体智能终端单套配置，集成非电量保护功能。10kV不配置智能终端（主变压器间隔除外）。采用合并单元智能终端集成装置。

3）预制式智能控制柜。预制式智能控制柜按间隔进行配置；对于GIS设备，预制式智能控制柜应与GIS汇控柜一体化设计。

（4）网络通信设备。包括网络交换机、接口设备和网络连接线、电缆、光缆及网络安全设备等。

1）站控层网络按二次设备室（舱）或按电压等级配置站控层交换机，并相互级联；交换机端口数量应满足应用需求，采用100Mbit/s电口。

2）过程层交换机集中设置。过程层每个虚拟网均应预留1～2个备用端口。任意两台智能电子设备之间的数据传输路由不应超过4台交换机。

3.4.5 元件保护

3.4.5.1 110kV主变压器保护

（1）110kV主变压器电量保护宜按双套配置，每套保护包含完整的主、后备保护功能；110kV变压器电量保护也可按单套配置，主、后备保护分开；非电量保护单套配置，与本体智能终端装置集成。

（2）主变压器电量保护直接采样，直接跳各侧断路器；主变压器保护跳母联、分段断路器及闭锁备自投等可采用GOOSE网络传输。主变压器非电量保护采用就地通过电缆直接跳闸，信息通过本体智能终端上送。

3.4.5.2 35（10）kV线路、站用变压器、电容器保护

按间隔单套配置，采用保护、测控集成装置。

3.4.6 直流系统及不间断电源

3.4.6.1 系统组成

站用交直流一体化电源系统由站用交流电源、直流电源、交流不间断电源（UPS）、逆变电源（INV，根据工程需要选用）、直流变换电源（DC/DC）及监控装置等组成。监控装置作为一体化电源系统的集中监控管理单元。

系统中各电源通信规约应相互兼容，能够实现数据、信息共享。系统的总监控装置应通过以太网通信接口采用DL/T 860规约与变电站后台设备连接，实现对一体化电源系统的远程监控维护管理。

3.4.6.2 直流电源

（1）直流系统电压。110kV变电站操作电源额定电压采用220V，通信电源额定电压－48V。

（2）蓄电池型式、容量及组数。

全站装设1组蓄电池，蓄电池容量按500Ah考虑，设置独立的蓄电池室。

蓄电池容量选择应满足全站交流电源事故停电时间2h要求；对地理位置偏远的变电站，电气负荷按2h事故放电时间计算，通信负荷按4h事故放电时间计算。

DC/DC负荷系数为0.8，合并单元、智能终端负荷系数参照保护装置。

（3）充电装置台数及型式。直流系统采用高频开关充电装置，每套蓄电池配置1套高频开关充电装置，模块数按*N*+1配置。

（4）直流系统供电方式。直流电源均采用辐射供电方式。35kV及以下的保护、控制、合并单元智能终端由直流分电屏直接馈出，若馈电屏直流断路器不足，也可多间隔并接供电。对于下放至配电装置场地的智能控制柜，以柜为单位配置直流供电回路。每套智能控制柜配置一路公共直流电源。智能控制柜

内各装置共用直流电源，采用独立空开分别引接。

3.4.6.3 交流不停电电源系统

配置两套交流不停电电源系统（UPS）。

3.4.6.4 直流变换电源装置

（配置一套直流变换电源装置，采用高频开关模块型；N+1 冗余配置。通信电源采用直流变换电源（DC/DC）装置供电。

3.4.7 时间同步系统

（1）配置 1 套公用的时钟同步系统，主时钟双套配置，可另配置扩展装置实现站内所有对时设备的软、硬对时。支持北斗系统和 GPS 系统单向标准授时信号，优先采用北斗系统，时钟同步精度和守时精度满足站内所有设备的对时精度要求。扩展装置的数量应根据二次设备的布置及工程规模确定。该系统预留地基时钟源接口。

（2）时间同步系统对时范围包括监控系统站控层设备、保护装置、测控装置、故障录波、合并单元、智能终端及站内其他智能设备等。

（3）站控层设备采用 SNTP 对时方式。间隔层设备采用 IRIG－B 对时方式，条件具备时也可采用 IEC 61588 网络对时。

（4）过程层设备同步：当采样值传输采用点对点方式时，合并单元采样值同步应不依赖于外部时钟。当采样值传输采用组网方式时，合并单元采样值同步采用 IRIG－B 方式（条件具备时也可采用 IEC 61588 网络对时），合并单元布置于户内配电装置场地时，时钟输入采用电信号；合并单元下放布置于户外配电装置场地时，时钟输入采用光信号。采样的同步误差应不大于±1μs。

3.4.8 辅助控制系统

全站配置一套智能辅助控制系统，实现图像监视及安全警卫、火灾报警、消防、照明、采暖通风、环境监测等系统的智能联动控制。智能辅助控制系统包括智能辅助系统综合监控平台、图像监视及安全警卫子系统、火灾自动报警及消防子系统、环境监视子系统等。

全站可配置 1 套智能辅助系统综合监控平台后台系统，由综合应用服务器实现，实现辅助系统的数据分类存储分析以及智能联动功能。

辅助控制系统具体功能要求应符合《智能变电站辅助控制系统技术规范》的规定。

3.4.9 二次设备模块化布置

3.4.9.1 二次设备模块划分原则

二次设备应最大程度实现工厂内规模生产、集成、调试、模块化配送，实现二次接线“即插即用”，有效减少现场安装、接线、调试工作，提高建设质量、效率。

（1）站控层设备模块：包含监控系统站控层设备、调度数据网络设备、二次系统安全防护设备等。

（2）公用设备模块：包含公用测控装置、时钟同步系统、电能计量系统、故障录波装置、网络记录分析装置、辅助控制系统、火灾报警系统等。

（3）通信设备模块：包含光纤系统通信设备、站内通信设备等。

（4）一体化电源系统模块：包含站用交流电源、直流电源、交流不间断电源（UPS）、逆变电源（INV）、直流变换电源（DC/DC）、蓄电池等。

（5）110kV 间隔设备模块：包含 110kV 线路（母联、桥、分段）保护测控集成装置、110kV 母线保护、电能表、110kV 公用测控装置与交换机等。

（6）主变压器间隔层设备模块：包含主变压器保护装置、主变压器测控装置、电能表等。

3.4.9.2 二次设备模块布置原则

110kV 智能变电站采用预制舱式二次组合设备和预制式智能控制柜，基于上述模块划分原则开展多模块组合布置。

（1）110kV 变电站采用预制舱式二次组合设备，全站设置一个公用设备预制舱，舱内含所有二次模块。

（2）预制舱应根据变电站远期建设规模、总平面布置、配电装置型式等，就近分散布置于配电装置区空余场地。

（3）预制舱具体技术要求详见 Q/GDW 11157《预制舱式二次组合设备技术规范》。

3.4.9.3 二次设备组柜原则

（1）站控层设备组柜原则。

2 台监控主机兼操作员、工程师工作站与数据服务器组 1 面柜。

1 台综合应用服务器组 1 面柜。

2 台Ⅰ区、1 台Ⅱ区数据通信网关机组 1 面柜。

公用设备（各电压等级公用测控装置）、站控层网络交换机组 1 面柜。

（2）间隔层设备组柜原则。

1）110kV 线路间隔。110kV 线路 1 保护测控集成装置+110kV 线路 2 保护测控集成装置+110kV 线路 1 电能表+110kV 线路 2 电能表，组 1 面柜。

2）110kV 分段间隔。110kV 分段保护测控装置+过程层中心交换机组 1

面柜+备自投装置，组 1 面柜。

3）110kV 母线保护。110kV 母线保护组 1 面柜。

4）主变压器间隔。

a）主变压器电量保护：主变压器保护装置+过程层交换机，组 1 面柜。

b）主变压器测控：主变压器各侧测控装置，组 1 面柜。

c）主变压器电能表柜：全站主变压器各侧的电能表+电能量采集装置，组柜 1 面。

5）35（10）kV 保护、测控集成装置，分散就地布置于开关柜。

（3）过程层设备组柜原则。

1）110kV 侧合并单元智能终端集成装置布置于智能控制柜内。

2）主变压器 35（10）kV 侧合并单元智能终端集成装置布置于开关柜或智能控制柜内。

（4）网络设备组柜原则。

1）站控层不单独设置网络交换机柜，站控层网络设备与公用设备共同组 1 面柜。

2）过程层不单独设置过程层网络交换机柜，过程层网络交换机与保护装置共同组柜安装。

3）35（10）kV 站控层交换机分散布置在各母线设备开关柜上，也可组 1 面柜布置在 35（10）kV 配电装置室内。

（5）其他二次设备组柜原则。

1）故障录波。故障录波装置组 1 面柜。

2）网络记录分析。网络记录分析装置组 1 面柜。

3）时钟同步系统。时钟同步系统组 1 面柜。

4）智能辅助控制系统。智能辅助控制单独组柜。

5）交直流一体化电源系统。交直流一体化电源系统组柜安装。

6）电能计量系统。计费关口表每 6 块组一面柜。电能量采集终端与主变压器各侧电能表共同组柜。

7）集中接线柜。在预制舱内设置集中接线柜。

8）预留屏柜。预制舱内预留 2～3 面屏柜；二次设备室内可按远期规模的 10%～15%预留。

3.4.9.4 柜体统一要求

根据配电装置型式选择不同型式的屏柜，断路器汇控柜与智能控制柜一体化设计。

（1）柜体要求。

1）全站二次系统设备柜体颜色应统一。

2）预制舱内二次设备采用前接线、前显示式装置，屏柜采用双列靠墙布置。屏柜采用 2260mm×800mm×600mm（高×宽×深）屏柜，站控层服务器柜可采用 2260mm×800mm×900（1000）mm（高×宽×深）屏柜，屏正面开门，屏后面不开门。

3）二次设备室内二次设备采用后接线、前显示装置，屏柜采用 2260mm×600mm×600mm（高×宽×深），二次设备室内柜体尺寸应统一。

（2）预制式智能控制柜要求。

1）柜体颜色，全站智能控制柜体颜色应统一。

2）柜体要求。

a）应采用双层不锈钢结构，内层密闭，夹层通风；当采用户外布置时，柜体的防护等级至少应达到 IP55。

b）具有散热和加热除湿装置，在温湿度达到预设条件时启动，信号需上传。

c）预制式智能控制柜内部的环境能够满足智能终端等二次元件的长年正常工作温度、电磁干扰、防水防尘条件，不影响其运行寿命。

3.4.10 互感器二次参数要求

3.4.10.1 对电流互感器的要求

采用常规电流互感器时，配置合并单元，合并单元下放布置在预制式智能控制柜内。对于关口计量点、考核点均配置独立的二次绕组接入计量表计。电流互感器二次参数要求如表 6－3 所示。

表 6－3　电流互感器二次参数一览表

电压（kV）	110	35（10）
主接线	单母线	单母线分段
台数	3 台/间隔	3（2）台/间隔
二次额定电流	5A 或 1A	5A 或 1A
准确级	5P/0.2S 5P/5P/0.2S/0.2S （主变压器进线）	5P/0.5/0.2S （出线、电容器、站用变压器、分段） 5P/5P/0.2S/0.2S （主变压器进线） 10P/10P （主变压器中性点、间隙）

续表

电压（kV）	110	35（10）
二次绕组数	2（4）	出线、电容器、占用变压器、分段：3 主变压器进线：4 主变压器高压侧中性点、间隙：2
二次绕组容量（按5A考虑）	推荐值：15VA， 按计算结果选择	推荐值：15（30）VA 按计算结果选择

注　关口计费点可根据需要增加一组0.2S二次绕组。

3.4.10.2　对电压互感器的要求

采用常规电压互感器配置合并单元时，合并单元下放布置在预制式智能控制柜内。电压互感器二次参数要求如表6－4所示。

表6－4　　电压互感器二次参数一览表

电压（kV）	110	35（10）
主接线	单母分段、桥型接线	单母线分段
数量	母线：三相 线路外侧：单相	母线：三相
准确级	母线： 0.2/0.5（3P）/0.5（3P）/6P 线路：0.5（3P）	母线： 0.2/0.5（3P）/0.5（3P）/6P
二次绕组数	母线：4 线路外侧：1	4
额定变比	母线：$(110/\sqrt{3})/(0.1/\sqrt{3})/(0.1/\sqrt{3})/(0.1/\sqrt{3})/0.1$ 线路外侧：$(110/\sqrt{3})/(0.1/\sqrt{3})$	$[35(10)/\sqrt{3}]/(0.1/\sqrt{3})/(0.1/\sqrt{3})/(0.1/\sqrt{3})/(0.1/3)$
二次绕组容量	母线：推荐值：10VA 按计算结果选择	推荐值：10VA 按计算结果选择
	线路外侧：推荐值：10VA 按计算结果选择	

3.4.11　光/电缆选择

3.4.11.1　光缆选择要求

（1）光缆选择应符合Q/GDW 11155《智能变电站预制光缆技术规范》。

（2）采样值和保护GOOSE等可靠性要求较高的信息传输应采用光纤。

（3）光缆起点、终点在同一智能控制柜内并且同属于继电保护的同一套保护测控集成装置、合并单元、智能终端、过程层交换机等多个装置，可合用同一根光缆进行连接。

（4）跨房间、跨场地不同屏柜间二次装置连接采用室外双端预制光缆。

（5）预制舱式二次组合设备、二次设备室内部屏柜间光缆接线全部由集成商在工厂内完成。现场施工采用预制光缆实现二次光缆接线即插即用。

（6）光缆选择。

1）光缆的选用根据其传输性能、使用的环境条件决定。

2）除线路纵联保护专用光纤外，其余采用缓变型多模光纤。

3）室外预制光缆选用铠装、阻燃型，自带高密度连接器或分支器。光缆芯数选用8芯、12芯、24芯。

4）室内不同屏柜间二次装置连接采用尾缆或软装光缆，尾缆（软装光缆）采用4芯、8芯、12芯规格。柜内二次装置间连接采用跳纤，柜内跳线采用单芯或多芯跳纤。

5）每根光缆或尾缆应至少预留2芯备用芯，一般预留20%备用芯。

6）应准确测算预制光缆敷设长度，避免出现光缆长度不足或过长情况。可利用柜体底部或特制槽盒两种方式进行光缆余长收纳。

7）应根据室外光缆、尾缆、跳纤不同的性能指标、布线要求预先规划合理的柜内布线方案，有效利用线缆收纳设备，合理收纳线缆余长及备用芯，满足柜内布线整洁美观、柜内布线分区清楚、线缆标识明晰的要求，便于运行维护。

8）室外光缆、尾缆从屏柜底部两侧或中间开孔进入，合理分配开孔数量，在屏柜两侧布线。

3.4.11.2　网线选择要求

二次设备室内通信联系采用超五类屏蔽双绞线。

3.4.11.3　电缆选择及敷设要求

（1）电缆选择及敷设应符合GB 50217—2018《电力工程电缆设计标准》及Q/GDW 11154《智能变电站预制电缆技术规范》的规定。

（2）为增强抗干扰能力，机房和小室内强电和弱电间应采用不同的走线槽进行敷设。

（3）主变压器、GIS本体与智能控制柜之间二次控制电缆采用预制电缆连接。

3.4.12 二次设备的接地、防雷、抗干扰

二次设备防雷、接地和抗干扰应满足 DL/T 5136—2012《火力发电厂、变电站二次接线设计技术规程》和 DL/T 5149—2020《变电站监控系统设计规程》的规定。预制舱的接地及抗干扰还应满足以下要求：

（1）预制舱应采用屏蔽措施，满足二次设备抗干扰要求。对于钢柱结构房，可采用 40mm×4mm 的扁钢焊成 2m×2m 的方格网，并连成六面体，与周边接地网相连，网格可与钢构房的钢结构统筹考虑。

（2）在预制舱静电地板下层，按屏柜布置的方向敷设 $100mm^2$ 的专用铜排，将该专用铜排首末端连接，形成预制舱内二次等电位接地网。屏柜内部接地铜排采用 $100mm^2$ 的铜带（缆）与二次等电位接地网连接。舱内二次等电位接地网采用 4 根以上截面积不小于 $50mm^2$ 的铜带（缆）与舱外主地网一点连接。连接点处需设置明显的二次接地标识。

（3）预制舱内暗敷接地干线，Ⅰ型预制舱宜在离活动地板 300mm 处设置 2 个临时接地端子，Ⅱ型、Ⅲ型预制舱宜在离活动地板 300mm 处设置 3 个临时接地端子。舱内接地干线与舱外主地网宜采用多点连接，不少于 4 处。

3.5 土建部分

3.5.1 站址基本条件

海拔不大于 1500m，抗震设防烈度 8 度，设计基本地震加速度 0.20*g*，设地震分组第二组，重现期 50 年的设计基本风速=30m/s，天然地基，地基承载力特征值 f_{ak}=150kPa，无地下水影响，场地同一标高。

3.5.2 总布置

3.5.2.1 总平面布置

变电站的总平面布置应根据生产工艺、运输、防火、防爆、保护和施工等方面的要求，按远期规模对站区的建（构）筑物、管线及道路进行统筹安排，工艺流畅。

变电站大门及道路的设置应满足主变压器、大型装配式预制件、预制舱式二次组合设备等整体运输。

3.5.2.2 站内道路

站内道路形成环形道路或结合市政道路形成环形布置，变电站大门面向站内主变压器运输道路。

站内主变压器运输道路及消防道路宽度为 4m，转弯半径不小于 9m。

站内道路采用城市型道路，可采用混凝土路面或沥青路面。

3.5.2.3 场地处理

屋外配电装置场地采用碎石地坪，设备操作区及巡视区域采用铺砌块地坪，湿陷性黄土场地应设置灰土封闭层，站区不考虑绿化。

3.5.3 装配式建筑物

3.5.3.1 建筑

（1）建筑应按工业建筑标准设计，统一标准、统一模数布置、方便生产运行。应做好建筑“四节”（节能、节地、节水、节材）工作。建筑材料选用因地制宜，选择节能、环保、经济、合理的材料。

（2）建筑物体型应紧凑、规整，在满足工艺要求和总平面布置的前提下，布置成单层建筑，建筑外观、预制舱应与周围环境相协调，符合城市规划要求。

（3）建筑设计的模数协调宜按 GB/T 50006—2010《厂房建筑模数协调标准》执行。

（4）建筑设计按无人值守运行要求，变电站内设置配电装置室及警卫室。配电装置室为单层建筑，布置有 35/10kV 配电室、二次设备室、蓄电池室、安全工具间、资料室；警卫室为单层建筑，布置有休息室、门卫室、卫生间等，具体工程可根据运行需要进行调整。

（5）建筑物外墙板及其接缝设计应满足结构、热工、防水、防火及建筑装饰等要求，内墙板设计应满足结构、隔声及防火要求。

（6）建筑物外墙板采用纤维水泥复合板或压型钢板复合板，靠近主变压器一侧墙板应满足防火相关要求；内墙板采用防火石膏板，墙体保温材料可采用聚苯板、岩棉等，墙厚根据热工计算确定。

（7）外墙、内墙采用涂料装饰；卫生间采用瓷砖墙面，设吊顶。

（8）门窗预留洞口位置应与墙板尺寸相适应，内门采用木门、外门采用钢制防盗门或防火门，外窗采用铝合金玻璃窗。

（9）屋面应采用Ⅰ级防水屋面。

3.5.3.2 结构

（1）配电装置室采用钢框架结构，推荐柱距为 6.1m 和 8.5m，跨度 11m，层高 4.5m；警卫室采用钢框架结构，推荐柱距 6.0m，跨度 3.5m，层高 3.0m。

（2）钢结构梁、柱采用热轧 H 型钢，屋面板采用钢筋桁架楼承板。

（3）基础采用钢筋混凝土独立基础，钢柱与基础采用外包式柱脚。

（4）钢结构的防腐采用镀层防腐和涂层防腐。

（5）钢结构防火采用涂敷防火涂料、外包防火板；耐火极限要求：钢柱 2.5h、钢梁 1.5h，楼板 1.0h。

3.5.4 装配式构筑物

3.5.4.1 围墙及大门

围墙采用清水围墙，高度为 2.3m。围墙顶部设置砌体压顶，围墙中部及转角处设置构造柱，构造柱间距不大于 3m，采用标准钢模浇制。

变电站大门采用钢制电动大门。

3.5.4.2 防火墙

防火墙可采用框架+大砌块、框架+预制墙板或组合钢模板清水钢筋混凝土三种型式。防火墙宽、高根据设备尺寸确定，应满足相关规程要求，墙体需满足耐火极限不小于 3h 的要求。

根据主变压器构架柱和防火墙长度设置钢筋混凝土现浇柱，现浇柱采用标准钢模浇制混凝土；框架+大砌块防火墙墙体材料采用大砌块，砌块推荐尺寸 600mm（长）×300mm（宽）×300mm（高），水泥砂浆抹面；框架+预制墙板防火墙墙体材料可采用轻质混凝土板或其他复合材料。

3.5.4.3 电缆沟

（1）电缆沟采用现浇混凝土或钢筋混凝土沟体，也可采用预制式电缆沟体；沟壁应高出场地地坪 100mm，沟宽采用 800mm、1100mm、1400mm。

（2）电缆沟盖板采用钢框架现浇整体盖板，每隔 6m 设一钢活动盖板，活动盖板宽度 500（600）mm，也可采用预制电缆沟盖板，大风沙地区盖板应采用防沙型盖板。

（3）配电装置区不设置电缆支沟，可采用电缆埋管或成品电缆槽盒系统。

3.5.4.4 构、支架

（1）构、支架统一采用钢结构，钢结构连接方式采用螺栓连接。

（2）110kV 出线构架采用两回一跨共用构架，主变压器构架采用与防火墙共用布置，构架柱采用钢管 A 型柱，构架梁采用三角形钢桁架梁，构架柱与基础采用地脚螺栓连接。

（3）设备支架柱采用圆形钢管柱，支架横梁采用钢管或槽钢横梁，支架柱与基础采用地脚螺栓连接。

（4）钢构、支架防腐采用热镀锌防腐。

（5）构架基础采用标准钢模浇制混凝土，构架基础尺寸为 1800mm、2100mm、2400mm。

3.5.4.5 设备基础

（1）主变压器基础宜采用筏板基础+支墩的基础形式，主变压器油坑尺寸根据设备尺寸确定，应满足相关规程要求。

（2）GIS 设备基础宜采用筏板+支墩的基础型式。

（3）小型基础宜采用预制清水混凝土构件。

3.5.5 暖通、水工、消防

3.5.5.1 暖通

变电站电气设备间设置分体柜式冷暖空调，其他房间可根据使用需要采用壁挂式空调。

变电站电气设备间室设置机械排风系统，其他房间均为自然通风。采用 SF_6 气体绝缘设备的配电装置室内应配置 SF_6 气体探测器。

变电站所有房间采暖均采用分散电采暖设备。

采暖通风系统与消防报警系统应能联动闭锁，同时具备自动起停、现场控制和远方控制的功能。

3.5.5.2 水工

水源采用市政管网引接，不具备引接条件的变电站可采用拉水方式，站内设储水设施；污水采用化粪池收集后排入市政污水管网，不具备外排条件的定期处理。

站区雨水采用有组织排水系统收集后排入市政雨水管网或站外排水设施。

主变压器设有油水分离式总事故油池，油池有效容积应按最大主变压器油量的 100%考虑。

3.5.5.3 消防

变电站消防设计应执行 GB 50229—2019《火力发电厂及变电站设计防火标准》、GB 50016—2014《建筑设计防火规范》相关规定。

主变压器消防采用推车式干粉灭火器及消防沙箱，配电装置室及电气设备采用移动式化学灭火器。电缆从室外进入室内的入口处，应采取防止电缆火灾蔓延的阻燃及分隔的措施。

站内设置火灾报警及控制系统，报警信号上传至地区监控中心及相关单位。

4. 标准化图纸目录

4.1 设计图纸

本书仅提供方案图纸及装配模型目录，如表6－5、表6－6所示，具体图纸与模型文件电子版以其他方式出版发行。

表6－5　　设计图纸一览表

序号	图纸编号	图名
1	NX－110－A1－2－01	电气主接线图
2	NX－110－A1－2－02	总平面布置图
3	NX－110－A1－2－03	110kV屋外配电装置断面图
4	NX－110－A1－2－04	主变场地平断面图
5	NX－110－A1－2－05	35kV、10kV屋内配电装置平面布置图
6	NX－110－A1－2－06	10kV并联电容器装置平断面图
7	NX－110－A1－2－07	全站直击雷保护布置图
8	NX－110－A1－2－08	预制舱与二次设备室平面布置图
9	NX－110－A1－2－09	综合自动化系统网络构成图
10	NX－110－A1－2－10	站区总平面布置图
11	NX－110－A1－2－11	配电装置室平面图
12	NX－110－A1－2－12	配电装置室立面图
13	NX－110－A1－2－13	配电装置室剖面图
14	NX－110－A1－2－14	警卫室平、立、剖面图
15	NX－110－A1－2－15	构架透视图

4.2 装配模型

表6－6　　装配模型一览表

序号	模型名称	数据格式
1	方案整体模型	GIM
2	总图	GIM
3	电气一次	GIM
4	电气二次	GIM
5	建筑	GIM
6	结构	GIM
7	构架	GIM
8	警卫室	GIM

5. 主要设计图纸

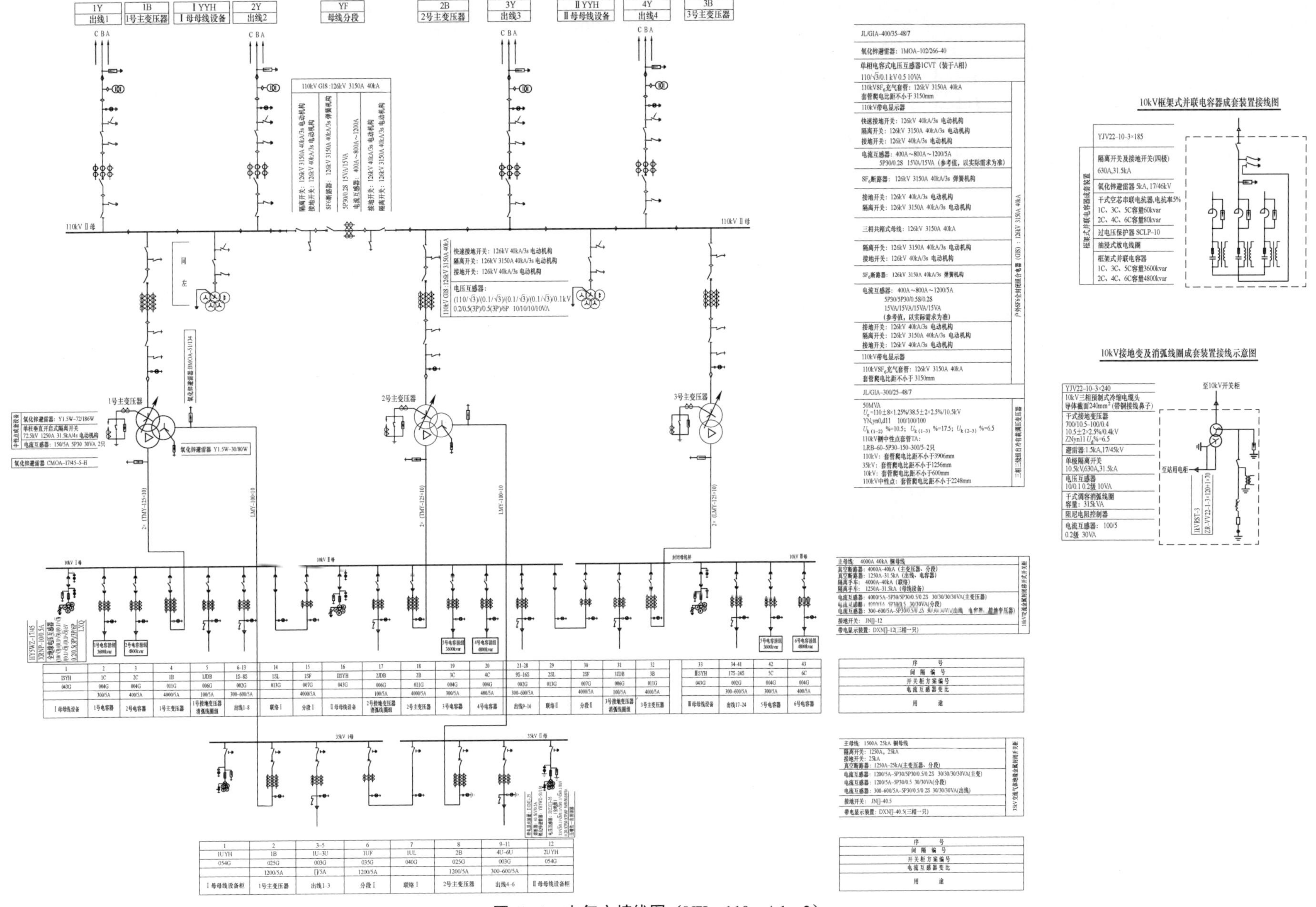

图 6-1 电气主接线图（NX-110-A1-2）

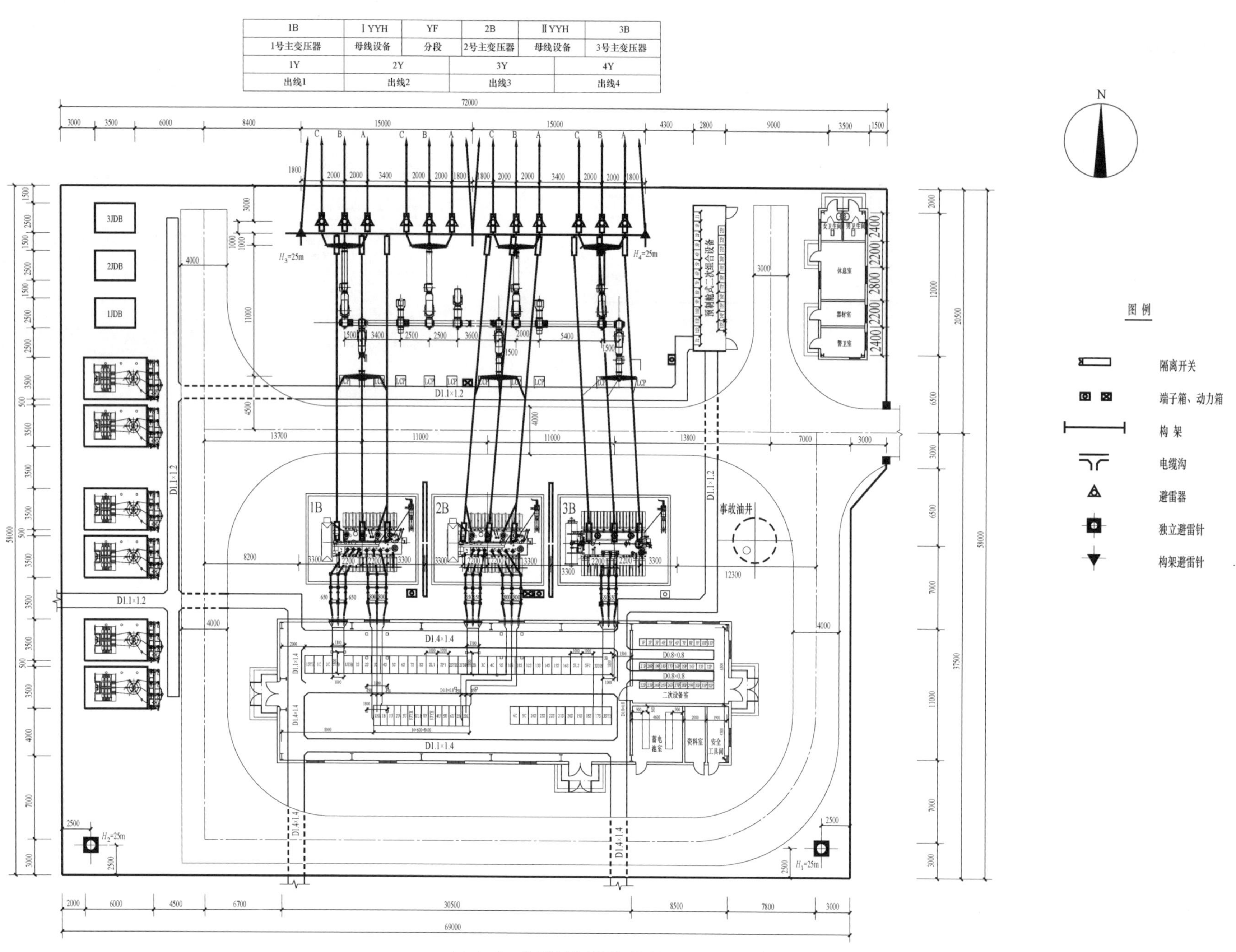

图 6-2　总平面布置图（NX-110-A1-2）

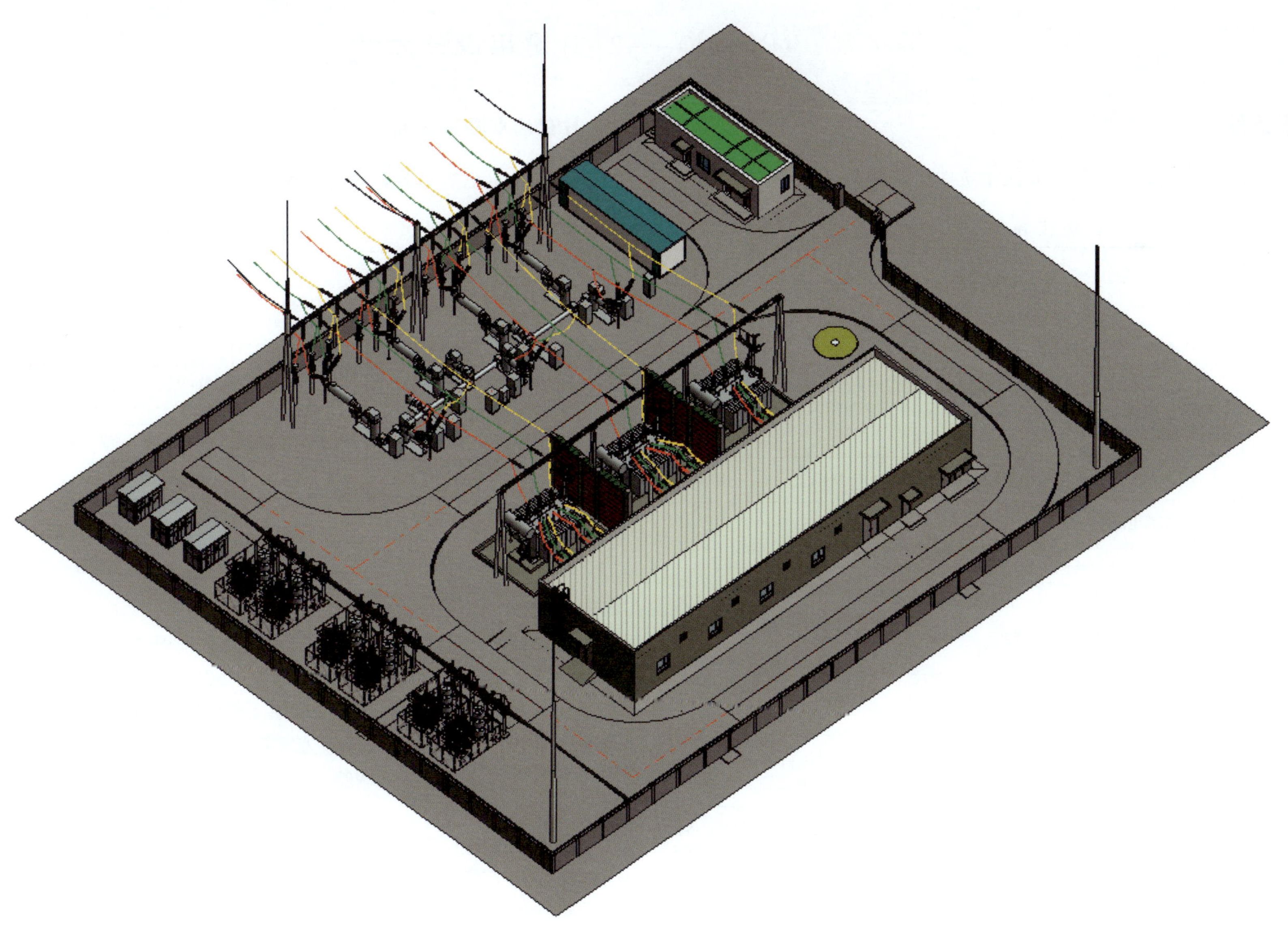

图 6-3　方案整体模型（NX-110-A1-2）

第7章 NX－110－A2－6通用设计方案

1. 主要技术条件

NX－110－A2－6通用设计方案主要技术条件，如表7－1所示。

表7－1 主要技术条件

序号	项目名称	技术条件
1	主变压器	3×50MVA
2	出线规模	110kV出线4回，电缆出线 10kV出线36回，电缆出线
3	电气主接线	110kV采用单母线分段接线 10kV采用单母线三分段接线
4	无功补偿	每台变压器配置10kV电容器2组，容量为（3.6+4.8）Mvar
5	短路电流	110kV短路电流：40kA 10kV短路电流：31.5、40kA
6	主要设备选型	主变压器选用三相双绕组低损耗、低噪声自冷式有载调压变压器 110kV：户内GIS 10kV：开关柜，配置真空断路器 10kV电容器：集合式，铁心电抗器
7	电气总平面及配电装置	主变压器：户内布置 110kV GIS：户内布置，电缆出线 10kV：户内开关柜双列布置、电缆出线
8	监控系统	按无人值守设计，采用计算机监控系统，监控和远动统一考虑
9	模块化二次设备	二次设备模块化布置，全站设1个二次设备室、1个蓄电池室，含站控层设备模块、公用设备模块、通信设备模块、直流电源系统模块、主变压器间隔层设备模块采用预制式智能控制柜，110kV过程层设备按间隔配置，分散布置于就地预制式智能控制柜内
10	土建部分	围墙内占地面积3643m²，总建筑面积1116m²，设1座配电装置室、1座警卫室，采用单层装配式钢框架结构，室内外设置消火栓并配置移动式化学灭火装置
11	站址基本条件	海拔不大于1500m，设计基本地震加速度按0.20g考虑，重现期50年的设计基本风速v_0=30m/s，天然地基的地基承载力特征值f_{ak}=150kPa，无地下水影响，假设场地为同一标高

2. 方案基本模块划分

NX－110－A2－6通用设计方案基本模块划分，如表7－2所示。

表7－2 基本模块划分

序号	基本模块编号	基本模块名称	基本模块描述
1	NX－110－A2－6－110	110kV配电装置模块	110kV远期出线4回，采用单母线分段接线，户内GIS，电缆出线，GIS设备间隔1.0m
2	NX－110－A2－6－ZB&10	主变压器及10kV配电装置模块	主变压器远期3组50MVA，户内布置 10kV远期出线36回，采用单母线分段接线，户内开关柜，电缆出线
3	NX－110－A2－6－PDL	配电装置室模块	单层建筑，钢框架结构，建筑面积1000m²
4	NX－110－A2－6－JWS	警卫室模块	单层建筑，钢框架结构，建筑面积60m²

3. 技术导则

3.1 概述

本设计方案是在《国家电网公司输变电工程35～110kV智能变电站模块化建设通用设计》（2016年版）110kV－A2－6方案的基础上，结合《国网基建部关于发布35～750kV变电站通用设计通信、消防部分修订成果的通知》（基建技术〔2019〕51号）完成该方案初步设计阶段深度内容设计，并根据相关各部门意见对该方案局部调整。

3.1.1 设计对象

国网宁夏电力有限公司系统内的110kV户内变电站A2－6方案。

3.1.2 设计范围

变电站围墙以内，设计标高零米以上的生产及辅助生产设施。受外部条件影响的项目，如系统通信、保护通道、进站道路、站外给排水、地基处理、土方工程等不列入设计范围。

3.1.3 运行管理方式

本方案按无人值守设计。

3.1.4　模块化建设原则

（1）电气一、二次集成设备最大程度实现工厂内规模生产、调试、模块化配送，减少现场安装、接线、调试工作，提高建设质量、效率。一次设备本体与智能控制柜之间二次控制电缆采用预制电缆连接。

（2）配电装置布局应统筹考虑按二次设备模块化布置，便于安装、消防、扩建、运维、检修及试验等工作。

（3）监控、保护、通信等站内公用二次设备按功能设置一体化监控模块、电源模块、通信模块等，采用预制式智能控制柜。

（4）一次设备与二次设备之间采用预制电缆标准化连接；二次设备之间采用预制光缆标准化连接。

（5）变电站高级应用应满足电网运行管理需求，模块化设计、分阶段实施。

（6）建筑物采用装配式钢结构，实现标准化设计、工厂化制作、机械化安装。

（7）建筑物、构筑物基础采用标准化尺寸，定型钢模浇制。

3.1.5　设计深度

原则上按照 Q/GDW 166.2《国家电网公司输变电工程初步设计内容深度规定　第 2 部分：110（66）kV 变电站》有关内容开展工作。

3.2　电力系统部分

3.2.1　主变压器

通用设计方案中单台主变压器容量一般按 50MVA 常用容量配置。对于负荷密度较轻的地区，可以采用 40MVA 的变压器，当负荷特别轻时也可采用 31.5MVA 容量的变压器，对于负荷密度特别高的城市中心地区，单台主变压器容量可按 63MVA 或 80MVA 容量配置。

一般地区主变压器远期规模宜按 3 台配置，对于负荷密度特别高的城市中心、站址选择困难地区主变压器远期规模可按 4 台配置，对于负荷密度较低的地区主变压器远期规模可按 2 台配置。

主变压器采用双绕组。

实际工程中主变压器台数和容量、绕组数应根据相关的规程规范、导则和已经批准的电网规划计算确定，变压器调压方式应根据系统情况确定。

3.2.2　出线回路数

110kV 出线：一般情况下按 2～4 回配置，有电网特殊要求时可按 6～8 回配置。

10kV 出线：一般情况下每台主变压器按 8～12 回配置，有电网特殊要求时可按 14～24 回配置。

实际工程可根据具体情况对各电压等级出线回路数进行适当调整。

3.2.3　无功补偿

容性无功补偿容量按 10%～15%配置。

对于架空、电缆混合的 110kV 变电站，应根据系统条件经过具体计算后确定感性和容性无功补偿配置。

在不引起高次谐波谐振、有危害的谐波放大和电压变动过大的前提下，无功补偿装置宜加大分组容量和减少分组组数。

通用设计每台变压器低压侧无功补偿组数为 2 组。

具体工程必须经过调相调压计算来确定无功容量及分组的配置。

3.2.4　系统接地方式

110kV 系统采用直接接地方式；主变压器 10kV 侧接地方式宜结合线路负荷性质、供电可靠性等因素，采用不接地、经消弧线圈或小电阻接地方式。

3.3　电气一次部分

3.3.1　电气主接线

变电站的电气主接线应根据变电站的规划容量，线路、变应器连接元件总数，设备特点等条件确定；应综合考虑供电可靠性、运行灵活、操作检修方便、节省投资、便于过渡或扩建等要求。对于终端变电站，当满足运行可靠性要求时，宜简化接线型式，采用线变组或桥型接线。

（1）110kV 电气接线。110kV 最终规模 4 线 3 变采用单母线分段接线。

实际工程中应根据出线规模、变电站在电网中的地位及负荷性质，确定电气接线，当满足运行要求时，宜简化接线。

（2）10kV 电气接线。2 台主变压器时宜采用单母线分段接线；3 台主变压器出线回路数在 36 回以下时采用单母线三分段接线，36 回及以上时采用单母线三分段、四分段接线；当每台主变压器带 16 回及以上出线时，每台主变压器采用双分支单母线分段接线。

（3）主变压器中性点接地方式。110kV 主变压器中性点直接接地或经隔离开关接地，依据出线线路总长度及出线线路性质确定 10kV 系统采用不接地、经消弧线圈或小电阻接地方式。

3.3.2　短路电流

110kV 电压等级：设备短路电流水平 40kA（实际工程根据所处电网短路

电流水平确定）。

10kV 电压等级：31.5kA（实际工程根据所处电网短路电流水平确定）。

3.3.3 主要设备选择

（1）电气设备选型应从《国家电网公司标准化成果（输变电工程通用设计、通用设备）应用目录》中选择。

（2）变电站内一次设备应采用“一次设备本体+智能组件”形式；与一次设备本体有安装配合的互感器、智能组件，应与一次设备本体采用一体化设计，优化安装结构，保证一次设备运行的可靠性及安全性。

（3）主变压器采用三相双绕组、低损耗、油浸自冷式，容量特别大或者布置受限时也可采用油浸风冷式主变压器。

（4）考虑到站址地处城区周边，场地有限，故 110kV 户内配电装置选用户内气体绝缘组合电器（GIS），配置常规电流互感器和常规电压互感器。

（5）10kV 开关设备采用户内空气绝缘开关柜。海拔高于 2000m 以上，10kV 开关设备采用户内充气式开关。

（6）无功补偿装置选用户备框架式电容器成套装置，串联干式铁心电抗器，电抗率 12%。

3.3.4 导体选择

母线载流量按最大穿越功率考虑，按发热条件校验。

出线回路的导体截面按不小于送电线路的截面考虑。

110kV 导线截面应进行电晕校验及对无线电干扰校验。

主变压器 110kV 侧导线载流量按不小于主变压器额定容量 1.05 倍计算，实际工程中可根据需要考虑承担另一台主变压器事故或检修时转移的负荷；110kV 母联导线载流量须按不小于接于母线上的最大元件的回路额定电流考虑，110kV 分段载流量须按系统规划要求的最大通流容量考虑。

3.3.5 电气总平面布置

电气总平面布置应减少变电站占地面积，以最少土地资源达到变电站建设要求。出线方向适应各电压等级线路走廊要求，尽量减少线路交叉和迂回。配电装置尽量不堵死扩建的可能，进站道路条件允许时，变电站大门宜直对主变压器运输道路。

本次 110kV 变电站设备采用全户内一层配电装置室布置形式；110kV GIS 屋内配电装置室布置在西侧；二次设备室、资料室、警卫室布置在西南侧，10kV、屋内配电装置及接地变消弧线圈成套装置同室布置，布置在主变压器南侧。电容器室布置在东侧，进站大门朝西。

3.3.6 配电装置

（1）110kV 配电装置采用户内 GIS 设备，进出线均采用电缆方式，110kV 主变压器电缆采用一端保护接地，一端直接接地方式，每台主变压器设置 1 面保护接地箱，1 面直接接地箱。

（3）10kV 配电装置布置于户内，采用手车开关柜，双列布置，间隔宽度为 800mm 和 1000mm，配真空断路器，主变压器 10kV 侧采用绝缘管母线，10kV 出线采用电缆出线。

（4）主变压器为屋内分体式布置。

（5）10kV 电容器采用框架式电容器成套装置，户内落地安装。

3.3.7 站用电

交流站用电系统为 380/220V 中性点接地系统。站用电系统采用单母线分段接线，也可采用单母线接线。

站用电源采用交直流一体化电源系统。

3.3.8 电缆敷设

电力电缆和控制电缆选择按照 GB 50217—2018《电力工程电缆设计标准》和 Q/GDW 11154《智能变电站预制电缆技术规范》选择。

优化电缆敷设路径，取消间隔内支沟。在满足电缆（光缆）敷设容量要求的前提下，配电装置场地主通道可采用电缆沟或槽盒；GIS 室内电缆通道宜采用槽盒。二次设备室不宜设置电缆夹层，位于建筑一层时，宜设置电缆沟。

高压组合电器设备本体与汇控柜宜采用标准预制电缆连接。

光缆由不同路径进入二次设备室。

3.4 二次系统

3.4.1 系统继电保护安全自动装置

3.4.1.1 110kV 线路保护

（1）每回 110kV 线路按光纤电流差动保护配置，以光纤电流差动为主保护，三段式相间距离、三段式接地距离，四段式零序电流方向保护为后备保护，含断路器操作及重合闸功能。当因为外部条件无法配置光纤电流差动保护时，也可配置距离保护。

（2）110kV 主网（环网）线路的保护和测控应配置独立的保护装置和测控装置，其他 110kV 线路配置保护测控集成装置。

（3）保护采用直接采样、直接跳闸。

3.4.1.2　110kV 母线保护

（1）配置一套母线保护。

（2）110kV 母线保护直接采样、直接跳闸。

3.4.1.3　110kV 母联（分段）保护

（1）按断路器配置单套母联（分段）保护，具备瞬时和延时跳闸功能的充电及过电流保护。

（2）110kV 主网（环网）母联保护和测控应配置独立的保护装置和测控装置，其他 110kV 母联断路器配置保护测控集成装置。

（3）母联（分段）保护采用直接采样。

3.4.1.4　故障录波

（1）110kV 变电站应配置故障录波器。

（2）当设置过程层网络时，故障录波通过网络方式采集相关信息。

（3）变电站内的故障录波器应能对站用直流系统的各母线段（控制、保护）对地电压进行录波。

3.4.1.5　保护及故障信息系统子站

保护及故障信息系统子站不配置独立装置，保护装置信息由Ⅰ区监控主机或Ⅰ区通信网关机接收后存储在Ⅰ区。

其主要功能有：

（1）保护运行管理功能，对站内的保护装置的运行信息，如保护动作、保护起动、自检、开关量压板、工况等信息进行查询统计工作，并可生成各种报告。

（2）利用录波数据、采样值数据，能够进行波形分析、相序分量分析、谐波分析，对波形可进行拷贝、放缩、叠加等操作。

（3）数据远传。通过路由器广域网方式与管理主站进行双向通信，并接受管理主站的访问及管理。

3.4.1.6　安全自动装置

变电站是否配全安全自动装置应根据接入后的系统安全稳定校核计算结论确定，装置配置应遵循如下原则：

（1）站内备自投功能配置 1 套独立的备自投装置实现，备自投装置光缆连接按“直采直跳”设计。

（2）低频低压减载功能配置 1 套独立的低频低压减载装置实现。

3.4.2　调度自动化

3.4.2.1　调度关系及远动信息传输原则

调度管理关系根据电力系统概况、调度管理范围划分原则和调度自动化系统现状确定。远动信息的传输原则根据调度管理关系确定。

3.4.2.2　远动设备配置

远动通信设备（Ⅰ区数据通信网关机）配置应符合本章 3.4.4.3 的相关要求，并优先采用专用装置、无硬盘型，采用专用操作系统。

3.4.2.3　远动信息采集

远动信息采取“直采直送”原则，直接从监控系统的测控单元获取远动信息并向调度端传送。

3.4.2.4　远动信息传送

（1）远动通信设备应能实现与相关调控中心的数据通信，采用电力调度数据网络方式或常规远动通道互为备用的方式。网络通信采用 DL/T 634.5104 规约。

（2）远动信息内容应满足 DL/T 5003—2017《电力系统调度自动化设计规程》、DL/T 5002—2005《地区电网调度自动化设计技术规程》、Q/GDW 678《智能变电站一体化监控系统功能规范》、Q/GDW 679《智能变电站一体化监控系统建设技术规范》和相关调度端、无人值班远方监控中心对变电站的监控要求。

3.4.2.5　电能量计量系统

（1）全站配置一套电能量计量系统子站设备，包括电能计量表与电能量远方终端。信息通过电力数据网、专线通道等方式将电能量数据传送至各级电网计量主站。

（2）关口计费点配置独立电能表，并符合 DL/T 5202—2004《电能量计量系统设计技术规程》的规定。

3.4.2.6　调度数据网络及安全防护装置

（1）配置双套调度数据网络接入设备，含相应的调度数据网络交换机及路由器，组柜 2 面。

（2）安全Ⅰ区设备与安全Ⅱ区设备之间通信可设置防火墙；监控系统通过正反向隔离装置向Ⅲ/Ⅳ区数据通信网关机传送数据，实现与其他主站的信息传输；监控系统与远方调度（调控）中心进行数据通信应设置纵向加密认证装置。

（3）安全Ⅱ区部署网络安全监测装置 1 台，接入电力调度数据网与调度机构的网络安全管理平台，实现主站网络安全平台的统一管控。

3.4.3 系统及站内通信

3.4.3.1 光纤系统通信

光纤通信电路的设计，应结合通信网现状、工程实际业务需求以及各网省公司通信网规划进行。

（1）光缆类型以 OPGW 为主，光缆纤芯类型宜采用 G.652 光纤。随新建 110kV 线路应至少建设 1 根 OPGW 光缆，每根光缆芯数不少于 48 芯。

（2）宜随新建 110kV 电力线路建设光缆，110kV 变电站应具备至少 2 个光缆路由以及 2 条及以上独立的光缆敷设通道。

（3）变电站应按调度关系及地区通信网络规划要求建设相应的光传输系统。光传输系统的传输速率应满足各类业务需求及规划发展要求。

（4）变电站应至少配置 1 套地市级光传输设备，接入相应的光传输网。

（5）同一方向的多条光缆或同一传输系统不同方向的多条光缆应避免同路由敷设进入二次设备室。

3.4.3.2 站内通信

（1）变电站不设置程控调度交换机。变电站调度、行政电话由调度运行单位采用 PCM 放小号方式或软交换及 IAD 接入方式解决。

（2）变电站应配置 1 套综合数据通信网设备。综合数据通信网设备宜采用两条独立的上联链路与网络中就近的两个汇聚节点互联。

（3）变电站通信设备的环境监测功能由站内智能辅助控制系统统一考虑。

（4）变电站通信设备采用站内一体化电源系统实现－48V 直流供电，配置独立的 DC/DC 转换装置。每个 DC/DC 转换模块直流输入侧加装独立空气开关，通信负载电流按 130A 考虑。

（5）变电站通信设备与二次设备统一布置，通信设备屏位应按变电站远期规模考虑。

3.4.4 变电站自动化系统

3.4.4.1 监控范围及功能

监控系统实现全站信息的统一接入、统一存储和统一展示，具备运行监视、操作与控制、综合信息分析与智能告警、运行管理各辅助应用等功能。

变电站自动化系统设备配置和功能要求按无人值班设计，采用开放式分层分布式网络结构，通信规约统一采用 DL/T 860。监控范围及功能满足 Q/GDW 618、Q/GDW 619 的要求。

3.4.4.2 系统网络

（1）站控层网络。站控层网络采用单套星形以太网络，站控层交换机可按二次设备室（舱）或按电压等级配置交换机，并相互级联。

（2）过程层网络。

1）110kV 过程层设置单星形以太网络，GOOSE 报文与 SV 报文共网传输。110kV 间隔层设备与过程层设备之间保护信息采用点对点方式传输 GOOSE、SV 报文，测控信息采用组网方式传输 GOOSE、SV 报文。过程层集中设置过程层交换机。

2）10kV 不单独设置过程层网络，当 110kV 过程层设置单星形以太网络时，主变压器 10kV 过程层设备接入 110kV 过程层网络，GOOSE 报文通过站控层网络传输。

3.4.4.3 设备配置原则

（1）站控层设备配置原则。站控层设备按远期规模配置，按照功能分散配置、资源共享、避免设备重复设置的原则。站控层设备由以下几部分组成：

1）监控主机双套配置，集成数据服务器、操作员站、工程师工作站与监控主机。

2）综合应用服务器单套配置。

3）Ⅰ区数据通信网关机兼具图形网关机功能，按双套配置。

4）Ⅱ区数据通信网关机单套配置。

5）Ⅲ/Ⅳ区数据通信网关机单套配置。

（2）间隔层设备配置原则。间隔层包括继电保护、安全自动装置、测控装置、站域保护控制装置、故障录波系统、网络记录分析系统、计量装置等设备。

1）继电保护及安全自动装置具体配置详见本章 3.4.1。

2）110kV 间隔（主变压器间隔除外）应采用保护、测控集成装置；主变压器间隔测控装置应独立配置。10kV 电压等级采用保护、测控集成装置。

3）全站统一配置 1 套网络记录分析装置。网络记录分析装置应记录所有过程层 GOOSE、SV 网络报文、站控层 MMS 报文。

4）全站电能表独立配置。

（3）过程层设备配置原则。

1）合并单元。110kV 间隔合并单元单套配置；110kV 母线合并单元双套配置；主变压器各侧合并单元双套配置，中性点（含间隙）合并单元独立配置，也可并入相应侧合并单元；10kV 不配置合并单元（主变压器间隔除外）。

同一间隔内的电流互感器和电压互感器合用一个合并单元。合并单元分散布置于配电装置场地智能控制柜内，采用合并单元智能终端集成装置。

2）智能终端。110kV 及主变压器各侧智能终端单套配置，分散布置于配电装置场地智能控制柜内。主变压器本体智能终端单套配置，集成非电量保护功能。10kV 不配置智能终端（主变压器间隔除外）。

采用合并单元智能终端集成装置。

3）预制式智能控制柜。预制式智能控制柜按间隔进行配置；对于 GIS 设备，预制式智能控制柜应与 GIS 汇控柜一体化设计。

（4）网络通信设备。包括网络交换机、接口设备和网络连接线、电缆、光缆及网络安全设备等。

1）站控层网络按二次设备室或按电压等级配置站控层交换机，并相互级联；交换机端口数量应满足应用需求，采用 100Mbit/s 电口。

2）过程层交换机集中设置。过程层每个虚拟网均应预留 1～2 个备用端口。任意两台智能电子设备之间的数据传输路由不应超过 4 台交换机。

3.4.5 元件保护

3.4.5.1 110kV 主变压器保护

（1）110kV 主变压器电量保护按双套配置，每套保护包含完整的主、后备保护功能；110kV 变压器电量保护也可按单套配置，主、后备保护分开；非电量保护单套配置，与本体智能终端装置集成。主保护采用纵差保护，后备保护含复合电压闭锁过流、零序过流保护、过负荷保护等完整的后备保护功能。

（2）主变压器电量保护直接采样，直接跳各侧断路器；主变压器保护跳母联、分段断路器及闭锁备自投等可采用 GOOSE 网络传输。主变压器非电量保护采用就地通过电缆直接跳闸，信息通过本体智能终端上送。

（3）每台主变压器配置电量保护装置 2 套，集中布置于二次设备室；配置非电量保护 1 套，由主变压器本体智能终端集成，安装于主变压器就地智能控制柜内。

3.4.5.2 10kV 线路、站用变压器、电容器保护

按间隔单套配置，采用保护、测控集成装置。

3.4.6 直流系统及不间断电源

3.4.6.1 系统组成

站用交直流一体化电源系统由站用交流电源、直流电源、交流不间断电源（UPS）、逆变电源（INV）、直流变换电源（DC/DC）及监控装置等组成。监控装置作为一体化电源系统的集中监控管理单元。

系统中各电源通信规约应相互兼容，能够实现数据、信息共享。系统的总监控装置应通过以太网通信接口采用 DL/T 860 规约与变电站后台设备连接，实现对一体化电源系统的远程监控维护管理。

3.4.6.2 直流电源

（1）直流系统电压。110kV 变电站操作电源额定电压采用 220V，通信电源额定电压－48V。

（2）蓄电池型式、容量及组数。

全站装设 1 组蓄电池，蓄电池容量按 500Ah 考虑，设置独立的蓄电池室。

蓄电池容量选择应满足全站交流电源事故停电时间 2h 要求；对地理位置偏远的变电站，电气负荷按 2h 事故放电时间计算，通信负荷按 4h 事故放电时间计算。

DC/DC 负荷系数为 0.8，合并单元、智能终端负荷系数参照保护装置。

（3）充电装置台数及型式。直流系统采用高频开关充电装置，每套蓄电池配置 1 套高频开关充电装置，模块数按 N+1 配置。

（4）直流系统供电方式。直流电源均采用辐射供电方式。35kV 及以下的保护、控制、合并单元智能终端由直流分电屏直接馈出，若馈电屏直流断路器不足，也可多间隔并接供电。对于下放至配电装置场地的智能控制柜，以柜为单位配置直流供电回路。每套智能控制柜配置一路公共直流电源。智能控制柜内各装置共用直流电源，采用独立空气开关分别引接。

3.4.6.3 交流不停电电源系统

配置两套交流不停电电源系统（UPS）。

3.4.6.4 直流变换电源装置

配置 1 套直流变换电源装置，采用高频开关模块型，N+1 冗余配置。通信电源采用直流变换电源（DC/DC）装置供电。

3.4.7 时间同步系统

（1）配置 1 套公用的时钟同步系统，主时钟双套配置，另配置扩展装置实现站内所有对时设备的软、硬对时。支持北斗系统和 GPS 系统单向标准授时信号，优先采用北斗系统，时钟同步精度和守时精度满足站内所有设备的对时精度要求。扩展装置的数量应根据二次设备的布置及工程规模确定。该系统预留地基时钟源接口。

（2）时间同步系统对时范围包括监控系统站控层设备、保护装置、测控装置、故障录波、合并单元、智能终端及站内其他智能设备等。

（3）站控层设备采用 SNTP 对时方式。间隔层设备采用 IRIG－B 对时方式，条件具备时也可采用 IEC 61588 网络对时。

（4）过程层设备同步：当采样值传输采用点对点方式时，合并单元采样值同步应不依赖于外部时钟。当采样值传输采用组网方式时，合并单元采样值同步采用 IRIG－B 方式（条件具备时也可采用 IFX 61588 网络对时），合并单元布置于户内配电装置场地时，时钟输入采用电信号；合并单元下放布置于户外配电装置场地时，时钟输入采用光信号。采样的同步误差应不大于 ±1μs。

3.4.8 辅助控制系统

全站配置一套智能辅助控制系统，实现图像监视及安全警卫、火灾报警、消防、照明、采暖通风、环境监测等系统的智能联动控制。智能辅助控制系统包括智能辅助系统综合监控平台、图像监视及安全警卫子系统、火灾自动报警及消防子系统、环境监视子系统等。

全站可配置 1 套智能辅助系统综合监控平台后台系统，由综合应用服务器实现，实现辅助系统的数据分类存储分析以及智能联动功能。

辅助控制系统具体功能要求应符合《智能变电站辅助控制系统技术规范》的规定。

3.4.9 二次设备模块化布置

3.4.9.1 二次设备模块划分原则

二次设备应最大程度实现工厂内规模生产、集成、调试、模块化配送，实现二次接线“即插即用”，有效减少现场安装、接线、调试工作，提高建设质量、效率。

（1）站控层设备模块：包含监控系统站控层设备、调度数据网络设备、二次系统安全防护设备等。

（2）公用设备模块：包含公用测控装置、时钟同步系统、电能量计量系统、故障录波装置、网络记录分析装置、辅助控制系统、火灾报警系统等。

（3）通信设备模块：包含光纤系统通信设备、站内通信设备等。

（4）一体化电源系统模块：包含站用交流电源、直流电源、交流不间断电源（UPS）、逆变电源（INV）、直流变换电源（DC/DC）、蓄电池等。

（5）110kV 间隔设备模块：包含 110kV 线路（母联、桥、分段）保护测控集成装置、110kV 母线保护、电能表、110kV 公用测控装置与交换机等。

（6）主变压器间隔层设备模块：包含主变压器保护装置、主变压器测控装置、电能表等。

3.4.9.2 二次设备模块布置原则

110kV 户内变电站，站控层设备模块、公用设备模块、通信设备模块、主变压器间隔模块与一体化电源系统模块等布置于装配式建筑内；110kV 间隔层设备按间隔配置，分散布置于就地预制式智能控制柜内。

3.4.9.3 二次设备组柜原则

（1）站控层设备组柜原则。

1）2 台监控主机兼操作员、工程师工作站与数据服务器组 1 面柜。

2）1 台综合应用服务器组 1 面柜。

3）2 台Ⅰ区、1 台Ⅱ区数据通信网关机组 1 面柜。

4）公用设备（各电压等级公用测控装置）、站控层网络交换机组 1 面柜。

（2）间隔层设备组柜原则。

1）110kV 线路间隔。110kV 线路保护测控装置+110kV 线路电能表布置于线路间隔智能控制柜内。

2）110kV 分段间隔。110kV 分段保护测控装置+110kV 备自投装置布置于分段间隔智能控制柜内。

3）110kV 母线保护。110kV 母线保护组 1 面柜。

4）主变压器间隔。

a）主变压器电量保护：主变压器保护装置+过程层交换机，组 1 面柜；

b）主变压器测控：主变压器各侧测控装置，组 1 面柜；

c）主变压器电能表柜：全站主变压器各侧的电能表+电能量采集装置，组柜 1 面。

5）10kV 保护、测控集成装置，分散就地布置于开关柜。

（3）过程层设备组柜原则。

1）110kV 侧合并单元智能终端集成装置布置于智能控制柜内。

2）主变压器 10kV 侧合并单元智能终端集成装置布置于开关柜内。

（4）网络设备组柜原则。

1）站控层不单独设置网络交换机柜，站控层网络设备与公用设备共同组 1 面柜。

2）过程层不单独设置过程层网络交换机柜，过程层中心交换机与 110kV

母线保护共同组柜。

3）10kV 站控层交换机分散布置在各母线设备开关柜上。

（5）其他二次系统组柜原则。

1）故障录波及网络分析系统。故障录波装置+网络记录分析装置，组 1 面柜。

2）时钟同步系统。时钟同步系统组 1 面柜。

3）智能辅助控制系统。智能辅助控制单独组屏。

4）交直流一体化电源系统。交直流一体化电源系统组柜安装。

5）电能计量系统。每 6 块计费关口表组 1 面柜。电能量采集终端与主变压器各侧电能表共同组柜。

6）集中接线柜。在二次设备室内设置集中接线柜。

7）预留屏柜。二次设备室内预留 2～3 面屏柜，按远期规模的 10%～15% 预留。

3.4.9.4　柜体统一要求

根据配电装置型式选择不同型式的屏柜，断路器汇控柜与智能控制柜一体化设计。

（1）柜体要求。

1）全站二次系统设备柜体颜色应统一。

2）二次设备室内二次设备采用后接线、前显示装置。

3）间隔层二次设备、通信设备及直流设备等二次设备采用后接线设备时，屏柜采用 2260mm×600mm×600mm（高×宽×深），二次设备室内柜体尺寸应统一。站控层服务器柜可采用 2260mm×900mm×600mm（高×宽×深）屏柜。

（2）预制式智能控制柜要求。

1）柜体颜色，全站智能控制柜体颜色应统一。

2）柜体要求。

a）采用双层不锈钢结构，内层密闭，夹层通风；当采用户外布置时，柜体的防护等级至少应达到 IP55。

b）具有散热和加热除湿装置，在温湿度达到预设条件时起动。

c）预制式智能控制柜内部的环境能够满足智能终端等二次元件的长年正常工作温度、电磁干扰、防水防尘条件，不影响其运行寿命。

3.4.10　互感器二次参数要求

3.4.10.1　对电流互感器的要求

采用常规电流互感器时，配置合并单元，合并单元下放布置在预制式智能控制柜内。对于关口计量点，电流互感器增加独立的二次绕组接入计量表计。电流互感器二次参数要求如表 7-3 所示。

表 7-3　　电流互感器二次参数一览表

电压（kV）	110	10
主接线	单母线	单母线分段
台数	3 台/间隔	3（2）台间隔
二次额定电流（A）	5 或 1	5 或 1
准确级	5P/0.2S（出线、母联、分段） 5P/5P/0.2S/0.2S （主变压器进线）	5P/0.5/0.2S （出线、电容器、站用变压器、分段）； 5P/5P/0.2S/0.2S （主变压器进线） 10P/10P （主变压器中性点、间隙）
二次绕组数	2（4）	出线、电容器、占用变压器、分段：3 主变压器进线：4 主变压器高压侧中性点、间隙：2
二次绕组容量（按 5A 考虑）	推荐值：15VA，按计算结果选择	推荐值：15（30）VA 按计算结果选择

注　关口计费点可根据需要增加一组 0.2S 二次绕组。

3.4.10.2　对电压互感器的要求

采用常规电压互感器配置合并单元时，合并单元下放布置在预制式智能控制柜内。电压互感器二次参数要求如表 7-4 所示。

表 7-4　　电压互感器二次参数一览表

电压（kV）	110	10
主接线	单母线分段	单母线分段
数量	母线：三相 线路外侧：单相	母线：三相
准确级	母线： 0.2/0.5（3P）/0.5（3P）/6P 线路：0.5（3P）	母线： 0.2/0.5（3P）/0.5（3P）/6P
二次绕组数	母线：4 线路外侧：1	4
额定变比	母线：（110/$\sqrt{3}$）/（0.1/$\sqrt{3}$）/（0.1/$\sqrt{3}$）/（0.1/$\sqrt{3}$）/0.1 线路外侧：（110/$\sqrt{3}$）/（0.1/$\sqrt{3}$）/0.1	（10/$\sqrt{3}$）/（0.1/$\sqrt{3}$）/（0.1/$\sqrt{3}$）/（0.1/$\sqrt{3}$）/（0.1/3）

续表

电压（kV）	110	10
二次绕组容量	母线：推荐值：10VA 按计算结果选择	推荐值：10VA 按计算结果选择
	线路外侧：推荐值：10VA 按计算结果选择	

3.4.11 光/电缆选择

3.4.11.1 光缆选择要求

（1）光缆选择应符合 Q/GDW 11155《智能变电站预制光缆技术规范》。

（2）采样值和保护 GOOSE 等可靠性要求较高的信息传输应采用光纤。

（3）光缆起点、终点在同一智能控制柜内并且同属于继电保护的同一套保护测控集成装置、合并单元、智能终端、过程层交换机等多个装置，可合用同一根光缆进行连接。

（4）跨房间、跨场地不同屏柜间二次装置连接采用室外双端预制光缆。

（5）二次设备室内部屏柜间光缆接线全部有集成商在工厂内完成。现场施工采用预制光缆实现二次光缆接线即插即用。

（6）光缆选择。

1）光缆的选用根据其传输性能、使用的环境条件决定。

2）除线路纵联保护专用光纤外，其余采用缓变型多模光纤。

3）室外预制光缆选用铠装、阻燃型，自带高密度连接器或分支器。光缆芯数选用 8 芯、12 芯、24 芯。

4）室内不同屏柜间二次装置连接采用尾缆或软装光缆，尾缆（软装光缆）采用 4 芯、8 芯、12 芯规格。柜内二次装置间连接采用跳纤，柜内跳线采用单芯或多芯跳纤。

5）每根光缆或尾缆应至少预留 2 芯备用芯，一般预留 20%备用芯。

6）应准确测算预制光缆敷设长度，避免出现光缆长度不足或过长情况。可利用柜体底部或特制槽盒两种方式进行光缆余长收纳。

7）应根据室外光缆、尾缆、跳纤不同的性能指标、布线要求预先规划合理的柜内布线方案，有效利用线缆收纳设备，合理收纳线缆余长及备用芯，满足柜内布线整洁美观、柜内布线分区清楚、线缆标识明晰的要求，便于运行维护。

8）室外光缆、尾缆从屏柜底部两侧或中间开孔进入，合理分配开孔数量，在屏柜两侧布线。

3.4.11.2 网线选择要求

二次设备室内通信联系采用超五类屏蔽双绞线。

3.4.11.3 电缆选择及敷设要求

（1）电缆选择及敷设应符合 GB 50217—2018《电力工程电缆设计规范》及 DL/T 1623—2016《智能变电站预制电缆技术规范》的规定。

（2）为增强抗干扰能力，机房和小室内强电和弱电线应采用不同的走线槽进行敷设。

（3）主变压器、GIS 本体与智能控制柜之间二次控制电缆采用预制电缆连接。当电流互感器与智能控制柜之间二次控制电缆采用预制电缆时，应考虑防止电流互感器二次开路的措施。交直流电源电缆可视工程情况选用预制电缆。

（4）当一次设备本体至就地控制柜间路径满足预制电缆敷设要求时（全程无电缆穿管），优先选用双端预制电缆。应准确测算双端预制电缆长度，避免出现电缆长度不足或过长情况。预制电缆余长应有足够的收纳空间。

3.4.12 二次设备的接地、防雷、抗干扰

二次设备防雷、接地和抗干扰应满足 DL/T 5136—2012《火力发电厂、变电站二次接线设计技术规程》和 DL/T 5149—2020《变电站监控系统设计规程》的规定。

3.5 土建部分

3.5.1 站址基本条件

海拔不大于 1500m，抗震设防烈度 8 度，设计基本地震加速度 0.20g，设地震分组第二组，重现期 50 年的设计基本风速 v_0=30m/s，天然地基的地基承载力特征值 f_{ak}=150kPa，无地下水影响，场地同一标高。

3.5.2 总布置

3.5.2.1 总平面布置

变电站的总平面布置应根据生产工艺、运输、防火、防爆、保护和施工等方面的要求，按远期规模对站区的建（构）筑物、管线及道路进行统筹安排，工艺流畅。

变电站大门及道路的设置应满足主变压器、大型装配式预制件、预制舱式二次组合设备等整体运输。

3.5.2.2 站内道路

站内道路形成环形道路或结合市政道路形成环形布置，变电站大门面向站内主变压器运输道路。

站内主变压器运输道路及消防道路宽度为4m，转弯半径不小于9m。

站内道路采用城市型道路，可采用混凝土路面或沥青路面。

3.5.2.3 场地处理

屋外配电装置场地采用碎石地坪，设备操作区及巡视区域采用铺砌块地坪，湿陷性黄土场地应设置灰土封闭层，站区不考虑绿化。

3.5.3 装配式建筑物

3.5.3.1 建筑

（1）建筑应按工业建筑标准设计，统一标准、统一模数布置、方便生产运行。应做好建筑“四节”（节能、节地、节水、节材）工作。建筑材料选用因地制宜，选择节能、环保、经济、合理的材料。

（2）建筑物体型应紧凑、规整，在满足工艺要求和总平面布置的前提下，布置成单层建筑，建筑外观应与周围环境相协调，符合城市规划要求。

（3）建筑设计的模数协调宜按GB/T 50006—2010《厂房建筑模数协调标准》执行。

（4）建筑设计按无人值守运行要求，变电站内设置配电装置室及警卫室。配电装置室为单层建筑，布置有110kV GIS室、主变压器室、10kV配电室、电容器室、二次设备室、蓄电池室、安全工具间、资料室；警卫室为单层建筑，布置有休息室、门卫室、卫生间等，具体工程可根据运行需要进行调整。

（5）建筑物外墙板及其接缝设计应满足结构、热工、防水、防火及建筑装饰等要求，内墙板设计应满足结构、隔声及防火要求。

（6）建筑物外墙板采用纤维水泥复合板或压型钢板复合板，靠近主变压器一侧墙板应满足防火相关要求；内墙板采用防火石膏板，墙体保温材料可采用聚苯板、岩棉等，墙厚根据热工计算确定。

（7）外墙、内墙采用涂料装饰；卫生间采用瓷砖墙面，设吊顶。

（8）门窗预留洞口位置应与墙板尺寸相适应，内门采用木门、外门采用钢制防盗门或防火门，外窗采用铝合金玻璃窗。

（9）屋面应采用Ⅰ级防水屋面。

3.5.3.2 结构

（1）配电装置室采用钢框架结构，推荐柱距为6.0m、7.5m和10.0m，跨度10.0m、9.0m，110kV GIS室净高不小于7.0m、主变压器室层高7.5m，10kV配电室层高4.0m；警卫室采用钢框架结构，推荐柱距6.0m，跨度3.5m，层高3.0m。

（2）钢结构梁、柱采用热轧H型钢，屋面板采用钢筋桁架楼承板。

（3）基础采用钢筋混凝土独立基础，钢柱与基础采用外包式柱脚。

（4）钢结构的防腐采用镀层防腐和涂层防腐。

（5）钢结构防火采用涂敷防火涂料、外包防火板；耐火极限要求：钢柱2.5h、钢梁1.5h，楼板1.0h。

3.5.4 装配式构筑物

3.5.4.1 围墙及大门

围墙采用清水围墙，高度为2.3m。围墙顶部设置砌体压顶，围墙中部及转角处设置构造柱，构造柱间距不大于3m，采用标准钢模浇制。

变电站大门采用钢制电动大门。

3.5.4.2 电缆沟

（1）电缆沟采用现浇混凝土或钢筋混凝土沟体，也可采用预制式电缆沟体；沟壁应高出场地地坪100mm，沟宽采用800mm、1100mm、1400mm。

（2）电缆沟盖板采用钢框架现浇整体盖板，每隔6米设一钢活动盖板，活动盖板宽度500（600）mm，也可采用预制电缆沟盖板，大风沙地区盖板应采用防沙型盖板。

3.5.4.3 设备基础

（1）主变压器基础宜采用筏板基础+支墩的基础形式，主变压器油池尺寸根据设备尺寸确定，应满足相关规程要求。

（2）GIS设备基础宜采用筏板+支墩的基础型式。

（3）小型基础宜采用预制清水混凝土构件。

3.5.5 暖通、水工、消防

3.5.5.1 暖通

变电站电气设备间设置分体柜式冷暖空调，其他房间可根据使用需要采用壁挂式空调。

变电站电气设备间室设置机械排风系统，其他房间均为自然通风。采用SF_6气体绝缘设备的配电装置室内应配置SF_6气体探测器。

变电站所有房间采暖均采用分散电采暖设备。

采暖通风系统与消防报警系统应能联动闭锁，同时具备自动起停、现场控制和远方控制的功能。

3.5.5.2 水工

水源采用市政管网引接，不具备引接条件的变电站可采用拉水方式，站内设储水设施；污水采用化粪池收集后排入市政污水管网，不具备外排条件的定期处理。

站区雨水采用有组织排水系统收集后排入市政雨水管网或站外排水设施。

主变压器设有油水分离式总事故油池，油池有效容积应按最大主变压器油量的 100%考虑。

3.5.5.3 消防

变电站消防设计应执行 GB 50229—2019《火力发电厂及变电站设计防火标准》、GB 50016—2014《建筑设计防火规范》、GB 50974—2014《消防给水及消火栓系统技术规范》相关规定。

站区设室内外消化栓系统，设置消防水池及泵房 1 座；主变压器消防采用推车式干粉灭火器及消防沙箱，配电装置室及电气设备采用移动式化学灭火器。电缆从室外进入室内的入口处，应采取防止电缆火灾蔓延的阻燃及分隔的措施。

站内设置火灾报警及控制系统，报警信号上传至地区监控中心及相关单位。

4. 标准化图纸目录

本书仅提供方案图纸及装配目录，如表 7-5、表 7-6 所示，具体图纸与模型文件电子版以其他方式出版发行。

4.1 设计图纸

表 7-5 设计图纸一览表

序号	图纸编号	图　名
1	NX-110-A2-6-01	电气主接线图
2	NX-110-A2-6-02	电气总平面布置图
3	NX-110-A2-6-03	配电装置室平面布置图
4	NX-110-A2-6-04	主变压器断面图
5	NX-110-A2-6-05	110kV 配电装置断面图
6	NX-110-A2-6-06	10kV 屋内配电装置断面图
7	NX-110-A2-6-07	10kV 屋内并联电容器装置平断面图
8	NX-110-A2-6-08	电气二次设备室平面布置图
9	NX-110-A2-6-09	综合自动化系统网络构成图
10	NX-110-A2-6-10	一体化电源系统接线图
11	NX-110-A2-6-11	站用电系统接线图
12	NX-110-A2-6-12	直流电源系统原理图
13	NX-110-A2-6-13	土建总平面布置图
14	NX-110-A2-6-14	配电室首层平面
15	NX-110-A2-6-15	立面图
16	NX-110-A2-6-16	剖面图（一）
17	NX-110-A2-6-17	剖面图（二）
18	NX-110-A2-6-18	警卫室平、立、剖面图

4.2 装配模型

表 7-6 装配模型一览表

序号	模型名称	备注
1	方案整体模型	GIM
2	总图	GIM
3	电气一次	GIM
4	电气二次	GIM
5	建筑	GIM
6	结构	GIM
7	警卫室	GIM

5. 主要设计图纸

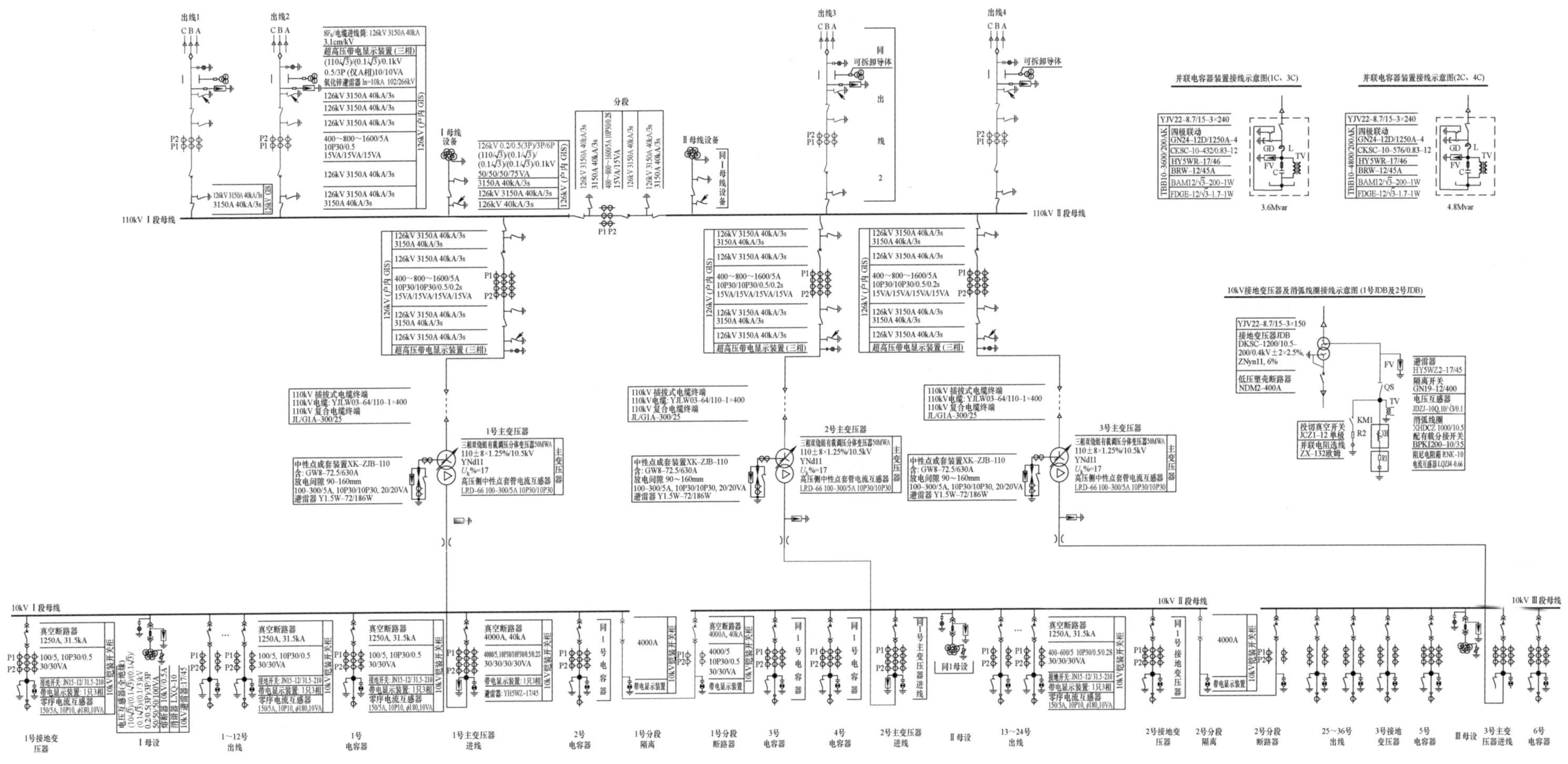

图 7-1 电气主接线图（NX-110-A2-6）

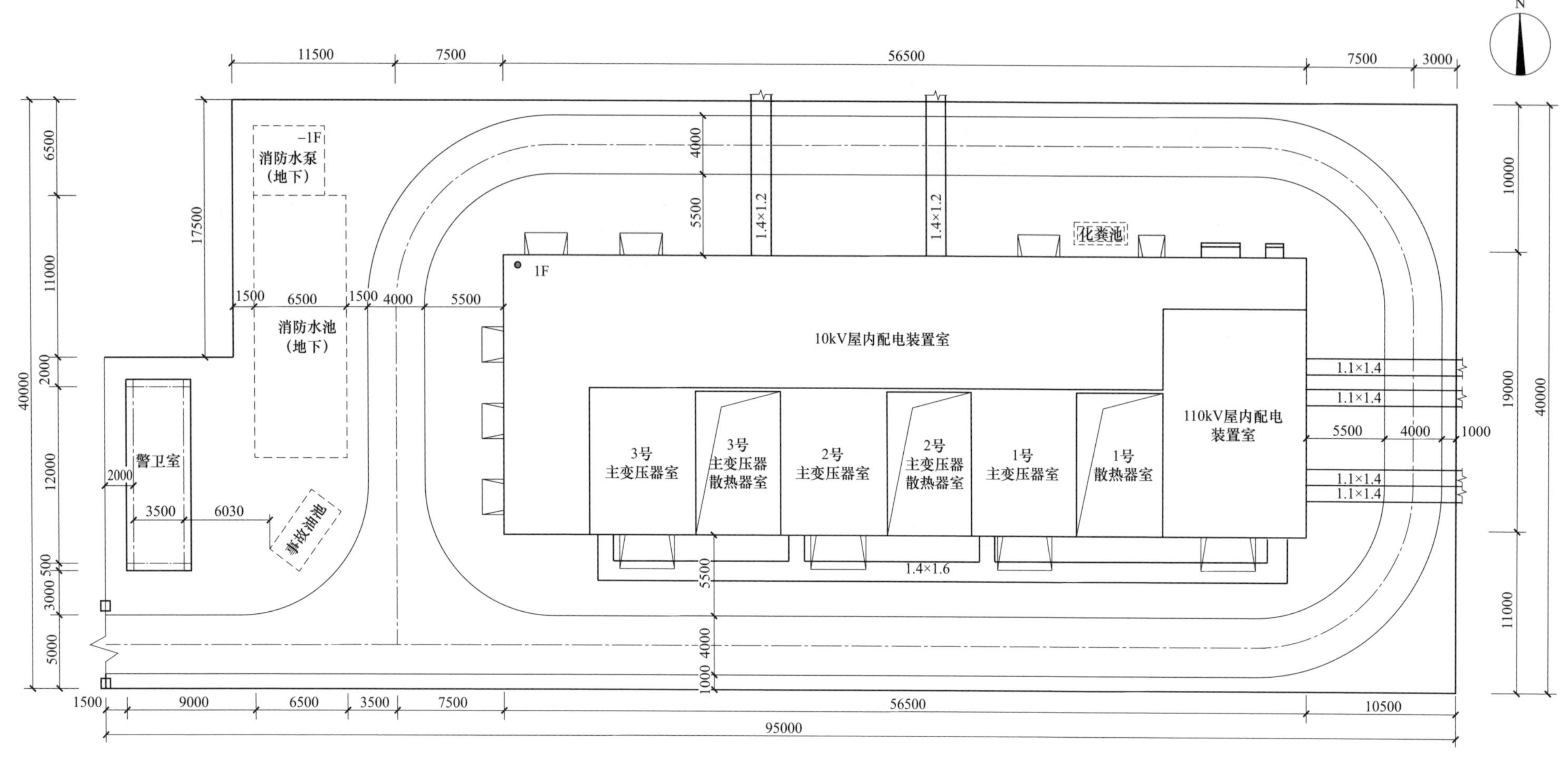

图 7－2 总平面布置图（NX－110－A2－6）

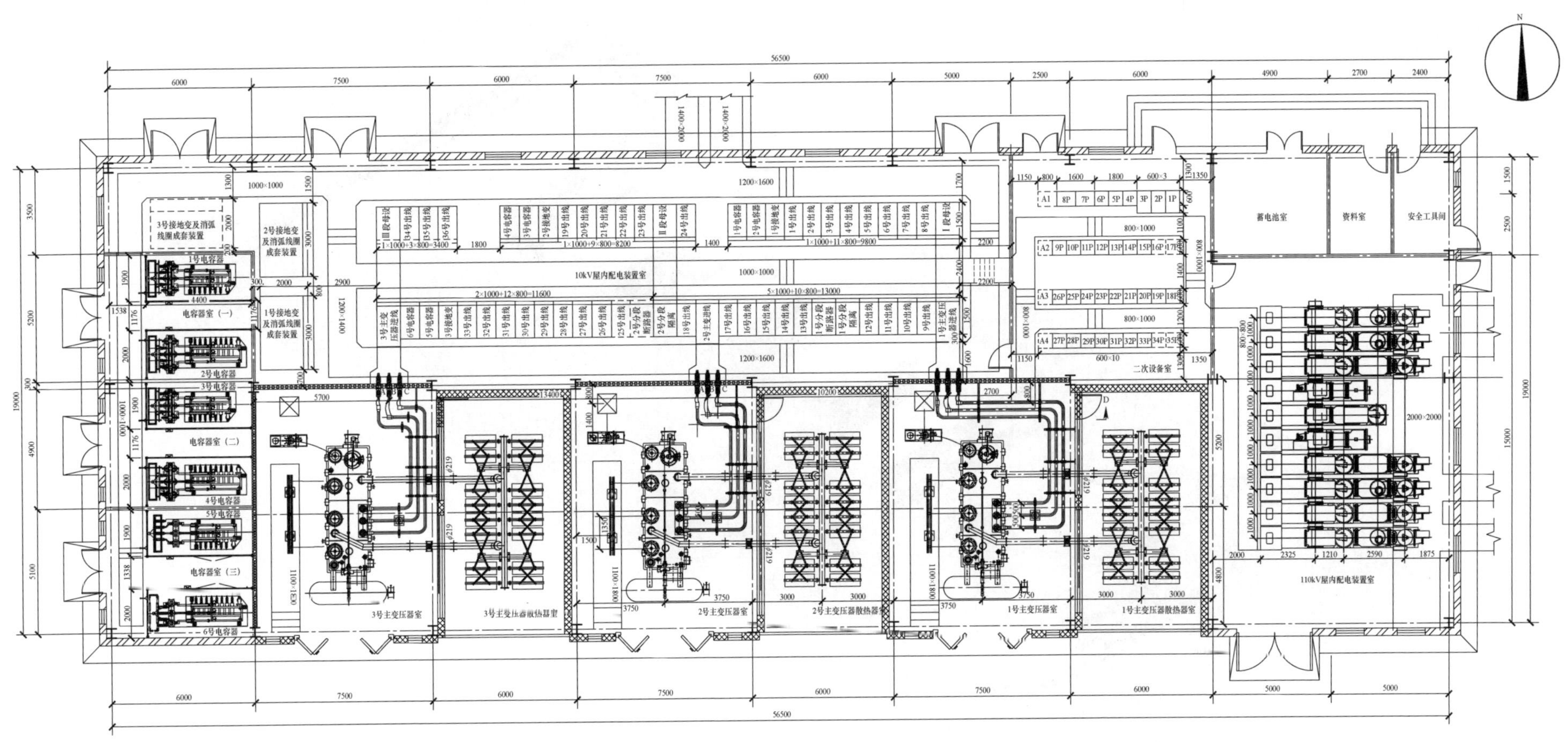

图 7-3　配电装置室平面布置图（NX-110-A2-6）

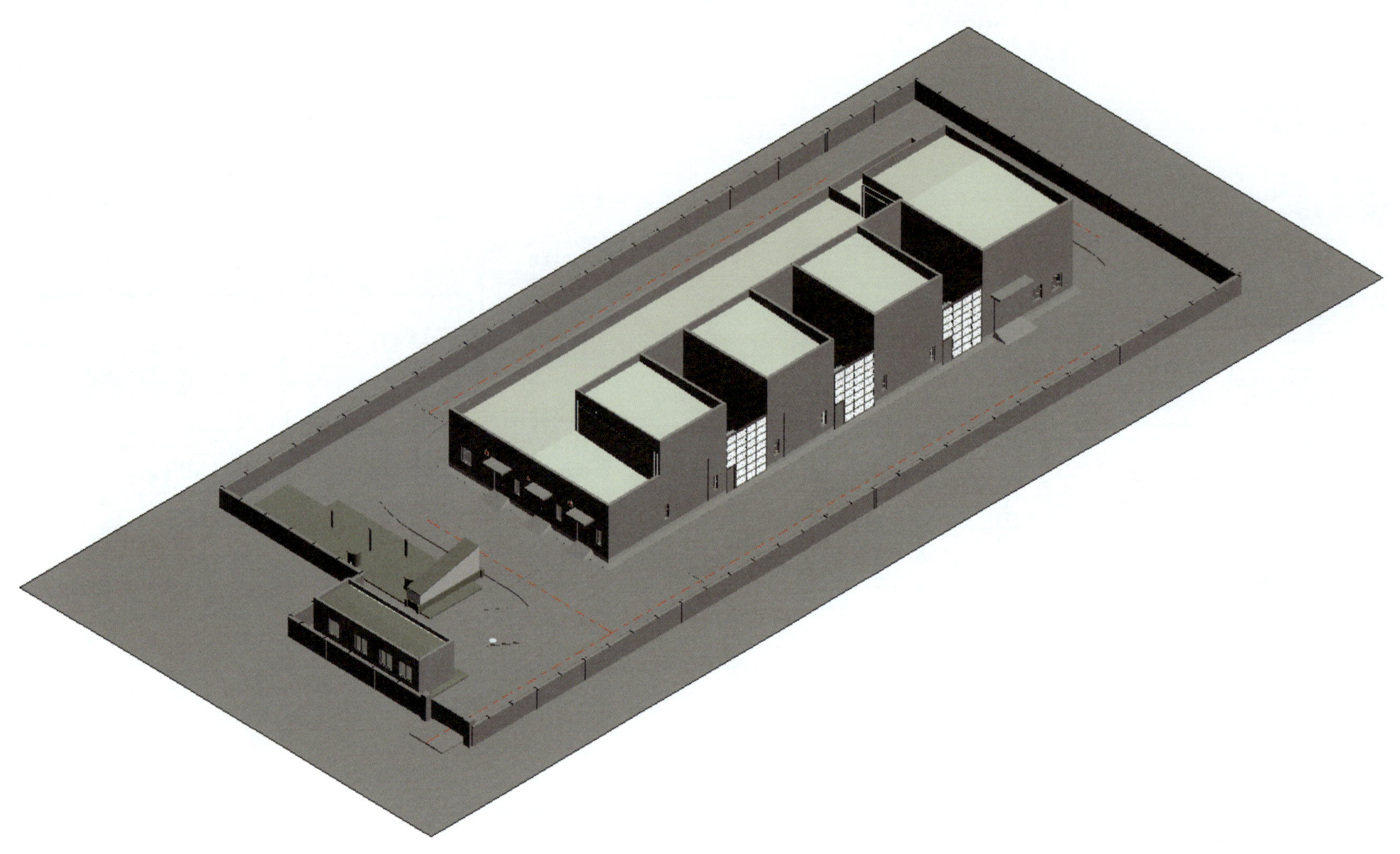

图 7-4　方案整体模型（NX-110-A2-6）

第 8 章　NX－110－A3－2 通用设计方案

1. 主要技术条件

NX－110－A3－2 通用设计方案主要技术条件，如表 8－1 所示。

表 8－1　　主要技术条件

序号	项目名称	技术条件
1	主变压器	3×50MVA
2	出线规模	110kV 出线 4 回，电缆出线 35kV 出线 12 回，电缆出线 10kV 出线 24 回，电缆出线
3	电气主接线	110kV 采用单母线分段接线 35kV 采用单母线三分段接线 10kV 采用单母线三分段接线
4	无功补偿	每台变压器配置 10kV 电容器 2 组，容量为（3.6+4.8）Mvar
5	短路电流	110kV 短路电流：40kA 35kV 短路电流：31.5、25kA 10kV 短路电流：31.5、40kA
6	主要设备选型	主变压器选用三相三绕组低损耗、低噪声自冷式有载调压变压器 110kV：户内 GIS 35kV：户内开关柜/充气柜 10kV：开关柜，配置真空断路器 10kV 电容器：集合式，铁心电抗器
7	电气总平面及配电装置	主变压器：户外布置 110kV GIS 户内布置，电缆出线 35、10kV：户内开关柜双列布置、电缆出线
8	监控系统	按无人值守设计，采用计算机监控系统，监控和远动统一考虑
9	模块化二次设备	二次设备模块化布置，全站设 1 个二次设备室、1 个蓄电池室，含站控层设备模块、公用设备模块、通信设备模块、直流电源系统模块、主变压器间隔层设备模块 采用预制式智能控制柜，110kV 过程层设备按间隔配置，分散布置于就地预制式智能控制柜内
10	土建部分	围墙内占地面积 0.4517hm²，总建筑面积 1176m²，设 1 座配电装置室、1 座警卫室，采用单层装配式钢框架结构，室内外设置消火栓并配置移动式化学灭火装置
11	站址基本条件	海拔不大于 1500m，设计基本地震加速度按 0.20g 考虑，重现期 50 年的设计基本风速 v_0=30m/s，天然地基的地基承载力特征值 f_{ak}=150kPa，无地下水影响，假设场地为同一标高

2. 方案基本模块划分

NX－110－A3－2 通用设计方案基本模块划分，如表 8－2 所示。

表 8－2　　基本模块划分

序号	基本模块编号	基本模块名称	基本模块描述
1	NX－110－A3－2－110	110 配电装置模块	110kV 远期出线 4 回，采用单母线分段接线，户内 GIS，电缆出线，GIS 设备间隔 1.0m
2	NX－110－A3－2－ZB&35&10	主变压器及 35kV 和 10kV 配电装置模块	主变压器远期 3 组 50MVA，户内布置 35kV 远期出线 12 回，采用单母线分段接线，户内开关柜，电缆出线 10kV 远期出线 24 回，采用单母线分段接线，户内开关柜，电缆出线
3	NX－110－A3－2－PDL	配电装置室模块	单层建筑，钢框架结构，建筑面积 1060m²
4	NX－110－A3－2－JWS	警卫室模块	单层建筑，钢框架结构，建筑面积 60m²

3. 技术导则

3.1　概述

本设计方案是在《国家电网公司输变电工程 35～110kV 智能变电站模块化建设通用设计》（2016 年版）110kV－A3－2 方案的基础上，结合《国网基建部关于发布 35～750kV 变电站通用设计通信、消防部分修订成果的通知》（基建技术〔2019〕51 号）完成该方案初步设计阶段深度内容设计，并根据相关各部门意见对该方案局部调整。

3.1.1　设计对象

国网宁夏电力有限公司系统内的 110kV 半户内变电站 A3－2 方案。

3.1.2　设计范围

变电站围墙以内，设计标高零米以上的生产及辅助生产设施。受外部条件影响的项目，如系统通信、保护通道、进站道路、站外给排水、地基处理、土方工程等不列入设计范围。

3.1.3　运行管理方式

本方案按无人值守设计。

3.1.4　模块化建设原则

（1）电气一、二次集成设备最大程度实现工厂内规模生产、调试、模块化配送，减少现场安装、接线、调试工作，提高建设质量、效率。一次设备本体与智能控制柜之间二次控制电缆采用预制电缆连接。

（2）配电装置布局应统筹考虑按二次设备模块化布置，便于安装、消防、扩建、运维、检修及试验等工作。

（3）监控、保护、通信等站内公用二次设备按功能设置一体化监控模块、电源模块、通信模块等，采用预制式智能控制柜。

（4）一次设备与二次设备之间采用预制电缆标准化连接；二次设备之间采用预制光缆标准化连接。

（5）变电站高级应用应满足电网运行管理需求，模块化设计、分阶段实施。

（6）建筑物采用装配式钢结构，实现标准化设计、工厂化制作、机械化安装。

（7）建筑物、构筑物基础采用标准化尺寸，定型钢模浇制。

3.1.5　设计深度

原则上按照 Q/GDW 166.2《国家电网公司输变电工程初步设计内容深度规定　第 2 部分：110（66）kV 变电站》有关内容开展工作。

3.2　电力系统部分

3.2.1　主变压器

通用设计方案中单台主变压器容量一般按 50MVA 常用容量配置。对于负荷密度较轻的地区，可以采用 40MVA 的变压器，当负荷特别轻时也可采用 31.5MVA 容量的变压器，对于负荷密度特别高的城市中心地区，单台主变压器容量可按 63MVA 或 80MVA 容量配置。

一般地区主变压器远期规模宜按 3 台配置，对于负荷密度特别高的城市中心、站址选择困难地区主变压器远期规模可按 4 台配置，对于负荷密度较低的地区主变压器远期规模可按 2 台配置。

主变压器可采用三绕组变压器。

实际工程中主变压器台数和容量、绕组数应根据相关的规程规范、导则和已经批准的电网规划计算确定，变压器调压方式应根据系统情况确定。

3.2.2　出线回路数

110kV 出线：一般情况下按 2～4 回配置，有电网特殊要求时可按 6～8 回配置。

35kV 出线：每台主变压器按 3～4 回配置。

10kV 出线：一般情况下每台主变压器按 8～12 回配置，有电网特殊要求时可按 14～24 回配置。

实际工程可根据具体情况对各电压等级出线回路数进行适当调整。

3.2.3　无功补偿

容性无功补偿容量按 10%～15%配置。

对于架空、电缆混合的 110kV 变电站，应根据系统条件经过具体计算后确定感性和容性无功补偿配置。

在不引起高次谐波谐振、有危害的谐波放大和电压变动过大的前提下，无功补偿装置宜加大分组容量和减少分组组数。

通用设计每台变压器低压侧无功补偿组数为 2 组。

具体工程必须经过调相调压计算来确定无功容量及分组的配置。

3.2.4　系统接地方式

110kV 系统采用直接接地方式；主变压器 35kV 或 10kV 侧接地方式宜结合线路负荷性质、供电可靠性等因素，采用不接地、经消弧线圈或小电阻接地方式。

3.3　电气一次部分

3.3.1　电气主接线

变电站的电气主接线应根据变电站的规划容量，线路、变应器连接元件总数，设备特点等条件确定，应综合考虑供电可靠性、运行灵活、操作检修方便、节省投资、便于过渡或扩建等要求。对于终端变电站，当满足运行可靠性要求时，宜简化接线型式，采用线变组或桥型接线。

（1）110kV 电气接线远期采用单母线分段接线，本期采用单母线分段接线。

（2）35kV 电气接线远期采用单母线三分段接线，本期采用单母线分段接线。

（3）10kV 电气接线远期采用单母线三分段接线，本期采用单母线单分段接线。

（4）主变压器中性点接地方式。110kV 主变压器中性点直接接地或经隔离开关接地，依据出线线路总长度及出线线路性质确定35、10kV系统采用不接地、经消弧线圈或小电阻接地方式。

3.3.2 短路电流

110kV电压等级：设备短路电流水平40kA。

35kV电压等级：25kA或31.5kA（实际工程计算确定）。

10kV电压等级：31.5kA或40kA（实际工程根据所处电网短路电流水平确定）。

3.3.3 主要设备选择

（1）电气设备选型应从《国家电网公司标准化成果（输变电工程通用设计、通用设备）应用目录》中选择。

（2）变电站内一次设备应采用“一次设备本体+智能组件”形式；与一次设备本体有安装配合的互感器、智能组件，应与一次设备本体采用一体化设计，优化安装结构，保证一次设备运行的可靠性及安全性。

（3）主变压器采用三相三绕组、低损耗、油浸自冷式，容量特别大或者布置受限时也可采用油浸风冷式主变压器；位于城镇区域的变电站宜采用低噪声变压器。主变压器可通过集成于设备本体的传感器，配置相关的智能组件实现冷却装置、有载分接开关的智能控制。

（4）110kV开关设备根据站址地理位置、环境条件等因素的要求，采用GIS设备。

（5）110kV电压等级及主变压器各侧宜采用常规互感器+合并单元形式，并应按要求优化互感器二次绕组配置数量以及容量。

（6）35kV开关设备采用户内气体绝缘开关柜。

（7）10kV开关设备采用户内空气绝缘开关柜。海拔高于2000m以上，10kV开关设备采用户内充气式开关柜。

（8）无功补偿装置选用户内框架式电容器成套装置，串联干式铁心电抗器，电抗率12%。

3.3.4 导体选择

母线载流量按最大穿越功率考虑，按发热条件校验。

出线回路的导体截面按不小于送电线路的截面考虑。

110kV导线截面应进行电晕校验及对无线电干扰校验。

主变压器110kV侧导线载流量按不小于主变压器额定容量1.05倍计算，实际工程中可根据需要考虑承担另一台主变压器事故或检修时转移的负荷；110kV母联导线载流量须按不小于接于母线上的最大元件的回路额定电流考虑，110kV分段载流量须按系统规划要求的最大通流容量考虑。

3.3.5 电气总平面布置

电气总平面布置应减少变电站占地面积，以最少土地资源达到变电站建设要求。出线方向适应各电压等级线路走廊要求，尽量减少线路交叉和迂回。配电装置尽量不堵死扩建的可能，进站道路条件允许时，变电站大门宜直对主变压器运输道路。

NX－110－A3－2通用设计方案中除主变压器，其他设备采用半户内一层配电装置室布置形式；110kV GIS屋内配电装置室布置在西侧；二次设备室、资料室、警卫室布置在西北侧，10、35kV屋内配电装置及接地变消弧线圈成套装置同室布置，布置在主变压器南侧。电容器室布置在西侧，进站大门朝西。

3.3.6 配电装置

（1）110kV配电装置采用户内GIS设备，进出线均采用电缆方式，110kV主变压器电缆采用一端保护接地，一端直接接地方式，每台主变压器设置1面保护接地箱，1面直接接地箱。

（2）35kV配电装置布置于户内，采用充气式开关柜，单列布置，间隔宽度为800mm，配真空断路器，主变压器35kV侧采用绝缘管母线，35kV出线采用电缆出线。

（3）10kV配电装置布置于户内，采用手车开关柜，双列布置，间隔宽度为800mm和1000mm，配真空断路器，主变压器10kV侧采用绝缘管母线，10kV出线采用电缆出线。

（4）主变压器为屋外一体式布置。

（5）10kV电容器采用框架式电容器成套装置，户内落地安装。

3.3.7 站用电

交流站用电系统为380/220V中性点接地系统。站用电系统采用单母线分段接线，也可采用单母线接线。

站用电源采用交直流一体化电源系统。

3.3.8 电缆敷设

电力电缆和控制电缆选择按照GB 50217—2018《电力工程电缆设计标准》和Q/GDW 11154—2014《智能变电站预制电缆技术规范》选择。

优化电缆敷设路径，取消间隔内支沟。在满足电缆（光缆）敷设容量要求的前提下，配电装置场地主通道可采用电缆沟或槽盒；GIS室内电缆通道宜采用槽盒。二次设备室不宜设置电缆夹层，位于建筑一层时，宜设置电缆沟；

高压组合电器设备本体与汇控柜宜采用标准预制电缆连接。

光缆由不同路径进入二次设备室。

3.4 二次系统

3.4.1 系统继电保护安全自动装置

3.4.1.1 110kV 线路保护

（1）每回 110kV 线路按光纤差动保护配置，以光纤电流差动为主保护，三段式相间距离、三段式接地距离，四段式零序电流方向保护为后备保护，含断路器操作及重合闸功能。当因为外部条件无法配置光纤差动保护时，也可配置距离保护。

（2）110kV 主网（环网）线路的保护和测控应配置独立的保护装置和测控装置，其他 110kV 线路配置保护测控集成装置。

（3）保护采用直接采样、直接跳闸。

3.4.1.2 110kV 母线保护

（1）配置一套母线保护。

（2）110kV 母线保护直接采样、直接跳闸。

3.4.1.3 110kV 母联（分段）保护

（1）按断路器配置单套母联（分段），具备瞬时和延时跳闸功能的充电及过电流保护。

（2）110kV 主网（环网）母联保护和测控应配置独立的保护装置和测控装置，其他 110kV 母联断路器配置保护测控集成装置。

（3）母联（分段）保护采用直接采样。

3.4.1.4 故障录波

（1）110kV 变电站应配置故障录波器。

（2）当设置过程层网络时，故障录波通过网络方式采集相关信息。

（3）变电站内的故障录波器应能对站用直流系统的各母线段（控制、保护）对地电压进行录波。

3.4.1.5 保护及故障信息系统子站

保护及故障信息系统子站不配置独立装置，保护装置信息由Ⅰ区监控主机或Ⅰ区通信网关机接收后存储在Ⅰ区。

其主要功能有：

（1）保护运行管理功能，对站内的保护装置的运行信息，如保护动作、保护启动、自检、开关量压板、工况等信息进行查询统计工作，并可生成各种报告。

（2）利用录波数据、采样值数据，能够进行波形分析、相序分量分析、谐波分析，对波形可进行拷贝、放缩、叠加等操作。

（3）数据远传。通过路由器广域网方式与管理主站进行双向通信，并接受管理主站的访问及管理。

3.4.1.6 安全自动装置

变电站是否配全安全自动装置应根据接入后的系统安全稳定校核计算结论确定，装置配置应遵循如下原则：

（1）站内备自投功能配置 1 套独立的备自投装置实现，备自投装置光缆连接按“直采直跳”设计。

（2）低频低压减载功能配置 1 套独立的低频低压减载装置实现。

3.4.2 调度自动化

3.4.2.1 调度关系及远动信息传输原则

调度管理关系根据电力系统概况、调度管理范围划分原则和调度自动化系统现状确定。远动信息的传输原则根据调度管理关系确定。

3.4.2.2 远动设备配置

远动通信设备（Ⅰ区数据通信网关机）配置应符合本章 3.4.4.3 的相关要求，并优先采用专用装置、无硬盘型，采用专用操作系统。

3.4.2.3 远动信息采集

远动信息采取“直采直送”原则，直接从监控系统的测控单元获取远动信息并向调度端传送。

3.4.2.4 远动信息传送

（1）远动通信设备应能实现与相关调控中心的数据通信，采用电力调度数据网络方式或常规远动通道互为备用的方式。网络通信采用 DL/T 634.5104 规约。

（2）远动信息内容应满足 DL/T 5003—2017《电力系统调度自动化设计规程》、DL/T 5002—2005《地区电网调度自动化设计技术规程》、Q/GDW 678《智能变电站一体化监控系统功能规范》、Q/GDW 679《智能变电站一体化监控系统建设技术规范》和相关调度端、无人值班远方监控中心对变电站的监控要求。

3.4.2.5 电能量计量系统

（1）全站配置一套电能量计量系统子站设备，包括电能计量表与电能量远方终端。信息通过电力数据网、专线通道等方式将电能量数据传送至各级电网计量主站。

（2）关口计费点配置独立电能表，并符合 DL/T 5202—2004《电能量计量系统设计技术规程》的规定。

3.4.2.6 调度数据网络及安全防护装置

（1）配置双套调度数据网络接入设备，含相应的调度数据网络交换机及路由器，组柜 2 面。

（2）安全Ⅰ区设备与安全Ⅱ区设备之间通信可设置防火墙；监控系统通过正反向隔离装置向Ⅲ/Ⅳ区数据通信网关机传送数据，实现与其他主站的信息传输；监控系统与远方调度（调控）中心进行数据通信应设置纵向加密认证装置。

（3）安全Ⅱ区部署网络安全监测装置 1 台，接入电力调度数据网与调度机构的网络安全管理平台，实现主站网络安全平台的统一管控。

3.4.3 光纤系统及站内通信

3.4.3.1 光纤系统通信

光纤通信电路的设计，应结合通信网现状、工程实际业务需求以及各网省公司通信网规划进行。

（1）光缆类型以 OPGW 为主，光缆纤芯类型宜采用 G.652 光纤。随新建 110kV 线路应至少建设 1 根 OPGW 光缆，每根光缆芯数不少于 48 芯。

（2）宜随新建 110kV 电力线路建设光缆，110kV 变电站应具备至少 2 个光缆路由以及 2 条及以上独立的光缆敷设通道。

（3）变电站应按调度关系及地区通信网络规划要求建设相应的光传输系统。光传输系统的传输速率应满足各类业务需求及规划发展要求。

（4）变电站应至少配置 1 套地市级光传输设备，接入相应的光传输网。

（5）同一方向的多条光缆或同一传输系统不同方向的多条光缆应避免同路由敷设进入二次设备室。

3.4.3.2 站内通信

（1）变电站不设置程控调度交换机。变电站调度、行政电话由调度运行单位采用 PCM 放小号方式或软交换及 IAD 接入方式解决。

（2）变电站应配置 1 套综合数据通信网设备。综合数据通信网设备宜采用两条独立的上联链路与网络中就近的两个汇聚节点互联。

（3）变电站通信设备的环境监测功能由站内智能辅助控制系统统一考虑。

（4）变电站通信设备采用站内一体化电源系统实现 –48V 直流供电，配置独立的 DC/DC 转换装置。每个 DC/DC 转换模块直流输入侧加装独立空气开关，通信负载电流按 130A 考虑。

（5）变电站通信设备与二次设备统一布置，通信设备屏位应按变电站远期规模考虑。

3.4.4 变电站自动化系统

3.4.4.1 监控范围及功能

监控系统实现全站信息的统一接入、统一存储和统一展示，具备运行监视、操作与控制、综合信息分析与智能告警、运行管理各辅助应用等功能。

变电站自动化系统设备配置和功能要求按无人值班设计，采用开放式分层分布式网络结构，通信规约统一采用 DL/T 860。监控范围及功能满足 Q/GDW 678、Q/GDW 679 的要求。

3.4.4.2 系统网络

（1）站控层网络。站控层网络采用单套星形以太网络，站控层交换机可按二次设备室（舱）或按电压等级配置交换机，并相互级联。

（2）过程层网络。

1）110kV 过程层设置单星形以太网络，GOOSE 报文与 SV 报文共网传输。110kV 间隔层设备与过程层设备之间保护信息采用点对点方式传输 GOOSE、SV 报文，测控信息采用组网方式传输 GOOSE、SV 报文。过程层集中设置过程层交换机。

2）10kV 不单独设置过程层网络，当 110kV 过程层设置单星形以太网络时，主变压器 10kV 过程层设备接入 110kV 过程层网络，GOOSE 报文通过站控层网络传输。

3.4.4.3 设备配置原则

（1）站控层设备配置原则。站控层设备按远期规模配置，按照功能分散配置、资源共享、避免设备重复设置的原则。

1）监控主机双套配置，集成数据服务器、操作员站、工程师工作站与监控主机。

2）综合应用服务器单套配置。

3）Ⅰ区数据通信网关机兼具图形网关机功能，按双套配置。

4）Ⅱ区数据通信网关机单套配置。

5）Ⅲ/Ⅳ区数据通信网关机单套配置。

（2）间隔层设备配置原则。间隔层包括继电保护、安全自动装置、测控装置、站域保护控制装置、故障录波系统、网络记录分析系统、计量装置等设备。

1）继电保护安全自动装置具体配置详见本章3.4.1。

2）110kV间隔（主变压器间隔除外）应采用保护、测控集成装置；主变压器间隔测控装置应独立配置。10kV电压等级采用保护、测控集成装置。

3）全站统一配置1套网络记录分析装置。网络记录分析装置应记录所有过程层GOOSE、SV网络报文、站控层MMS报文。

4）全站电能表独立配置。

（3）过程层设备配置原则。

1）合并单元。110kV间隔合并单元单套配置；110kV母线合并单元双套配置；主变压器各侧合并单元双套配置，中性点（含间隙）合并单元独立配置，也可并入相应侧合并单元；10kV不配置合并单元（主变压器间隔除外）。

同一间隔内的电流互感器和电压互感器合用一个合并单元。合并单元分散布置于配电装置场地智能控制柜内，采用合并单元智能终端集成装置。

2）智能终端。110kV及主变压器各侧智能终端单套配置，分散布置于配电装置场地智能控制柜内。主变压器本体智能终端单套配置，集成非电量保护功能。10kV不配置智能终端（主变压器间隔除外）。

采用合并单元智能终端集成装置。

3）预制式智能控制柜。预制式智能控制柜按间隔进行配置；对于GIS设备，预制式智能控制柜应与GIS汇控柜一体化设计。

（4）网络通信设备。网络设备包括网络交换机、接口设备和网络连接线、电缆、光缆及网络安全设备等。

1）站控层网络按二次设备室或按电压等级配置站控层交换机，并相互级联；交换机端口数量应满足应用需求，采用100Mbit/s电口。

2）过程层交换机集中设置。过程层每个虚拟网均应预留1～2个备用端口。任意两台智能电子设备之间的数据传输路由不应超过4台交换机。

3.4.5 元件保护

3.4.5.1 110kV主变压器保护

（1）110kV主变压器电量保护按双套配置，每套保护包含完整的主、后备保护功能；110kV变压器电量保护也可按单套配置，主、后备保护分开；非电量保护单套配置，与本体智能终端装置集成。主保护采用纵差保护，后备保护含复合电压闭锁过流、零序过流保护、过负荷保护等完整的后备保护功能。

（2）主变压器电量保护直接采样，直接跳各侧断路器；主变压器保护跳母联、分段断路器及闭锁备自投等可采用GOOSE网络传输。主变压器非电量保护采用就地通过电缆直接跳闸，信息通过本体智能终端上送。

（3）每台主变压器配置电量保护装置2套，集中布置于二次设备室；配置非电量保护1套，由主变压器本体智能终端集成，安装于主变压器就地智能控制柜内。

3.4.5.2 10kV线路、站用变压器、电容器保护

按间隔单套配置，采用保护、测控集成装置。

3.4.6 直流系统及不间断电源

3.4.6.1 系统组成

站用交直流一体化电源系统由站用交流电源、直流电源、交流不间断电源（UPS）、逆变电源（INV）、直流变换电源（DC/DC）及监控装置等组成。监控装置作为一体化电源系统的集中监控管理单元。

系统中各电源通信规约应相互兼容，能够实现数据、信息共享。系统的总监控装置应通过以太网通信接口采用DL/T 860规约与变电站后台设备连接，实现对一体化电源系统的远程监控维护管理。

3.4.6.2 直流电源

（1）直流系统电压。110kV变电站操作电源额定电压采用220V，通信电源额定电压－48V。

（2）蓄电池型式、容量及组数。

全站装设1组蓄电池，蓄电池容量按500Ah考虑，设置独立的蓄电池室。

蓄电池容量选择应满足全站交流电源事故停电时间2h要求；对地理位置偏远的变电站，电气负荷按2h事故放电时间计算，通信负荷按4h事故放电时间计算。

DC/DC负荷系数为0.8，合并单元、智能终端负荷系数参照保护装置。

（3）充电装置台数及型式。直流系统采用高频开关充电装置，每套蓄电池配置1套高频开关充电装置，模块数按*N*+1配置。

（4）直流系统供电方式。直流电源均采用辐射供电方式。35kV及以下的保护、控制、合并单元智能终端由直流分电屏直接馈出，若馈电屏直流断路器不足，也可多间隔并接供电。对于下放至配电装置场地的智能控制柜，以柜为单位配置直流供电回路。每套智能控制柜配置一路公共直流电源。智能控制柜内各装置共用直流电源，采用独立空气开关分别引接。

3.4.6.3 交流不停电电源系统

配置两套交流不停电电源系统（UPS）。

3.4.6.4 直流变换电源装置

配置1套直流变换电源装置，采用高频开关模块型，N+1冗余配置。通信电源采用直流变换电源（DC/DC）装置供电。

3.4.7 时间同步系统

（1）配置1套公用的时钟同步系统，主时钟双套配置，另配置扩展装置实现站内所有对时设备的软、硬对时。支持北斗系统和GPS系统单向标准授时信号，优先采用北斗系统，时钟同步精度和守时精度满足站内所有设备的对时精度要求。扩展装置的数量应根据二次设备的布置及工程规模确定。该系统预留地基时钟源接口。

（2）时间同步系统对时范围包括监控系统站控层设备、保护装置、测控装置、故障录波、合并单元、智能终端及站内其他智能设备等。

（3）站控层设备采用SNTP对时方式。间隔层设备采用IRIG－B对时方式，条件具备时也可采用IEC 61588网络对时。

（4）过程层设备同步：当采样值传输采用点对点方式时，合并单元采样值同步应不依赖于外部时钟。当采样值传输采用组网方式时，合并单元采样值同步采用IRIG－B方式（条件具备时也可采用IFX 61588网络对时），合并单元布置于户内配电装置场地时，时钟输入采用电信号；合并单元下放布置于户外配电装置场地时，时钟输入采用光信号。采样的同步误差应不大于±1μs。

3.4.8 辅助控制系统

全站配置一套智能辅助控制系统，实现图像监视及安全警卫、火灾报警、消防、照明、采暖通风、环境监测等系统的智能联动控制。智能辅助控制系统包括智能辅助系统综合监控平台、图像监视及安全警卫子系统、火灾自动报警及消防子系统、环境监视子系统等。

全站可配置1套智能辅助系统综合监控平台后台系统，由综合应用服务器实现，实现辅助系统的数据分类存储分析以及智能联动功能。

辅助控制系统具体功能要求应符合《智能变电站辅助控制系统技术规范》的规定。

3.4.9 二次设备模块化布置

3.4.9.1 二次设备模块划分原则

二次设备应最大程度实现工厂内规模生产、集成、调试、模块化配送，实现二次接线“即插即用”，有效减少现场安装、接线、调试工作，提高建设质量、效率。

（1）站控层设备模块：包含监控系统站控层设备、调度数据网络设备、二次系统安全防护设备等。

（2）公用设备模块：包含公用测控装置、时钟同步系统、电能量计量系统、故障录波装置、网络记录分析装置、辅助控制系统、火灾报警系统等。

（3）通信设备模块：包含光纤系统通信设备、站内通信设备等。

（4）一体化电源系统模块：包含站用交流电源、直流电源、交流不间断电源（UPS）、逆变电源（INV）、直流变换电源（DC/DC）、蓄电池等。

（5）110kV间隔设备模块：包含110kV线路（母联、桥、分段）保护测控集成装置、110kV母线保护、电能表、110kV公用测控装置与交换机等。

（6）主变压器间隔层设备模块：包含主变压器保护装置、主变压器测控装置、电能表等。

3.4.9.2 二次设备模块布置原则

110kV户内变电站，站控层设备模块、公用设备模块、通信设备模块、主变压器间隔模块与一体化电源系统模块等布置于装配式建筑内；110kV间隔层设备按间隔配置，分散布置于就地预制式智能控制柜内。

3.4.9.3 二次设备组柜原则

（1）站控层设备组柜原则。

1）2台监控主机兼操作员、工程师工作站与数据服务器组1面柜。

2）1台综合应用服务器组1面柜。

3）2台Ⅰ区、1台Ⅱ区数据通信网关机组1面柜。

4）公用设备（各电压等级公用测控装置）、站控层网络交换机组1面柜。

（2）间隔层设备组柜原则。

1）110kV线路间隔。110kV线路保护测控装置+110kV线路电能表布置于线路间隔智能控制柜内。

2）110kV分段间隔。110kV分段保护测控装置+110kV备自投装置布置于分段间隔智能控制柜内。

3）110kV母线保护。110kV母线保护组1面柜。

4）主变压器间隔。

a）主变压器电量保护：主变压器保护装置+过程层交换机，组1面柜；

b）主变压器测控：主变压器各侧测控装置，组1面柜；

c）主变压器电能表柜：全站主变压器各侧的电能表+电能量采集装置，组柜 1 面。

5）10kV 保护、测控集成装置，分散就地布置于开关柜。

（3）过程层设备组柜原则。

1）110kV 侧合并单元智能终端集成装置布置于智能控制柜内。

2）主变压器 10kV 侧合并单元智能终端集成装置布置于开关柜内。

（4）网络设备组柜原则。

1）站控层不单独设置网络交换机柜，站控层网络设备与公用设备共同组 1 面柜。

2）过程层不单独设置过程层网络交换机柜，过程层中心交换机与 110kV 母线保护共同组柜。

3）10kV 站控层交换机分散布置在各母线设备开关柜上。

（5）其他二次系统组柜原则。

1）故障录波及网络分析系统。故障录波装置+网络记录分析装置，组 1 面柜。

2）时钟同步系统。时钟同步系统组 1 面柜。

3）智能辅助控制系统。智能辅助控制单独组屏。

4）交直流一体化电源系统。交直流一体化电源系统组柜安装。

5）电能计量系统。每 6 块计费关口表组一面柜。电能量采集终端与主变压器各侧电能表共同组柜。

6）集中接线柜。在二次设备室内设置集中接线柜。

7）预留屏柜。二次设备室内预留 2～3 面屏柜，按远期规模的 10%～15% 预留。

3.4.9.4 柜体统一要求

根据配电装置型式选择不同型式的屏柜，断路器汇控柜与智能控制柜一体化设计。

（1）柜体要求。

1）全站二次系统设备柜体颜色应统一。

2）二次设备室内二次设备采用后接线、前显示装置。

3）间隔层二次设备、通信设备及直流设备等二次设备采用后接线设备时，屏柜采用 2260mm×600mm×600mm（高×宽×深），二次设备室内柜体尺寸应统一。站控层服务器柜可采用 2260mm×900mm×600mm（高×宽×深）屏柜。

（2）预制式智能控制柜要求。

1）柜体颜色，全站智能控制柜体颜色应统一。

2）柜体要求。

a）采用双层不锈钢结构，内层密闭，夹层通风；当采用户外布置时，柜体的防护等级至少应达到 IP55。

b）具有散热和加热除湿装置，在温湿度达到预设条件时起动。

c）预制式智能控制柜内部的环境能够满足智能终端等二次元件的长年正常工作温度、电磁干扰、防水防尘条件，不影响其运行寿命。

3.4.10 互感器二次参数要求

3.4.10.1 对电流互感器的要求

采用常规电流互感器时，配置合并单元，合并单元下放布置在预制式智能控制柜内。对于关口计量点，电流互感器增加独立的二次绕组接入计量表计。电流互感器二次参数要求如表 8-3 所示。

表 8-3　　电流互感器二次参数一览表

电压（kV）	110	35（10）
主接线	单母线	单母线分段
台数	3 台/间隔	3（2）台间隔
二次额定电流（A）	5 或 1	5 或 1
准确级	5P/0.2S（出线、母联、分段） 5P/5P/0.2S/0.2S （主变压器进线）	5P/0.5/0.2S （出线、电容器、站用变压器、分段） 5P/5P/0.2S/0.2S （主变压器进线） 10P/10P （主变压器中性点、间隙）
二次绕组数	2（4）	出线、电容器、占用变压器、分段：3 主变压器进线：4 主变压器高压侧中性点、间隙：2
二次绕组容量 （按 5A 考虑）	推荐值：15VA， 按计算结果选择	推荐值：15（30）VA 按计算结果选择

注　关口计费点可根据需要增加一组 0.2S 二次绕组。

3.4.10.2 对电压互感器的要求

采用常规电压互感器配置合并单元时，合并单元下放布置在预制式智能控制柜内。电压互感器二次参数要求如表 8-4 所示。

表 8-4　　电压互感器二次参数一览表

电压（kV）	110	35（10）
主接线	单母分段、桥型接线	单母线分段
数量	母线：三相 线路外侧：单相	母线：三相
准确级	母线： 0.2/0.5（3P）/0.5（3P）/6P 线路：0.5（3P）	母线： 0.2/0.5（3P）/0.5（3P）/6P
二次绕组数	母线：4 线路外侧：1	4
额定变比	母线： $(110/\sqrt{3})/(0.1/\sqrt{3})/(0.1/\sqrt{3})/(0.1/\sqrt{3})/0.1$ 线路外侧：$(110/\sqrt{3})/(0.1/\sqrt{3})/0.1$	$(10/\sqrt{3})/(0.1/\sqrt{3})/(0.1/\sqrt{3})/(0.1/\sqrt{3})/(0.1/3)$
二次绕组容量	母线：推荐值：10VA 按计算结果选择	推荐值：10VA 按计算结果选择
	线路外侧：推荐值为 10VA 按计算结果选择	

3.4.11　光/电缆选择

3.4.11.1　光缆选择要求

（1）光缆选择应符合 Q/GDW 11155—2014《智能变电站预制光缆技术规范》。

（2）采样值和保护 GOOSE 等可靠性要求较高的信息传输应采用光纤。

（3）光缆起点、终点在同一智能控制柜内并且同属于继电保护的同一套保护测控集成装置、合并单元、智能终端、过程层交换机等多个装置，可合用同一根光缆进行连接。

（4）跨房间、跨场地不同屏柜间二次装置连接采用室外双端预制光缆。

（5）二次设备室内部屏柜间光缆接线全部由集成商在工厂内完成。现场施工采用预制光缆实现二次光缆接线即插即用。

（6）光缆选择。

1）光缆的选用根据其传输性能、使用的环境条件决定。

2）除线路纵联保护专用光纤外，其余采用缓变型多模光纤。

3）室外预制光缆选用铠装、阻燃型，自带高密度连接器或分支器。光缆芯数选用 8 芯、12 芯、24 芯。

4）室内不同屏柜间二次装置连接采用尾缆或软装光缆，尾缆（软装光缆）采用 4 芯、8 芯、12 芯规格。柜内二次装置间连接采用跳纤，柜内跳线采用单芯或多芯跳纤。

5）每根光缆或尾缆应至少预留 2 芯备用芯，一般预留 20%备用芯。

6）应准确测算预制光缆敷设长度，避免出现光缆长度不足或过长情况。可利用柜体底部或特制槽盒两种方式进行光缆余长收纳。

7）应根据室外光缆、尾缆、跳纤不同的性能指标、布线要求预先规划合理的柜内布线方案，有效利用线缆收纳设备，合理收纳线缆余长及备用芯，满足柜内布线整洁美观、柜内布线分区清楚、线缆标识明晰的要求，便于运行维护。

8）室外光缆、尾缆从屏柜底部两侧或中间开孔进入，合理分配开孔数量，在屏柜两侧布线。

3.4.11.2　网线选择要求

二次设备室内通信联系采用超五类屏蔽双绞线。

3.4.11.3　电缆选择及敷设要求

（1）电缆选择及敷设的设计应符合 GB 50217—2018《电力工程电缆设计规范》及 Q/GDW 11154—2014《智能变电站预制电缆技术规范》的规定。

（2）为增强抗干扰能力，机房和小室内强电和弱电线应采用不同的走线槽进行敷设。

（3）主变压器、GIS 本体与智能控制柜之间二次控制电缆采用预制电缆连接。当电流互感器与智能控制柜之间二次控制电缆采用预制电缆时，应考虑防止电流互感器二次开路的措施。交直流电源电缆可视工程情况选用预制电缆。

（4）当一次设备本体至就地控制柜间路径满足预制电缆敷设要求时（全程无电缆穿管），优先选用双端预制电缆。应准确测算双端预制电缆长度，避免出现电缆长度不足或过长情况。预制电缆余长应有足够的收纳空间。

3.4.12　二次设备的接地、防雷、抗干扰

二次设备防雷、接地和抗干扰应满足 DL/T 5136—2012《火力发电厂、变电站二次接线设计技术规程》和 DL/T 5149—2020《变电站监控系统设计规程》的规定。

3.5　土建部分

3.5.1　站址基本条件

海拔不大于 1500m，抗震设防烈度 8 度，设计基本地震加速度 0.20g，设地震分组第二组，重现期 50 年的设计基本风速 v_0=30m/s，天然地基的地基承载力特征值 f_{ak}=150kPa，无地下水影响，场地同一标高。

3.5.2 总布置

3.5.2.1 总平面布置

变电站的总平面布置应根据生产工艺、运输、防火、防爆、保护和施工等方面的要求，按远期规模对站区的建（构）筑物、管线及道路进行统筹安排，工艺流畅。

变电站大门及道路的设置应满足主变压器、大型装配式预制件、预制舱式二次组合设备等整体运输。

3.5.2.2 站内道路

站内道路形成环形道路或结合市政道路形成环形布置，变电站大门面向站内主变压器运输道路。

站内主变压器运输道路及消防道路宽度为 4m，转弯半径不小于 9m。

站内道路采用城市型道路，可采用混凝土路面或沥青路面。

3.5.2.3 场地处理

屋外配电装置场地采用碎石地坪，设备操作区及巡视区域采用铺砌块地坪，湿陷性黄土场地应设置灰土封闭层，站区不考虑绿化。

3.5.3 装配式建筑物

3.5.3.1 建筑

（1）建筑应按工业建筑标准设计，统一标准、统一模数布置、方便生产运行。应做好建筑“四节”（节能、节地、节水、节材）工作。建筑材料选用因地制宜，选择节能、环保、经济、合理的材料。

（2）建筑物体型应紧凑、规整，在满足工艺要求和总平面布置的前提下，布置成单层建筑，建筑外观应与周围环境相协调，符合城市规划要求。

（3）建筑设计的模数协调宜按 GB/T 50006—2010《厂房建筑模数协调标准》执行。

（4）建筑设计按无人值守运行要求，变电站内设置配电装置室及警卫室。配电装置室为单层建筑，布置有 110kV GIS 室、10kV 配电室、电容器室、站用变室、消弧线圈室、二次设备室、蓄电池室、安全工具间、资料室；警卫室为单层建筑，布置有休息室、门卫室、卫生间等，具体工程可根据运行需要进行调整。

（5）建筑物外墙板及其接缝设计应满足结构、热工、防水、防火及建筑装饰等要求，内墙板设计应满足结构、隔声及防火要求。

（6）建筑物外墙板采用纤维水泥复合板或压型钢板复合板，靠近主变压器一侧墙板应满足防火相关要求；内墙板采用防火石膏板，墙体保温材料可采用聚苯板、岩棉等，墙厚根据热工计算确定。

（7）外墙、内墙采用涂料装饰；卫生间采用瓷砖墙面，设吊顶。

（8）门窗预留洞口位置应与墙板尺寸相适应，内门采用木门、外门采用钢制防盗门或防火门，外窗采用铝合金玻璃窗。

（9）屋面应采用 I 级防水屋面。

3.5.3.2 结构

（1）配电装置室采用钢框架结构，推荐柱距为 6.0、6.5m 和 10.0m，跨度 4.5、5.5、6.0、7.0m，110kV GIS 室净高不小于 7.0m、35/10kV 配电室层高 4.5m；警卫室采用钢框架结构，推荐柱距 6.0m，跨度 3.5m，层高 3.0m。

（2）钢结构梁、柱采用热轧 H 型钢，屋面板采用钢筋桁架楼承板。

（3）基础采用钢筋混凝土独立基础，钢柱与基础采用外包式柱脚。

（4）钢结构的防腐采用镀层防腐和涂层防腐。

（5）钢结构防火采用涂敷防火涂料、外包防火板；耐火极限要求：钢柱 2.5h、钢梁 1.5h，楼板 1.0h。

3.5.4 装配式构筑物

3.5.4.1 围墙及大门

围墙采用清水围墙，高度为 2.3m。围墙顶部设置砌体压顶，围墙中部及转角处设置构造柱，构造柱间距不大于 3m，采用标准钢模浇制。

变电站大门采用钢制电动大门。

3.5.4.2 防火墙

防火墙可采用框架+大砌块、框架+预制墙板或组合钢模板清水钢筋混凝土三种型式。防火墙宽、高根据设备尺寸确定，应满足相关规程要求，墙体需满足耐火极限不小于 3h 的要求。

根据主变压器构架柱和防火墙长度设置钢筋混凝土现浇柱，现浇柱采用标准钢模浇制混凝土；框架+大砌块防火墙墙体材料采用大砌块，砌块推荐尺寸 600mm（长）×300mm（宽）×300mm（高），水泥砂浆抹面；框架+预制墙板防火墙墙体材料可采用轻质混凝土板或其他复合材料。

3.5.4.3 电缆沟

（1）电缆沟采用现浇混凝土或钢筋混凝土沟体，也可采用预制式电缆沟体；沟壁应高出场地地坪 100mm，沟宽采用 800mm、1100mm、1400mm。

（2）电缆沟盖板采用钢框架现浇整体盖板，每隔 6m 设一钢活动盖板，活动盖板宽度 500（600）mm，也可采用预制电缆沟盖板，大风沙地区盖板应采用防沙型盖板。

3.5.4.4 支架

（1）设备支架柱采用圆形钢管柱，支架横梁采用钢管或槽钢横梁，支架柱与基础采用地脚螺栓连接。

（2）钢结构防腐采用热镀锌防腐。

3.5.4.5 设备基础

（1）主变压器基础宜采用筏板基础+支墩的基础形式，主变压器油池尺寸根据设备尺寸确定，应满足相关规程要求。

（2）GIS 设备基础宜采用筏板+支墩的基础形式。

（3）小型基础宜采用预制清水混凝土构件。

3.5.5 暖通、水工、消防

3.5.5.1 暖通

变电站电气设备间设置分体柜式冷暖空调，其他房间可根据使用需要采用壁挂式空调。

变电站电气设备间室设置机械排风系统，其他房间均为自然通风。采用 SF_6 气体绝缘设备的配电装置室内应配置 SF_6 气体探测器。

变电站所有房间采暖均采用分散电采暖设备。

采暖通风系统与消防报警系统应能联动闭锁，同时具备自动起停、现场控制和远方控制的功能。

3.5.5.2 水工

水源采用市政管网引接，不具备引接条件的变电站可采用拉水方式，站内设储水设施；污水采用化粪池收集后排入市政污水管网，不具备外排条件的定期处理。

站区雨水经排水系统收集后排入市政雨水管网或站外排水设施。

主变压器设有油水分离式总事故油池，油池有效容积应按最大主变压器油量的 100%考虑。

3.5.5.3 消防

变电站消防设计应执行 GB 50229—2019《火力发电厂及变电站设计防火标准》、GB 50016—2014《建筑设计防火规范》、GB 50974—2014《消防给水及消火栓系统技术规范》相关规定。

站区设室内外消化栓系统，设置消防水池及泵房 1 座；主变压器消防采用推车式干粉灭火器及消防沙箱，配电装置室及电气设备采用移动式化学灭火器。电缆从室外进入室内的入口处，应采取防止电缆火灾蔓延的阻燃及分隔的措施。

站内设置火灾报警及控制系统，报警信号上传至地区监控中心及相关单位。

4. 标准化图纸目录

本书仅提供方案图纸及装配模型目录，如表 8–5、表 8–6 所示，具体图纸与模型文件电子版以其他方式出版发行。

4.1 设计图纸

表 8–5 设计图纸一览表

序号	图纸编号	图名
1	NX–110–A3–2–01	电气主接线图
2	NX–110–A3–2–02	总平面布置图
3	NX–110–A3–2–03	配电装置室平面布置图
4	NX–110–A3–2–04	主变压器断面图
5	NX–110–A3–2–05	110kV 配电装置断面图
6	NX–110–A3–2–06	10kV 屋内配电装置断面图
7	NX–110–A3–2–07	10kV 屋内并联电容器装置平断面图
8	NX–110–A3–2–08	变电站防雷布置图
9	NX–110–A3–2–09	电气二次设备室平面布置图
10	NX–110–A3–2–10	综合自动化系统网络构成图
11	NX–110–A3–2–11	一体化电源系统接线图
12	NX–110–A3–2–12	站用电系统接线图
13	NX–110–A3–2–13	直流电源系统原理图
14	NX–110–A3–2–14	土建总平面布置图
15	NX–110–A3–2–15	一层平面图
16	NX–110–A3–2–16	立面图（一）
17	NX–110–A3–2–17	立面图（二）
18	NX–110–A3–2–18	警卫室平、立、剖面图

4.2 装配模型

表 8-6 装配模型一览表

序号	模型名称	数据格式
1	整体方案	GIM
2	总图	GIM
3	电气一次	GIM
4	电气二次	GIM
5	建筑	GIM
6	结构	GIM
7	警卫室	GIM

5. 主要设计图纸

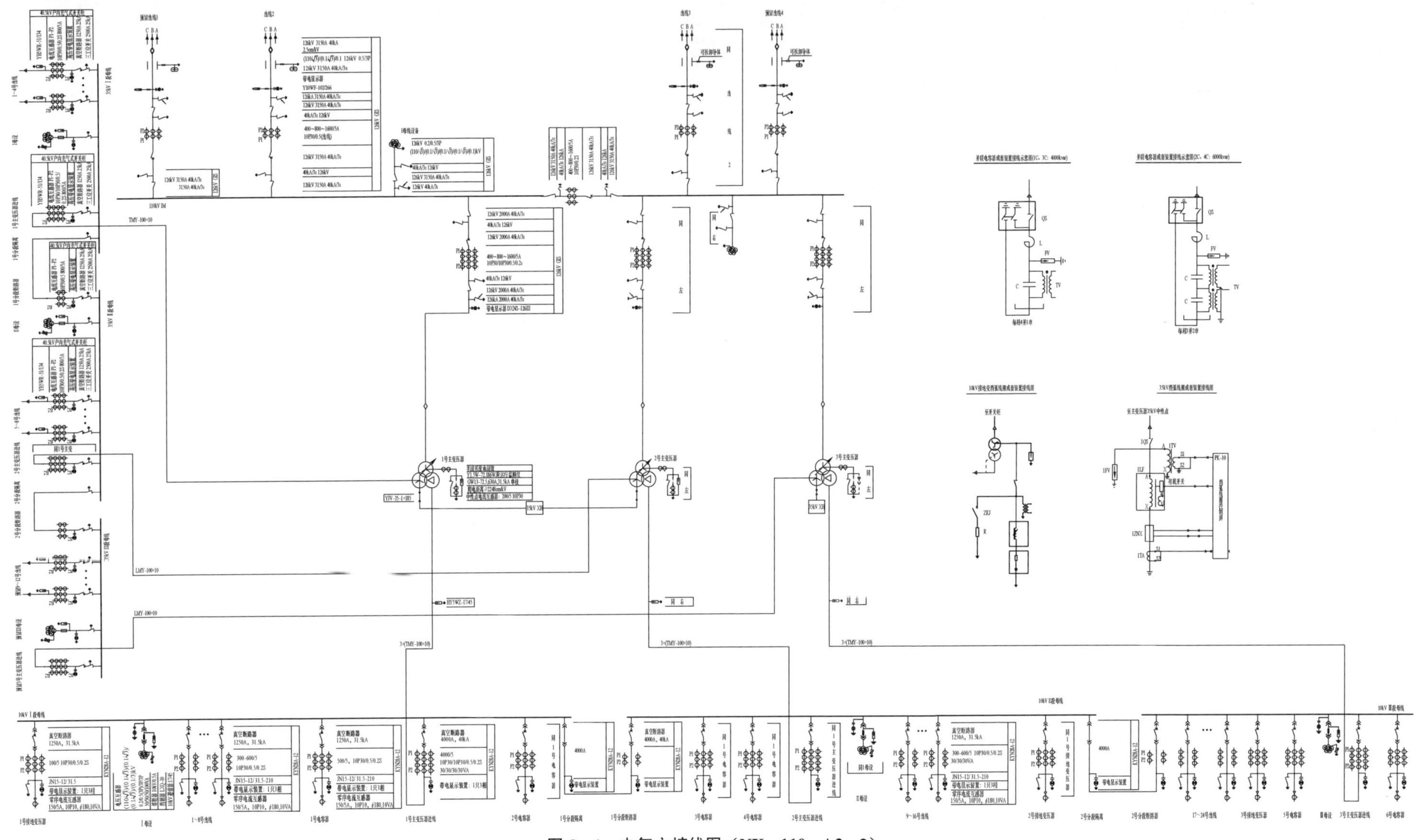

图 8-1　电气主接线图（NX-110-A3-2）

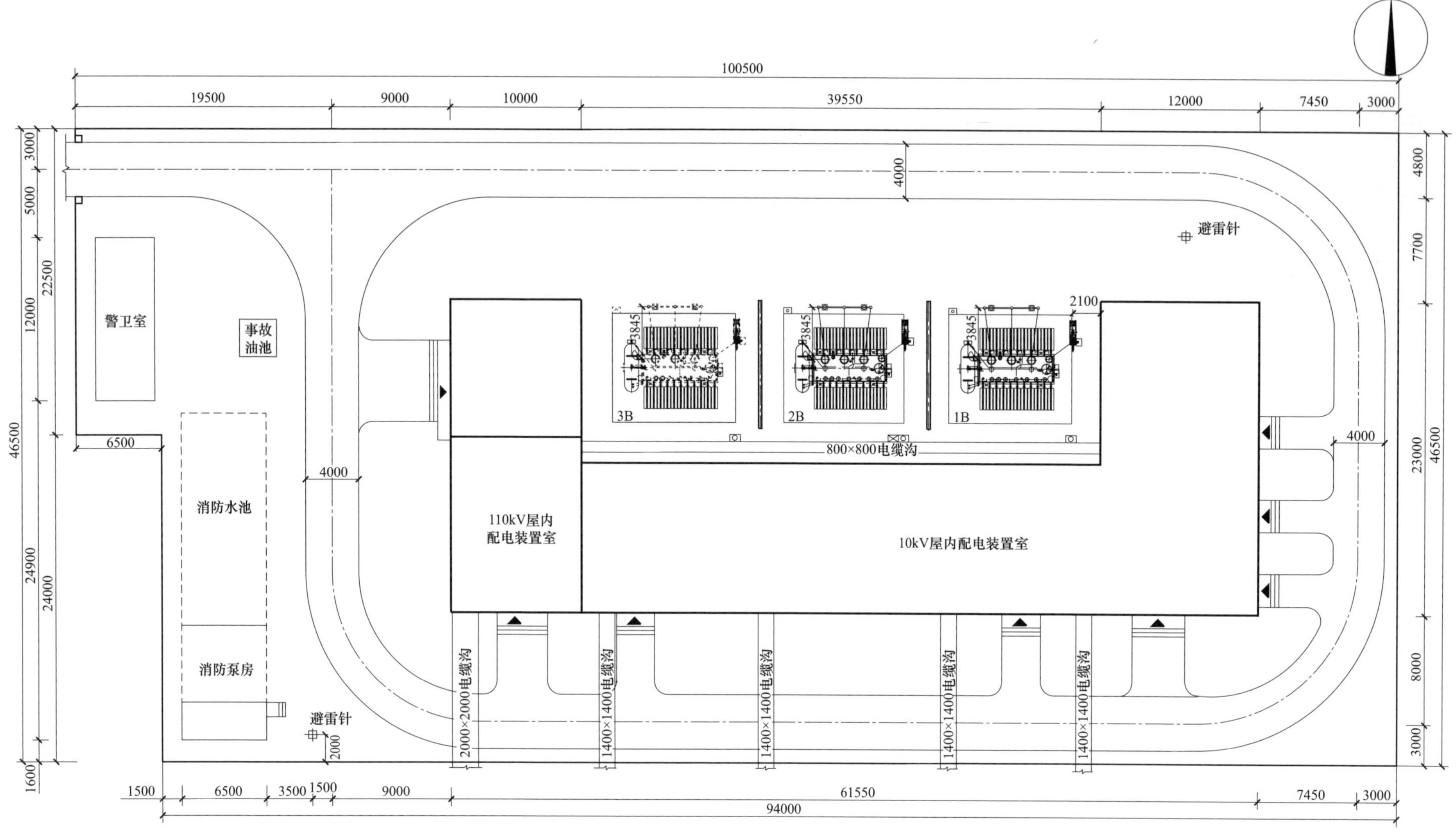

说明：本图尺寸以毫米为单位。

图 8-2　总平面布置图（NX-110-A3-2）

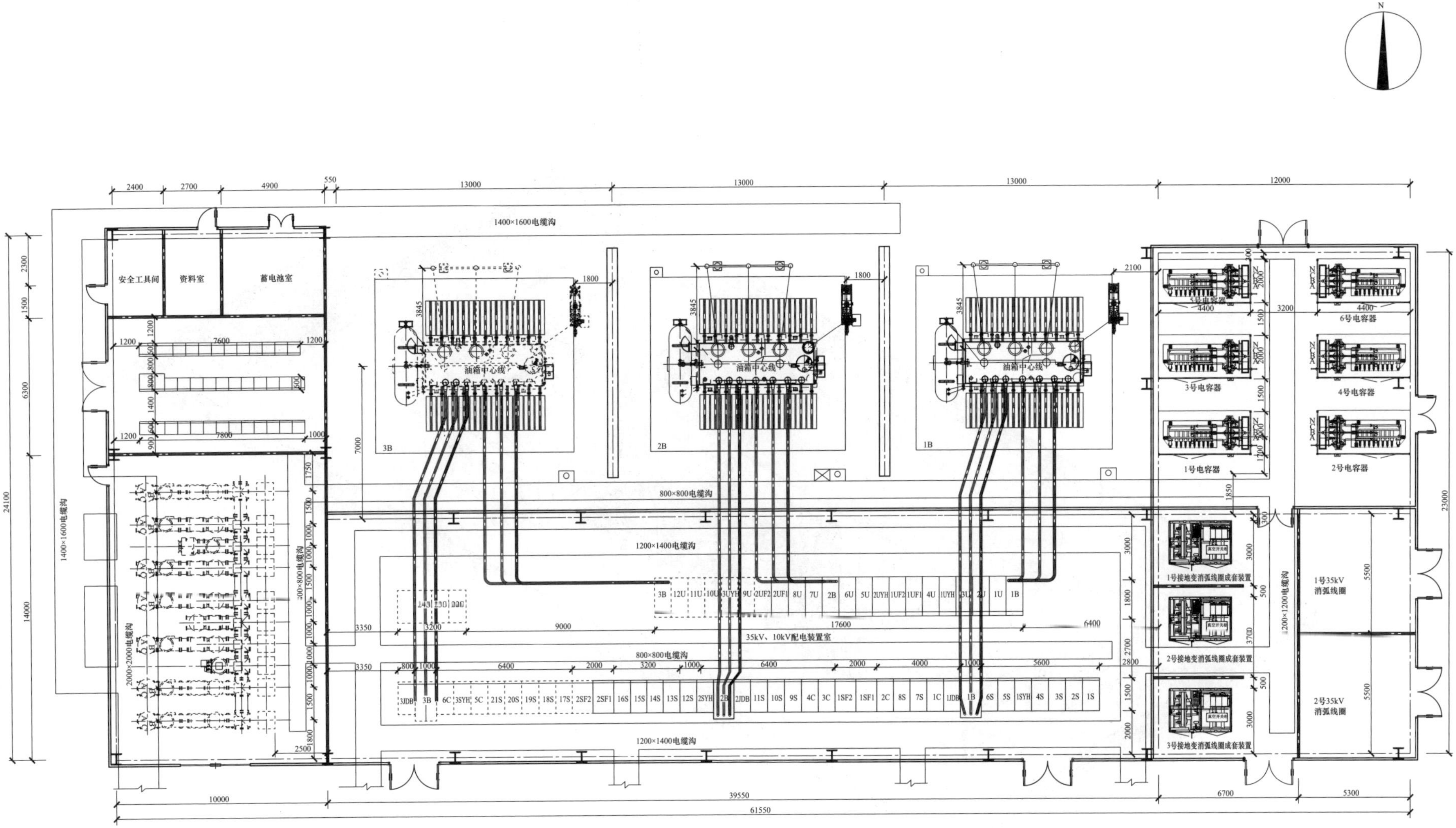

图 8-3　配电装置平面布置图（NX-110-A3-2）

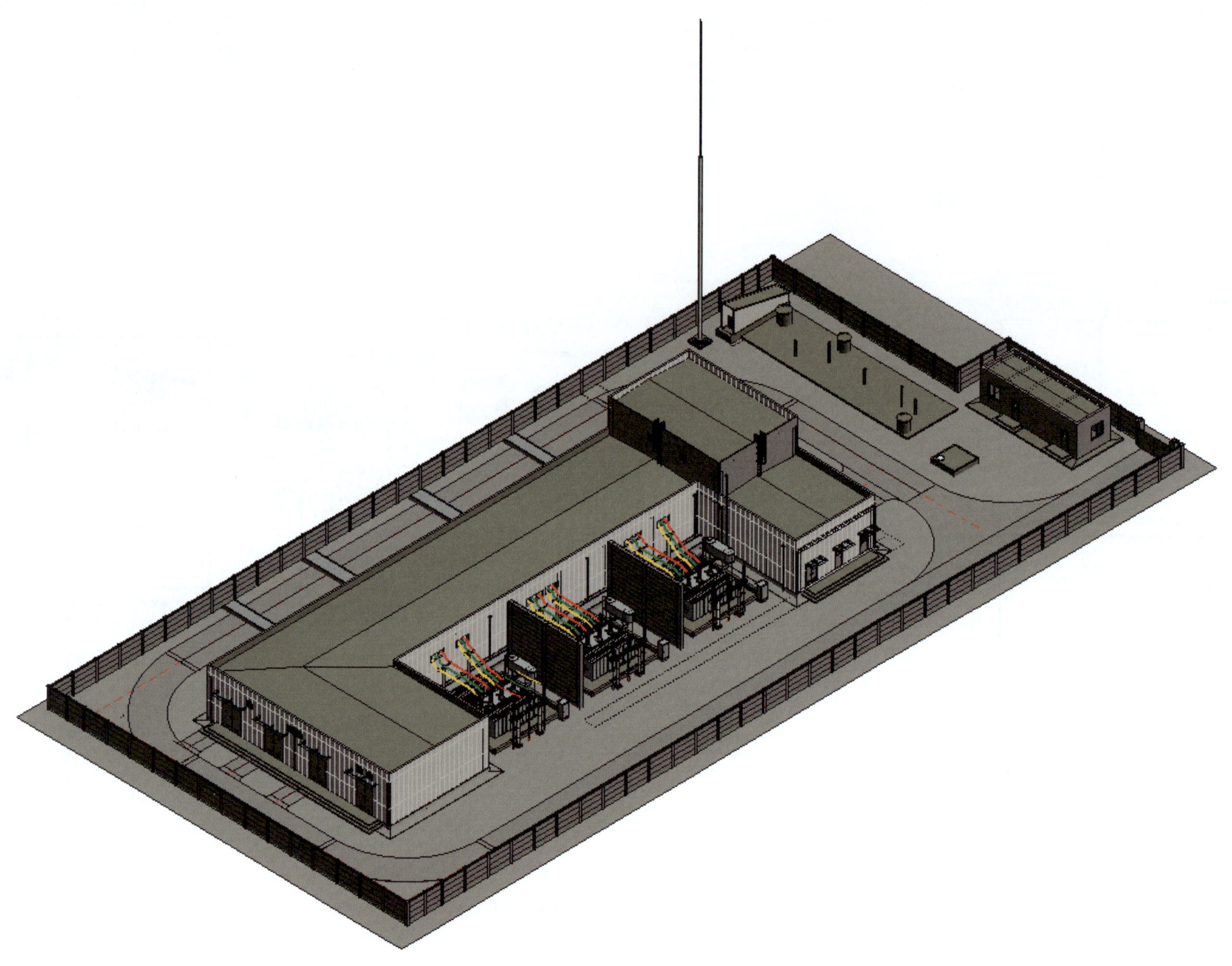

图 8-4　方案整体模型（NX-110-A3-2）

第 9 章　NX－35－E1－2 通用设计方案

1. 主要技术条件

NX－35－E1－2 通用设计方案主要技术条件，如表 9－1 所示。

表 9－1　主要技术条件

序号	项目名称	技术条件
1	主变压器	2×10MVA
2	出线规模	35kV 出线 2 回，电缆出线 10kV 出线 8 回，电缆出线
3	电气主接线	35kV 采用单母线接线 10kV 采用单母线分段接线
4	无功补偿	每台变压器配置 10kV 电容器 1 组，容量为 1000kvar
5	短路电流	35kV 短路电流：25kA 10kV 短路电流：31.5kA
6	主要设备选型	主变压器选用三相双绕组低损耗、低噪声自冷式有载调压变压器 35kV：户内开关柜/充气柜 10kV：开关柜，配置真空断路器 10kV 电容器：框架式，电抗器三相叠落布置
7	电气总平面及配电装置	主变压器：户外布置 35、10kV 开关柜预制舱布置，单列布置 无功补偿：户外成套布置
8	监控系统	按无人值守设计，采用计算机监控系统，监控和远动统一考虑
9	模块化二次设备	二次设备采用预制舱布置，单列布置，二次保护屏柜采用摇架式
10	土建部分	围墙内占地面积 1057m^2，总建筑面积 60m^2，设 1 座警卫室，采用单层钢框架结构或钢筋混凝土结构，室内外设置消火栓并配置移动式化学灭火装置
11	站址基本条件	海拔不大于 1500m，设计基本地震加速度按 0.20g 考虑，重现期 50 年的设计基本风速 v_0=30m/s，天然地基的地基承载力特征值 f_{ak}=150kPa，无地下水影响，假设场地为同一标高

2. 方案基本模块划分

NX－35－E1－2 通用设计方案基本模块划分，如表 9－2 所示。

表 9－2　基本模块划分

序号	基本模块编号	基本模块名称	基本模块描述
1	NX－35－E1－2－35	35 配电装置模块	35kV 远期出线 2 回，采用单母线接线，户内开关柜，电缆出线
2	NX－35－E1－2－ZB&10	主变压器及 10kV 配电装置模块	主变压器远期 2 组 10MVA，户外布置 10kV 远期出线 8 回，采用单母线分段接线，户内开关柜，电缆出线
3	NX－35－E1－2－JWS	警卫室模块	单层建筑，钢框架或钢筋混凝土结构，建筑面积 60m^2

3. 技术导则

3.1　概述

本设计方案是在《国家电网公司输变电工程 35～110kV 智能变电站模块化建设通用设计》（2016 年版）35kV－E1－2 方案的基础上，结合《国网基建部关于发布 35～750kV 变电站通用设计通信、消防部分修订成果的通知》（基建技术〔2019〕51 号）完成该方案初步设计阶段深度内容设计，并根据相关各部门意见对该方案局部调整。

3.1.1　设计对象

国网宁夏电力有限公司系统内的 35kV 户外变电站 E1－2 方案。

3.1.2　设计范围

变电站围墙以内，设计标高零米以上的生产及辅助生产设施。受外部条件影响的项目，如系统通信、保护通道、进站道路、站外给排水、地基处理、土方工程等不列入设计范围。

3.1.3　运行管理方式

本方案按无人值守设计。

3.1.4 模块化建设原则

（1）电气一、二次集成设备最大程度实现工厂内规模生产、集中调试、模块化配送，减少现场安装、接线、调试工作，提高建设质量、效率。

（2）变电站二次设备采用模块化设计。

（3）监控、保护、通信等站内公用二次设备按照功能设置一体化监控模块、电源模块、通信模块。

（4）变电站高级应用满足电网运行、检修的管理要求，采用模块化设计、分阶段实施。

（5）建筑物采用装配式钢结构，实现标准化设计、工厂化制作、机械化安装。也可以根据当地实际情况采用其他结构形式。

（6）建筑物、构筑物采用标准化尺寸，定型钢模浇制。

3.1.5 设计深度

原则上参照 Q/GDW 166.2《国家电网公司输变电工程初步设计内容深度规定 第 2 部分：110（66）kV 变电站》有关内容开展工作。

3.2 电力系统

3.2.1 主变压器

通用设计方案中单台主变压器容量一般按 10MVA 常用容量配置。对于负荷密度较轻的地区，可以采用 6.3MVA 的变压器。

一般地区主变压器远期规模宜按 2 台配置。

主变压器采用双绕组变压器。

实际工程中主变压器台数和容量、绕组数应根据相关的规范规程、导则和已经批准的电网规划计算确定。

3.2.2 出线回路数

35kV 出线：一般情况下按 2 回配置。

10kV 出线：一般情况下按 8 回配置。

实际工程可根据具体情况对各电压等级出线回路数进行适当调整。

3.2.3 无功补偿

每台主变压器低压侧并联电容器应根据实际工程进行核算无功补偿容量后配置。

3.2.4 系统接地方式

35、10kV 系统采用不接地方式。

3.3 电气一次部分

3.3.1 电气主接线

变电站的电气主接线应根据变电站的规划容量，线路、变压器连接元件总数，设备特点等条件确定。电气主接线综合考虑供电可靠性、运行灵活性、操作检修方便性、经济性，便于过渡或扩建。

（1）35kV 电气主接线远期采用单母线接线，本期采用单母线接线。35kV 进线间隔配置电压互感器，以实现变电站双电源切换功能。

（2）10kV 电气主接线远期采用单母线分段接线，本期采用单母线分段接线。

（3）35kV 进线、10kV 出线、电容器出线配置独立计量电流互感器绕组。

（4）35kV 采用户内充气式开关柜，因柜体结构设计，35kV 出线侧无接地隔离开关，为便于运维检修，考虑在 35kV 线路终端塔侧增加户外隔离开关（双接地）1 组或检修时在线路侧电缆终端头挂接地线方式。

3.3.2 短路电流

35kV 电压等级：25kA。

10kV 电压等级：31.5kA。

实际工程根据所处电网短路电流水平确定。

3.3.3 主要设备选择

（1）电气设备选型应从《国家电网公司标准化成果（输变电工程通用设计、通用设备）应用目录》中选择。

（2）主变压器选用三相两绕组有载调压油浸自冷变压器。

（3）35kV 户内配电装置选用户内充气式高压开关设备，配真空断路器，额定电流：1250A，额定开断电流：25kA。

（4）10kV 户内配电装置选用金属铠装移开式开关柜，配真空断路器，额定电流：1250A，额定开断电流：31.5kA。

若变电站海拔高于 2000m 时，10kV 可采用户内充气式高压开关设备，配真空断路器，额定电流：1250A，额定开断电流：31.5kA。

（5）无功补偿装置选用户外框架式并联电容器，容量根据实际工程核算无功补偿容量后配置，串联干式空芯电抗器，电抗率根据实际工程所处谐波级次配置。电抗器采用叠装方式，电抗器应采取有效措施防止电抗器单相事故发展为相间事故。

3.3.4 导体选择

母线载流量按最大穿越功率考虑，按发热条件校验。

出线回路的导体截面按不小于送电线路的截面考虑。

主变压器 110kV 侧导线载流量按不小于主变压器额定容量 1.05 倍计算，实际工程中可根据需要考虑承担另一台主变压器事故或检修时转移的负荷。

3.3.5 电气总平面布置

电气总平面布置应减少变电站占地面积，以最少土地资源达到变电站建设要求。出线方向适应各电压等级线路走廊要求，尽量减少线路交叉和迂回。配电装置尽量不堵死扩建的可能，进站道路条件允许时，变电站大门宜直对主变压器运输道路。

变电站大门及道路的设置应满足主变压器、大型装配式预制件、预制舱式二次组合设备等的整体运输。

3.3.6 配电装置

（1）配电装置布局紧凑合理，主要电气设备、装配式建（构）筑物以及预制舱式二次组合设备的布置应便于安装、消防、扩建、运维、检修及试验工作。

（2）配电装置可结合装配式建筑以及预制舱式二次组合设备的应用进一步合理优化，但电气设备与建（构）筑物之间电气尺寸应满足 DL/T 5352—2018《高压配电装置设计规范》的要求。

（3）屋内配电装置布置在装配式建筑内时，应考虑其安装、检修、起吊、运行、巡视以及气体回收装置所需的空间和通道。

（4）35、10kV 配电装置采用预制舱内单列布置，本期 35kV 设进线柜 2 面、35kV 母线电压互感器柜 1 面、站用变出线柜 1 面、主变压器出线柜 2 面，共 6 面开关柜；10kV 设主变压器 10kV 进线柜 2 面、10kV 母线电压互感器柜 2 面、电容器出线柜 2 面、出线柜 8 面、分段柜 1 面，分段隔离柜 1 面，共 16 面开关柜。

（5）35、10kV 配电装置采用预制舱内开关柜布置。开关柜柜后通道为 800mm。

（6）10kV 并联装置采用框架式电容器成套装置，户外落地安装，电抗器采用前置叠落布置方式。35kV 站用变采用箱式变成套装置，户外落地安装。

3.3.7 站用电

交流站用电系统为 380/220V 中性点接地系统。站用电系统采用单母线分段接线。

站用电源采用交直流一体化电源系统。

3.3.8 电缆敷设

电力电缆和控制电缆选择按照 GB 50217—2018《电力工程电缆设计标准》和 Q/GDW 11154—2014《智能变电站预制电缆技术规范》选择。

电缆沟内强弱电缆进行有效分隔，在满足电缆（光缆）敷设容量要求的前提下，配电装置场地主通道可采用电缆沟或槽盒。

3.4 二次系统

3.4.1 系统继电保护及安全自动装置

3.4.1.1 35kV（10kV）线路保护

（1）每回 35kV（10kV）线路配置一套线路保护。装置具备速断、过流保护功能。当 35kV 变电站为负荷变电站时可不设线路保护。当 35kV 电厂并网线、专供线路、环网线及无 T 接回路的电缆线路较短时，线路两段侧配置一套纵联保护。三相一次重合闸随线路保护配置。

（2）采用保护测控集成装置。

（3）保护宜采用电缆直接采样、直接跳闸。

3.4.1.2 35kV 母线保护

35kV 一般不设置母线保护，如有用户接入等情况时，应根据系统安全稳定计算结果确定。配置一套母线差动保护，装置采用电缆方式采集相关信息。

3.4.1.3 35（10）kV 母联（分段）保护

（1）按断路器配置单套母联（分段）保护装置，具备瞬时和延时跳闸功能的充电及过流保护。

（2）采用保护测控集成装置。

（3）母联（分段）保护装置宜采用电缆直接采样。

3.4.1.4 故障录波

（1）35kV 变电站不设置独立的故障录波装置，对于 35kV 出线对侧为电厂或用户变的变电站，全站可设置故障录波装置。

（2）故障录波采用电缆方式采集相关信息。

3.4.1.5 安全自动装置

变电站是否配置安全自动化装置应根据接入后的系统安全稳定校核计算结论确定，装置配置应遵循如下原则：

（1）站内备自投功能由分段（母联）保护装置实现，也可由站域保护控制装置实现。

（2）高压侧备自投功能配置一套独立的备自投装置，含进线、分段备自投功能。

（3）低频低压减载功能由站域保护控制装置实现，也可由馈线保护测控装置实现。

（4）对于35kV线路对侧为电厂或用户变的变电站，配置单套的故障解列装置。

（5）对于链式串供方式的变电站应配置区域备自投装置。

3.4.2 调度自动化

3.4.2.1 调度关系及远动信息传输原则

调度管理关系宜根据电力系统概况、调度管理范围划分原则和调度自动化系统现状确定。远动信息的传输原则宜根据调度管理关系确定。

3.4.2.2 远动设备（数据通信网关机）配置

远动通信设备（数据通信网关机）配置应符合本章3.4.4.3的相关要求。

3.4.2.3 远动信息采集

远动信息采取“直采直送”原则，直接从监控系统的测控单元获取远动信息并向调度端传送。

3.4.2.4 远动信息传送

（1）远动通信设备应能实现与相关调控中心的数据通信，采用电力调度数据网络方式或常规远动通道方式。网络通信采用DL/T 634.5104—2009《远动设备及系统 第5-104部分：传输规约 采用标准传输协议集的IEC 60870-5-101网络访问》规约。

（2）远动信息内容应满足DL/T 5003—2017《电力系统调度自动化设计规程》、DL/T 5002—2005《地区电网调度自动化设计技术规程》、Q/GDW 678《智能变电站一体化监控系统功能规范》和相关调度端、无人值守远方监控中心对变电站的监控要求。

3.4.2.5 电能量计量系统

（1）全站配置一套电能量计量系统子站设备、包括电能计量表与电能量远方终端。信息通过电力数据网、专线通道等方式将电能量数据传送至各级电网计量主站。

（2）电能计量表计采用独立计量绕组计量，关口（考核）计费点宜配置独立电能表，并符合DL/T 5202—2004《电能量计量系统设计技术规程》的规定。

3.4.2.6 调度数据网络及安全防护装置

（1）全站配置单套数据网调度接入设备，含相应的调度数据网络交换机及路由器。

（2）监控系统与远方调度（调控）中心进行数据通信，设置纵向加密认证装置。

（3）变电站配置1套网络安全监测装置，调度数据网并网前，需开展电力监控系统网络安全评估工作。

3.4.3 光纤系统及站内通信

3.4.3.1 光纤系统通信

光纤通信电路的设计，应结合通信网现状、工程实际业务需求以及各供电公司通信网规划进行。

（1）光缆类型以OPPC为主，光缆纤芯类型宜采用G.652光纤。35kV架空线路应至少建设1根OPPC或ADSS光缆，每根光缆芯数不少于24芯；3km以内的35kV线路宜架设OPGW光缆。

（2）宜随新建35kV电力线路建设光缆，B类及以上供电区域的35kV变电站应具备至少2个光缆路由。

（3）变电站应按调度关系及地区通信网络规划要求建设相应的光传输系统。光传输系统的传输速率应满足各类业务需求及规划发展要求。

（4）变电站应至少配置1套地市级光传输设备，接入相应的光传输网。

3.4.3.2 站内通信

（1）变电站不设置程控调度交换机。变电站调度、行政电话由调度运行单位采用PCM放小号方式或软交换及IAD接入方式解决。

（2）变电站应配置1套综合数据通信网设备。综合数据通信网设备宜采用两条独立的上联链路与网络中就近的两个汇聚节点互联。

（3）变电站通信设备的环境监测功能由站内智能辅助控制系统统一考虑。

（4）变电站通信设备采用站内一体化电源系统实现-48V直流供电，配置独立的DC/DC转换装置。每个DC/DC转换模块直流输入侧加装独立空气开关，通信负载电流按100A考虑。

（5）变电站通信设备与二次设备统一布置，通信设备屏位应按变电站远期规模考虑。

3.4.4 变电站自动化系统

3.4.4.1 监控范围及功能

监控系统实现全站信息的统一接入、统一存储和统一展示，具备运行监视、操作与控制、综合信息分析与智能告警、运行管理各辅助应用等功能。

变电站自动化系统设备配置和功能要求按无人值守设计，采用开放式网络结构，通信规约统一采用 DL/T 860《变电站通信网络和系统》。监控范围及功能满足 Q/GDW 678《智能变电站一体化监控系统功能规范》、Q/GDW 679《智能变电站一体化监控系统功能规范》的要求。

3.4.4.2 系统网络

35kV（10kV）不宜单独设置过程层网络，35kV 间隔层设备与过程层设备之间采用电缆点对点方式。

全站网络采用单星形以太网络，实现信息共享，简化二次回路，支持站域保护控制功能的实现。

全站主机兼操作员工作站应采用安全的 UNIX、Linux 操作系统，与测控单元通信采用 IEC 61850 规约。

3.4.4.3 设备配置原则

（1）站控层设备配置原则。站控层设备按远期规模配置，按照功能分散布置、资源共享、避免设备重复设置的原则进行站控层设备的配置，站控层设备由以下几部分组成：

1）监控主机单套配置，集成数据服务器、操作员站、工程师工作站与监控主机；

2）五防操作系统，五防系统采用监控系统，集成五防功能，是计算机监控防误系统；

3）数据通信网关机单套配置。

（2）间隔层设备配置原则

间隔层包括继电保护、安全自动装置、测控装置、电能量采集系统等设备。

1）继电保护及安全自动装置具体配置详见本章 3.4.1 相关章节。

2）35（10）kV 间隔（主变压器间隔除外）采用保护测控集成装置；主变压器间隔测控装置采用后备保护测控一体装置。

3）网络通信设备。网络通信设备包括网络交换机、接口设备和网络连接线、电缆、光缆及网络安全设备等。

3.4.5 元件保护

3.4.5.1 35kV 变压器保护

35kV 变压器电量保护宜按单套配置，采用主、后备保护独立装置，后备保护与测控装置集成；非电量保护装置单套配置，也可采用主、后备保护一体化集成装置。

3.4.5.2 10kV（35）kV 站用变压器、电容器保护

按间隔单套配置，采用保护测控集成装置。

3.4.6 组合式一体化电源系统

3.4.6.1 系统组成

35kV 变电站采用交直流一体化电源系统由站用交流电源、直流电源、交流不间断电源（UPS）、逆变电源（INV 根据工程选用）、直流变换电源（DC/DC）及监控装置等组成。监控装置作为一体化电源系统的集中监控管理单元。

系统中各电源通信规约应相互兼容，能够实现数据、信息共享。系统的总监控装置应通过以太网通信接口采用 DL/T 860 规约与变电站后台设备连接，实现对一体化电源系统的远程监控维护管理。

3.4.6.2 交流电源

交流站用电系统为 380/220V 中性点接地系统。站用电系统采用单母接线，也可采用单母分段接线。各回路空气开关大小根据回路负载确定，上下级空气开关配置应满足级差配合要求。

3.4.6.3 直流电源

（1）直流系统电压。35kV 变电站操作电源额定电压采用 220V；通信电源额定电压 –48V。

（2）蓄电池型式、容量及组数。全站宜装设 1 组蓄电池。蓄电池容量选择根据国家电网有限公司部门文件《国网基建部关于发布 35～750kV 变电站通用设计通信、消防部分修订成果的通知》基建技术〔2019〕51 号。35kV 变电站通信电源由站内一体化电源系统实现，单套配置。通信负载电流增至 100A，蓄电池容量 150Ah/组。蓄电池组屏布置于 1 号预制舱内。

（3）充电装置台数及型式。直流系统宜采用高频开关充电装置，每套蓄电池宜配置 1 套高频开关充电装置，模块数按 N+1 配置。

（4）直流系统供电方式。35kV 及以下的保护、控制装置宜由直流电源屏直接馈出，当保护测控下放于开关柜布置时，采用直流小母线布置方式。

（5）直流系统接线方式。直流系统采用单母线接线。

3.4.6.4 交流不停电电源系统（UPS）

全站配置 1 套交流不停电电源系统（UPS），主机采用单套配电方式。

3.4.6.5 直流变换电源装置

配置一套直流变换电源装置，采用高频开关模块型，N+1 冗余配置。通信电源采用直流变换电源（DC/DC）装置供电。

3.4.7 时间同步系统

（1）配置 1 套公用的时钟同步系统，主时钟单套配置实现站内所有设备的软、硬对时。支持北斗系统和 GPS 系统单向标准授时信号，优先采用北斗系统，时钟同步精度和守时精度满足站内所有设备的对时精度要求。

（2）时间同步系统对时范围包括监控系统站控层设备、保护装置、测控装置及站内其他智能设备等。

（3）站控层设备宜采用 SNTP 对时方式，间隔层设备宜采用 IRIG－B 对时方式。

3.4.8 智能辅助控制系统

全站配置一套智能辅助控制系统，实现对图像监视及安全警卫、火灾报警、消防、照明、采暖通风、环境监测等系统的智能联动控制。

3.4.9 二次设备模块化设计

3.4.9.1 二次设备模块化设计原则

二次设备应最大程度实现工厂内规模生产、集成调试、模块化配送，实现二次接线“即插即用”，有效减少现场安装、接线、调试工作，提高建设质量、效率。

模块设置主要按照功能及间隔对象进行划分，尽量和减少模块间二次接线工作量，35kV 智能变电站二次设备主要设置以下几种模块，实际工程应根据预制舱及二次设备室的具体布置开展多模块组合设置。

（1）站控层设备模块包含监控系统站控层设备、调度数据网络设备、二次系统安全防护设备等。1 台监控主机组 1 面柜，调度数据网交换机、路由器、纵向加密认证装置、网络安全监测装置组 1 面柜，数据通信网关机、规约转换装置、电能量采集终端、站控层网络交换机组 1 面柜。

（2）公用设备模块包含公用测控装置、时间同步系统、电能量计量系统、辅助控制系统等。同步时钟、公用测控装置组 1 面柜；

（3）通信设备模块包含光纤系统通信设备、站内通信设备等。

（4）一体化电源系统模块包含站用交流电源、直流电源、交流不间断电源（UPS）逆变电源（INV）、直流变换电源（DC/DC）、蓄电池等。

（5）35kV（10kV）间隔设备包含 35kV（10kV）线路（母联、分段）保护测控集成装置、35kV（10kV）公用测控装置与交换机、35kV（10kV）电能表等。

（6）主变压器间隔层设备模块包含主变压器保护装置、主变压器测控装置、电能表等。

3.4.9.2 二次设备模块化设置原则

（1）35kV 户内变电站中站控层设备模块、公用设备模块、通信设备模块、主变压器间隔模块、一体化电源系统模块等模块化二次设备布置于预制舱。

（2）35kV 间隔层设备按间隔配置；35kV 配电装置采用户内布置，设备分散布置于 35kV 开关柜内。

（3）10kV 间隔层设备按间隔配置，分散布置于 10kV 开关柜内。

3.4.9.3 二次设备组柜原则

（1）站控层设备组柜原则。

1）1 台监控主机兼操作员、工程师工作站组 1 面柜；

2）调度数据网交换机、路由器、纵向加密认证装置、网络安全监测装置组 1 面柜；

3）数据通信网关机、规约转换装置、电能量采集终端、站控层网络交换机组 1 面柜；

4）同步时钟、公用测控装置组 1 面柜。

（2）间隔层设备组柜原则。

1）35kV（10kV）线路保护装置就地安装于 35kV（10kV）开关柜内。

2）主变压器间隔。主变压器保护、测控装置组 1 面柜。

（3）其他二次系统组柜原则。

1）智能辅助控制系统。智能辅助控制系统单独组柜。

2）综合信息数据网通信设备单独组柜。

3）交直流一体化电源系统。交直流分别独立组柜，蓄电池组柜安装。

4）电能量计量系统。35kV（10kV）线路电能表、主变压器电能表就地安装在于 35kV（10kV）开关柜内。

3.4.9.4 柜体统一要求

（1）间隔层二次设备、一体化电源设备等靠墙布置时，屏柜宜采用 2260mm×800mm×600mm（高×宽×深，高度中包含 60mm 眉头）；通信设备靠墙布置采用后接线设备时，屏柜宜采用 2260mm×600mm×600mm（高×宽×深，高度中包含 60mm 眉头）；站控层服务器柜可采用 2260mm×600mm×900mm（高×宽×深，高度中包含 60mm 眉头）屏柜。

（2）全站二次系统设备柜体颜色应统一。

（3）全站二次设备根据布置方案，二次保护屏柜采用摇架式机柜柜体，后接线装置。

3.4.10 互感器二次参数要求

3.4.10.1 对电流互感器的要求

电流互感器二次参数要求如表 9-3 所示。

表 9-3　　电流互感器二次参数一览表

电压（kV）	35	10
主接线	单母线	单母线分段
台数	2 台/间隔	2 台/间隔
二次额定电流（A）	5	5
准确级	5P/0.5/0.2S（出线） 5P/5P/0.2S/0.2S （主变压器进线）	5P/0.5/0.2S（出线、电容器、站用变压器） 5P/0.5（分段） 5P/5P/0.2S/0.2S（主变压器进线）
二次绕组数	出线：3 主变压器进线：4	出线、电容器、站用变压器：3 分段：2 主变压器进线：4
二次绕组容量	15/15/15VA	15/15/15VA

3.4.10.2 对电压互感器要求

电压互感器二次参数要求如表 9-4 所示。

表 9-4　　电压互感器二次参数配置表

电压（kV）	35	10
主接线	单母线	单母线分段
数量	母线三相 线路外侧：两相	母线；三相
二次额定电流	母线：0.2/0.5（3P）/3P 线路；0.5（3P）	母线：0.2/0.5（3P）/3P
二次绕组数	母线：3 线路：2	3
额定变比	母线：$(35/\sqrt{3})/(0.1/\sqrt{3})/(0.1/\sqrt{3})/(0.1/3)$ 线路外侧：$(35/\sqrt{3})/(0.1/\sqrt{3})$	母线；$(10/\sqrt{3})/(0.1/\sqrt{3})/$ $(0.1/\sqrt{3})/(0.1/3)$
二次绕组容量	母线：30VA 线路：10VA	母线；30VA

3.4.11 电缆的敷设与选择

3.4.11.1 网线选择要求

二次设备室内通信联系宜采用超五类屏蔽双绞线。

3.4.11.2 电缆选择及敷设要求

（1）电缆选择及敷设的设计应符合 GB 50217—2018《电力工程电缆设计规范》及国家电网有限公司部门文件《国网基建部关于发布 35～750kV 变电站通用设计通信、消防部分修订成果的通知》基建技术〔2019〕51 号的规定：

1）站用变压器与站用电室之间的电缆、两组及以上蓄电池组电缆、直流主屏至直流分电屏的电缆以及为变压器风冷装置等重要负荷供电的双电源回路电缆敷设于同一电缆沟的不同侧，防止站用交直流系统和重要负荷同时失去。

2）各类电缆同侧敷设时，动力电缆应在最上层，控制电缆在中间层，两者之间采用防火隔板隔离；通信电缆及光纤等敷设在最下层并放置在耐火槽盒内。

（2）为增强抗干扰能力，强电和弱电线应采用不同的走线槽进行敷设。

3.4.12 二次设备的接地、防雷、抗干扰

二次设备防雷、接地和抗干扰应满足 DL/T 5136—2012《火力发电厂、变电站二次接线设计技术规程》和 DL/T 5149—2020《变电站监控系统设计规程》的规定。

3.5 土建部分

3.5.1 站址基本条件

海拔不大于 1500m，抗震设防烈度 8 度，设计基本地震加速度 0.20g，设地震分组第二组，重现期 50 年的设计基本风速 v_0=30m/s，天然地基的地基承载力特征值 f_{ak}=150kPa，无地下水影响，场地同一标高。

3.5.2 总布置

3.5.2.1 总平面布置

变电站的总平面布置应根据生产工艺、运输、防火、防爆、保护和施工等方面的要求，按远期规模对站区的建（构）筑物、管线及道路进行统筹安排，工艺流畅。

变电站大门及道路的设置应满足主变压器、大型装配式预制件、预制舱设备等整体运输。

3.5.2.2 站内道路

站内道路形成 T 形道路或结合市政道路形成环形布置，变电站大门面向站

内主变压器运输道路。

站内主变压器运输道路及消防道路宽度为4m，转弯半径不小于7m。

站内道路采用城市型道路，可采用混凝土路面或沥青路面。

3.5.2.3 场地处理

屋外配电装置场地采用碎石地坪，设备操作区及巡视区域采用铺砌块地坪，湿陷性黄土场地应设置灰土封闭层，站区不考虑绿化。

3.5.3 建筑物

3.5.3.1 建筑

（1）建筑应按工业建筑标准设计，统一标准、统一模数布置、方便生产运行。应做好建筑“四节”（节能、节地、节水、节材）工作。建筑材料选用因地制宜，选择节能、环保、经济、合理的材料。

（2）建筑物体型应紧凑、规整，在满足工艺要求和总平面布置的前提下，布置成单层建筑，建筑外观、预制舱应与周围环境相协调，符合城市规划要求。

（3）建筑设计的模数协调宜按GB/T 50006—2010《厂房建筑模数协调标准》执行。

（4）建筑设计按无人值守运行要求，变电站内设置警卫室。警卫室为单层建筑，布置有休息室、门卫室、卫生间等，具体工程可根据运行需要进行调整。

（5）建筑物外墙板及其接缝设计应满足结构、热工、防水、防火及建筑装饰等要求，内墙板设计应满足结构、隔声及防火要求。

（6）框架结构填充墙外墙板采用纤维水泥复合板或压型钢板复合板，内隔墙板采用石膏板，屋面板采用钢筋桁架楼承板；也可采用砌块填充墙，钢筋混凝土现浇屋面板。

（7）外墙、内墙采用涂料装饰；卫生间采用瓷砖墙面，设吊顶。

（8）门窗预留洞口位置应与墙板尺寸相适应，内门采用木门、外门采用钢制防盗门或防火门，外窗采用铝合金玻璃窗。

（9）屋面应采用Ⅰ级防水屋面。

3.5.3.2 结构

（1）警卫室可采用单层钢框架结构或钢筋混凝土框架，警卫室采用钢框架结构，推荐柱距6.0m，跨度3.5m，层高3.0m。

（2）基础采用钢筋混凝土独立基础。

（3）辅助用房采用钢结构时，钢结构梁、柱采用热轧H型钢，屋面板采用钢筋桁架楼承板。辅助用房采用框架结构时，现浇屋面，根据抗震地区的构造要求设置一定数量构造柱和圈梁，以增强建筑物的抗震能力。

3.5.4 装配式构筑物

3.5.4.1 围墙及大门

围墙采用清水围墙，高度为2.3m。围墙顶部设置砌体压顶，围墙中部及转角处设置构造柱，构造柱间距不大于3m，采用标准钢模浇制。

变电站大门采用钢制电动大门。

3.5.4.2 电缆沟

（1）电缆沟采用现浇混凝土或钢筋混凝土沟体，也可采用预制式电缆沟体；沟壁应高出场地地坪100mm，沟宽采用800、1100、1400mm。

（2）电缆沟盖板采用钢框架现浇整体盖板，每隔6米设一钢活动盖板，活动盖板宽度500（600）mm，也可采用预制电缆沟盖板，大风沙地区盖板应采用防沙型盖板。

3.5.4.3 支架

（1）设备支架柱采用圆形钢管柱，支架横梁采用钢管或槽钢横梁，支架柱与基础采用地脚螺栓连接。

（2）钢结构防腐采用热镀锌防腐。

3.5.4.4 设备基础

（1）主变压器基础宜采用筏板基础+支墩的基础形式，主变压器油池尺寸根据设备尺寸确定，应满足相关规程要求。

（2）预制舱基础采用钢筋混凝土箱式基础，舱体与基础采用焊接。

（3）小型基础宜采用预制清水混凝土构件。

3.5.5 暖通、水工、消防

3.5.5.1 暖通

预制舱设置分体柜式冷暖空调，警卫室可根据使用需要采用壁挂式空调。

预制舱设置机械排风系统，警卫室采用自然通风。

预制舱与警卫室均采用分散电采暖设备。

采暖通风系统与消防报警系统应能联动闭锁，同时具备自动起停、现场控制和远方控制的功能。

3.5.5.2 水工

水源采用市政管网引接，不具备引接条件的变电站可采用拉水方式，站内设储水设施；污水采用化粪池收集后排入市政污水管网，不具备外排条件的定期处理。

站区雨水由排水系统收集后，排入市政雨水管网或站外排水设施。

主变压器设有油水分离式总事故油池，油池有效容积应按最大主变压器油量的 100%考虑。

3.5.5.3　消防

变电站消防设计应执行 GB 50229—2019《火力发电厂及变电站设计防火标准》、GB 50016—2014《建筑设计防火规范》相关规定。

主变压器消防采用推车式干粉灭火器及消防沙箱，预制舱及电气设备采用移动式化学灭火器。电缆从室外进入室内的入口处，应采取防止电缆火灾蔓延的阻燃及分隔的措施。

站内设置火灾报警及控制系统，报警信号上传至地区监控中心及相关单位。

4. 标准化图纸目录

本书仅提供方案图纸及装配模型目录，如表 9-5、表 9-6 所示。具体图纸与模型文件电子版以其他方式出版发行。

4.1　设计图纸

表 9-5　　设计图纸一览表

序号	图纸编号	图名
1	NX-35-E1-2-01	电气主接线图
2	NX-35-E1-2-02	总平面布置图
3	NX-35-E1-2-03	35、10kV 预制舱平面布置图
4	NX-35-E1-2-04	35kV 配电装置断面布置图
5	NX-35-E1-2-05	10kV 配电装置断面布置图
6	NX-35-E1-2-06	主变压器平断面图
7	NX-35-E1-2-07	10kV 屋外并联电容器装置平断面图
8	NX-35-E1-2-08	全站直击雷保护布置图
9	NX-35-E1-2-09	35kV 及二次设备预制舱二次设备屏柜布置图
10	NX-35-E1-2-10	土建总平面布置图
11	NX-35-E1-2-11	辅助用房平、立、剖面图

4.2　装配模型

表 9-6　　装配模型一览表

序号	模型名称	数据格式
1	方案整体模型	GIM
2	总图	GIM
3	电气	GIM
4	建筑	GIM

5. 主要设计图纸

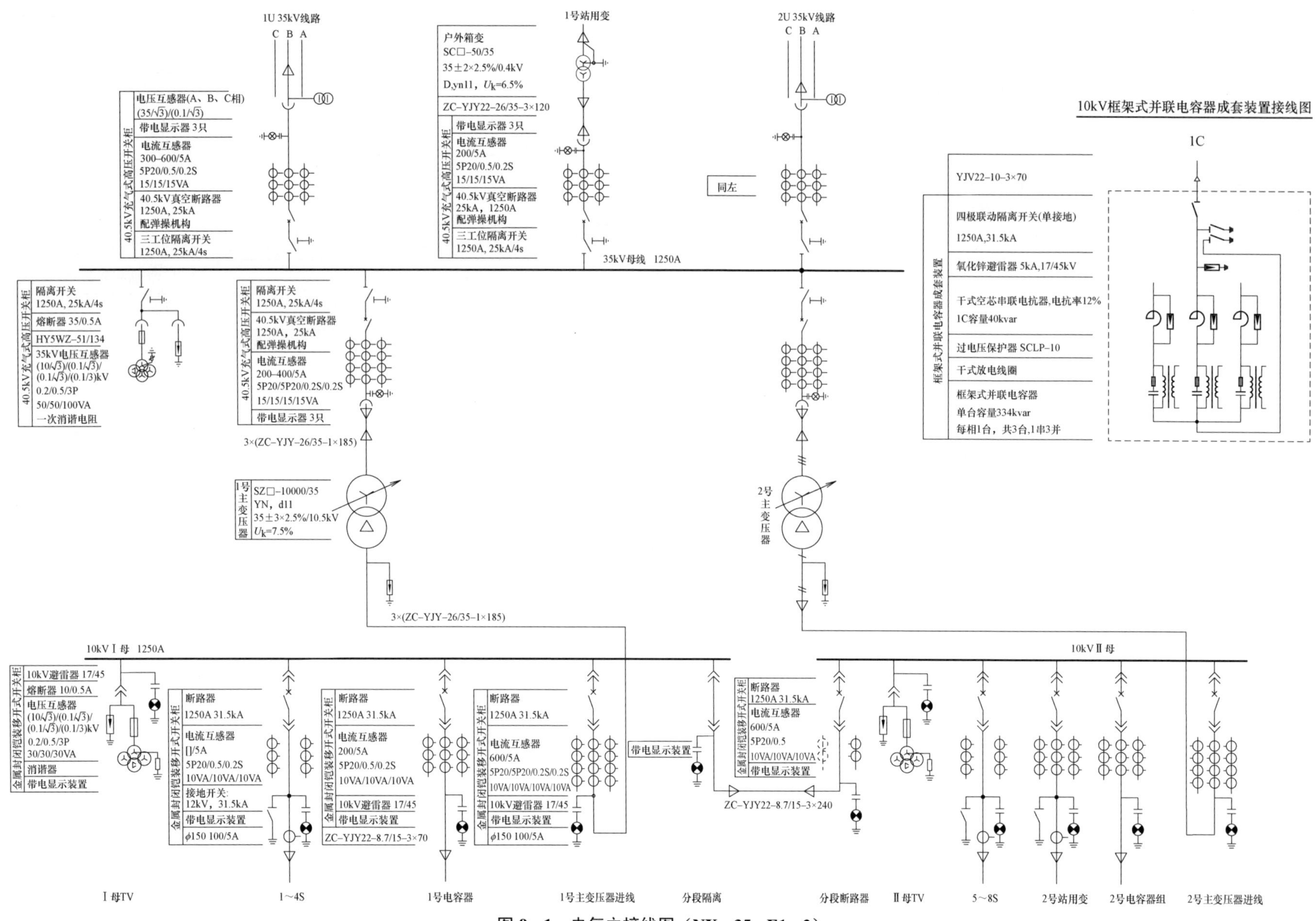

图 9-1 电气主接线图（NX-35-E1-2）

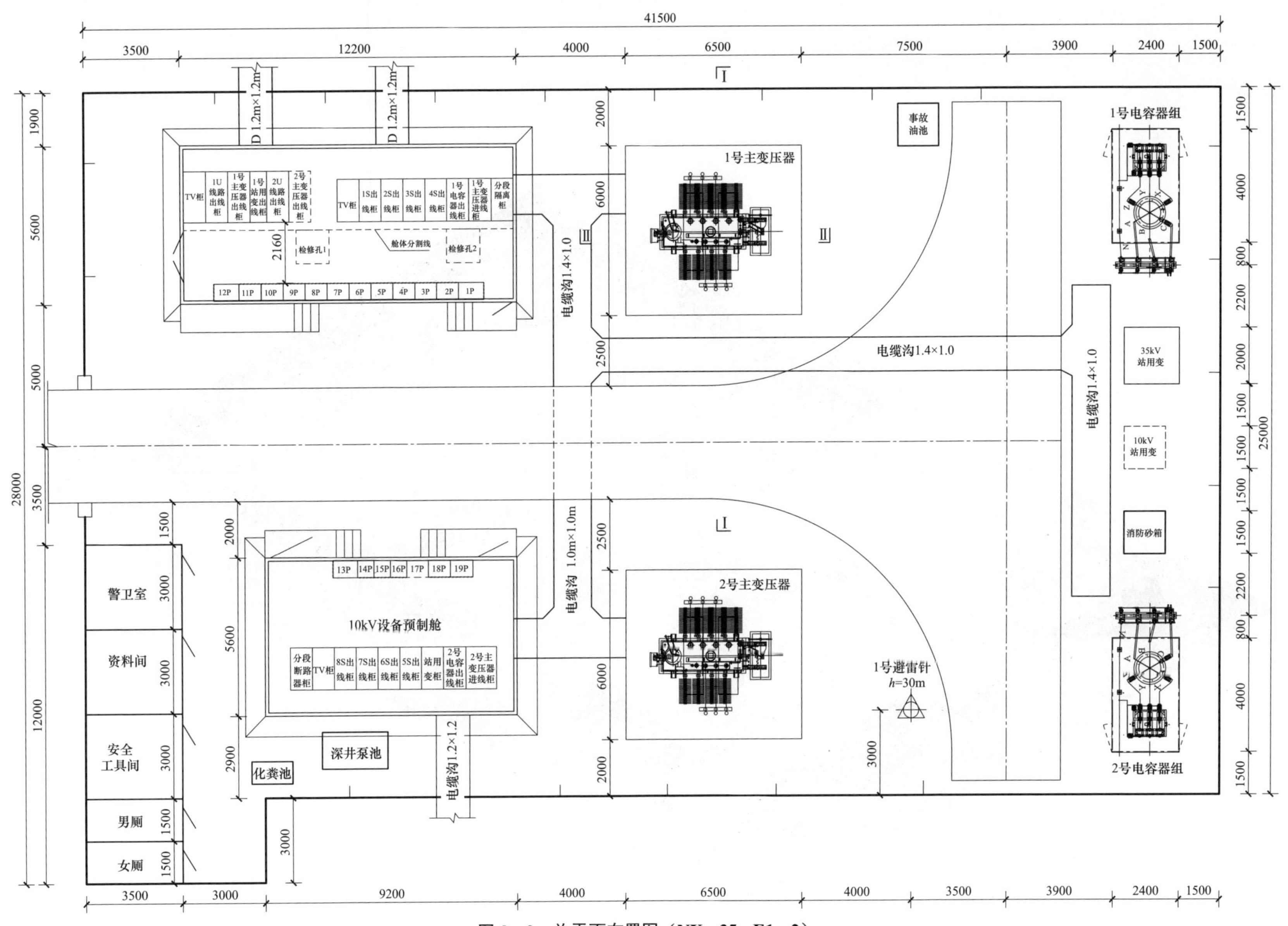

图9-2　总平面布置图（NX-35-E1-2）

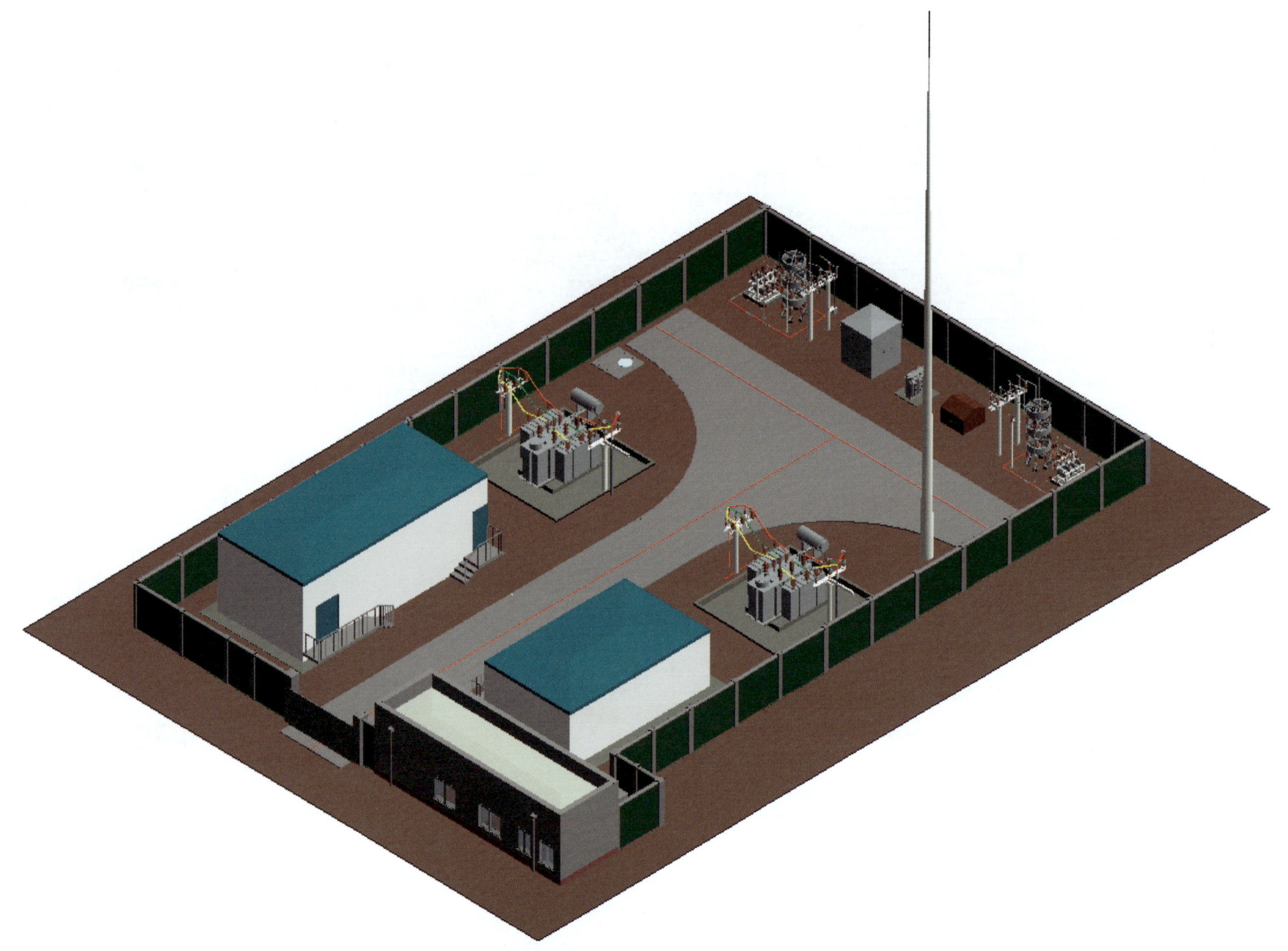

图 9-3　方案整体模型（NX-35-E1-2）

第3篇

线　路　部　分

第10章　NX－1A4　模　块

1. 概述

1A4 模块为海拔 1000～2500m、设计基本风速 27m/s（离地 10m）、覆冰厚度 10mm，导线 1×LGJ－300/40（兼 1×LGJ－240/30）的单回路铁塔。地线采用 JLB－100。该模块为平地塔。悬垂串按“Ⅰ”型布置。该子模块共计 9 种塔型。

2. 气象条件

1A4 模块气象条件如表 10－1 所示。

表 10－1　　1A4 模块气象条件

项目	气温（℃）	风速（m/s）	覆冰厚度（mm）
最高气温	40	0	0
最低气温	－30	0	0
覆冰	－5	10	10
基本风速	－5	27	0
安装情况	－15	10	0
年平均气温	5	0	0
雷电过电压	15	10	0
操作过电压	5	15	0
带电作业	15	10	0

3. 导、地线型号及参数

导、地线型号及参数如表 10－2 所示。

表 10－2　　1A4 模块的导、地线型号及参数

型　号	JL/G1A－300/40	JLB20A－100
计算截面积（mm^2）	306.21	100.88
计算直径（mm）	23.76	13.0
单位质量（kg/km）	1058	674.1
综合弹性系数（MPa）	65000	147200
线膨胀系数（1/℃）	20.5×10^{-6}	13.0×10^{-6}
计算拉断力（N）（地线为钢丝破断拉力总和）	83410	121660

4. 导、地线型号及张力

导、地线型号及张力如表 10－3、表 10－4 所示。

表 10－3　　导、地线型号及张力－直线塔

电压等级	110kV	导线型号	JL/G1A－300/40	导线最大使用张力（N）	35040	导线断线张力取值（%）	10
		地线型号	JLB20A－100	地线最大使用张力（N）	30415	地线最大使用张力（%）	20

表 10-4　　导、地线型号及张力-耐张塔

电压等级	110kV	导线型号	JL/G1A-300/40	导线最大使用张力（N）	35040	导线断线张力取值（%）	30
		地线型号	JLB20A-100	地线最大使用张力（N）	30415	地线最大使用张力（%）	40

5. 杆塔设计条件

杆塔设计条件如表 10-5 所示。

表 10-5　　杆塔设计条件

塔型名称	呼高范围（m）	呼高（m）	水平档距（m）	垂直档距（m）	允许转角（°）
1A4-ZM1	15～24	21	350	450	0
		24	330	450	0
1A4-ZM2	15～30	27	400	600	0
		30	380	600	0
1A4-ZM3	15～36	33	500	700	0
		36	480	700	0
1A4-ZMK	36～51	51	400	600	0
		51	400	600	0
1A4-J1	15～24	24	400	500	0～20
1A4-J2	15～24	24	400	500	20～40
1A4-J3	15～24	24	400	500	40～60
1A4-J4	15～24	24	400	500	60～90
1A4-DJ	15～24	24	400	500	0～90

注　直线塔呼高一列中第一行为计算呼高，第二行为最高呼高。

6. 塔重及基础作用力

塔重及基础作用力如表 10-6 所示。

表 10-6　　塔重及基础作用力

塔型名称	塔重范围（kg）	基础作用力范围（kN）					
		T_{max}	T_x	T_y	N_{max}	N_x	N_y
1A4-ZM1	3807.1/4228.4/4573.6/5071.8/5506.9/5940.3	101～128	11～13	10～11	128～157	13～15	12～13
1A4-ZM2	3933.8/4305.5/4710.8/5205.1/5679.0/6206.9	111～155	12～16	11～13	138～190	14～18	13～16
1A4-ZM3	4277.3/4705.1/5081.2/5623.4/6076.9/6615.7/7125.8/7878.6	122～178	14～20	13～17	152～223	17～24	15～21
1A4-ZMK	8313.3/9201.4/10008.5/10735.2/11830.7/12713.5	228～287	25～32	25～32	271～349	29～37	28～37
1A4-J1	5467.7/6100.5/6725.5/7417.5	324～342	41～43	37～38	363～388	44～47	42～44
1A4-J2	5790.8/6292.3/6983.0/7574.2	434～456	54～56	49～51	482～505	57～62	55～56
1A4-J3	5869.0/6555.4/7313.7/7998.5	483～507	66～68	60～62	543～569	72～73	67～69
1A4-J4	6476.3/7111.9/7999.8/8725.1	579～607	79～80	73～75	645～683	90～91	78～83
1A4-DJ	7107.9/7907.2/8604.4/9396.1	581～608	81～81	71～74	646～684	90～91	79～83

7. 杆塔一览图

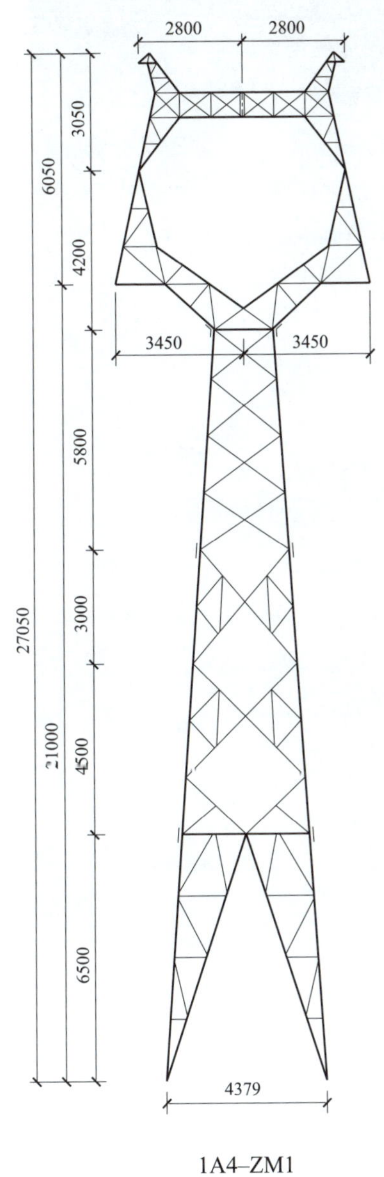

图 10－1　1A4－ZM1 杆塔一览图与三维模型图

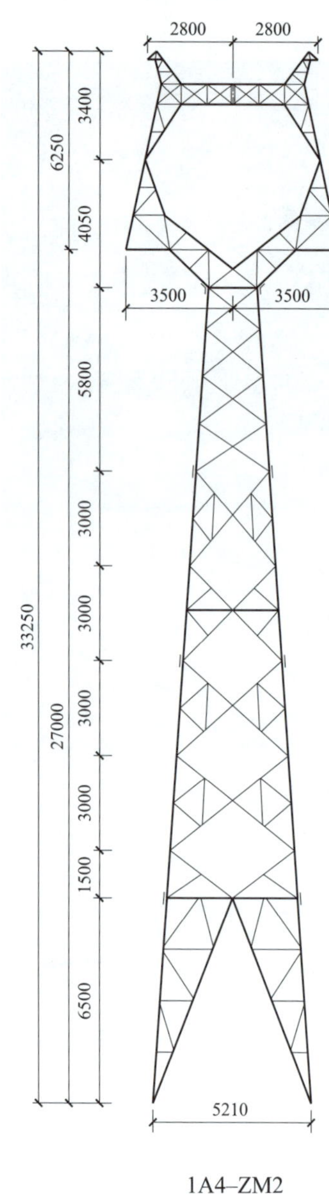

图 10－2　1A4－ZM2 杆塔一览图与三维模型图

图 10-3　1A4-ZM3 杆塔一览图与三维模型图

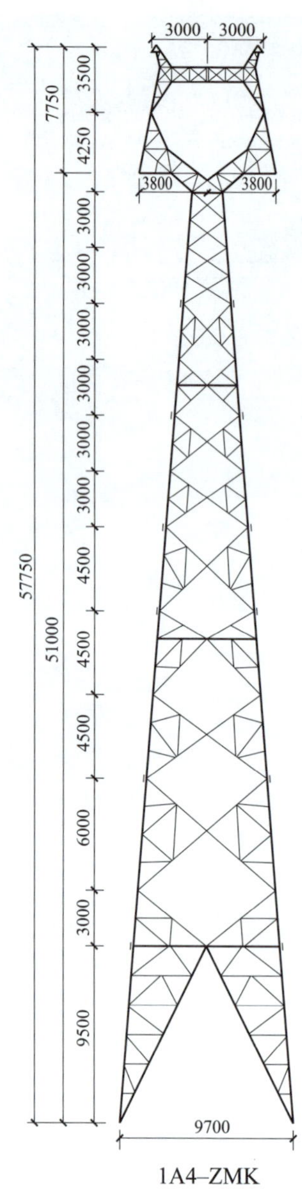

图 10-4　1A4-ZMK 杆塔一览图与三维模型图

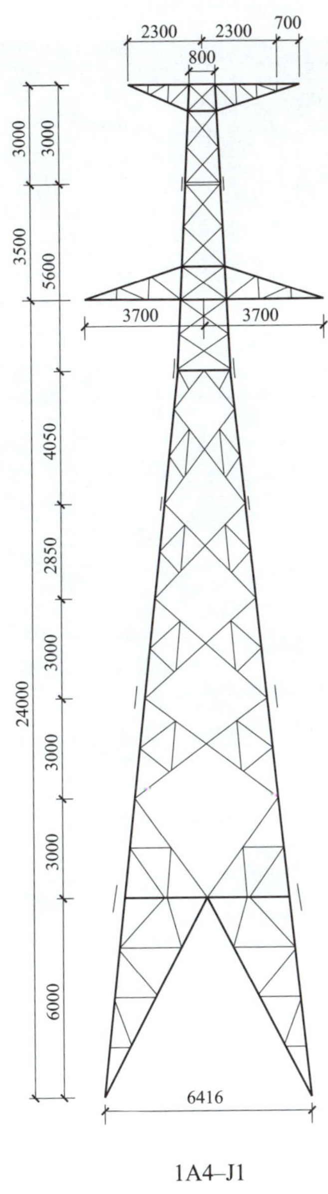

图 10-5　1A4-J1 杆塔一览图与三维模型图

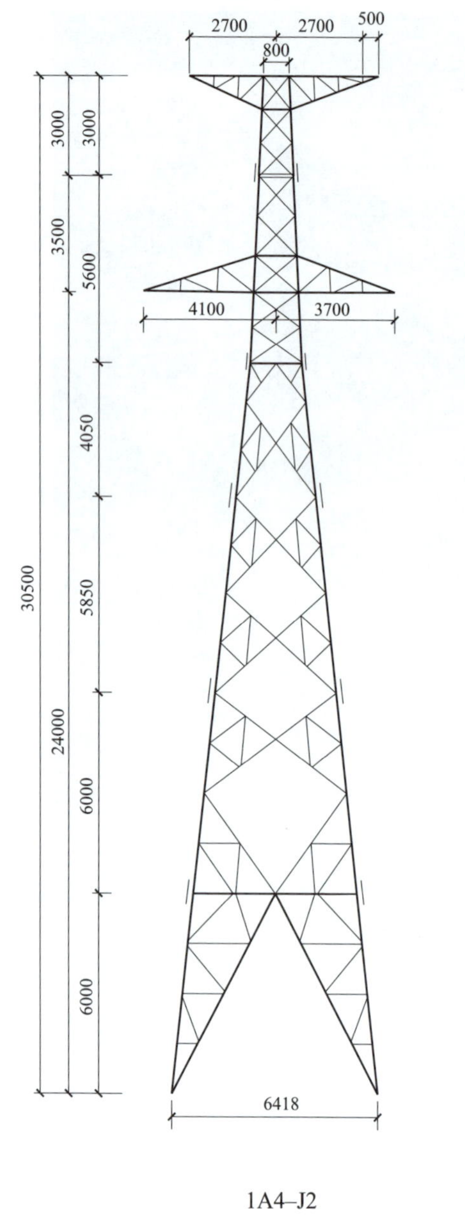

图 10－6　1A4－J2 杆塔一览图与三维模型图

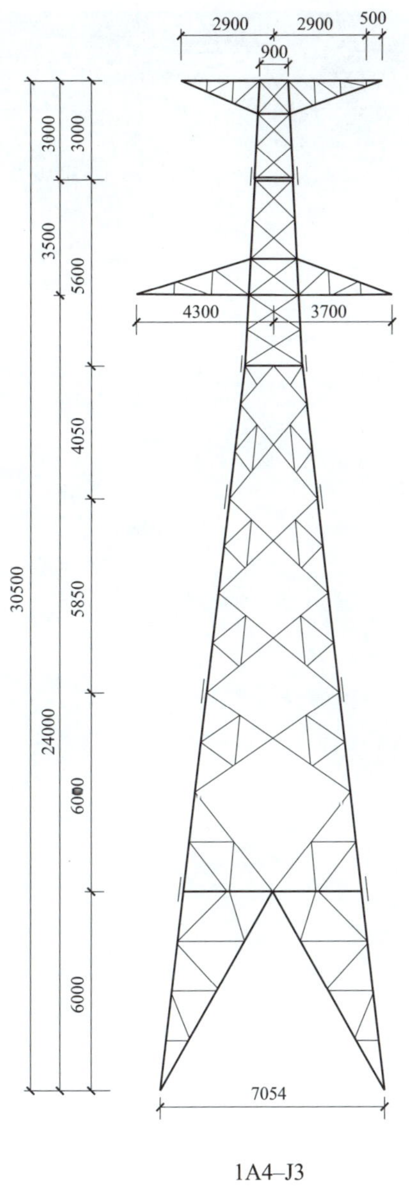

图 10－7 1A4－J3 杆塔一览图与三维模型图

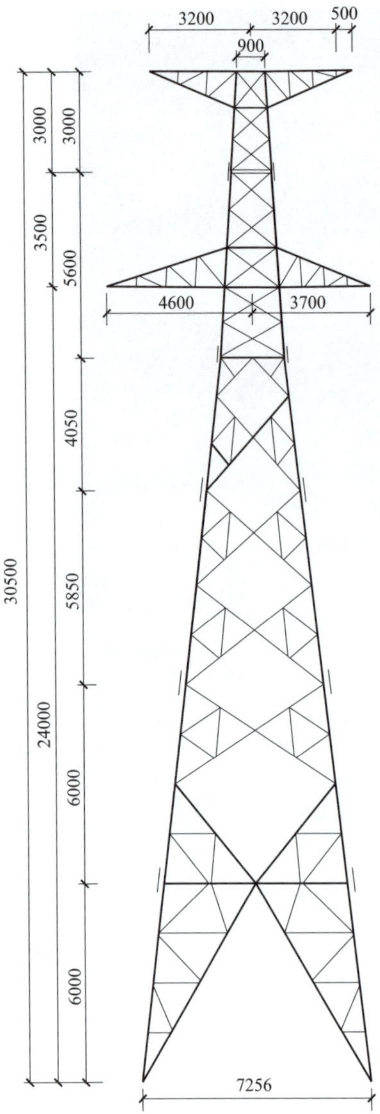

1A4–J4

图 10-8　1A4-J4 杆塔一览图与三维模型图

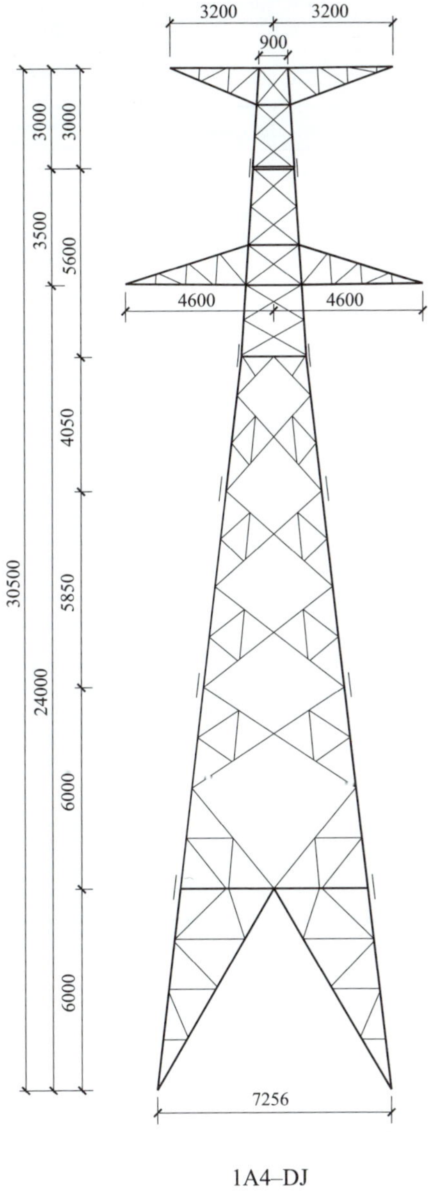

图 10－9　1A4－DJ 杆塔一览图与三维模型图

第 11 章　NX－1B3 模块

1. 概述

1B3 模块为海拔 1000～2500m、设计基本风速 27m/s（离地 10m）、覆冰厚度 10mm，导线 2×LGJ－240/30（兼 1×LGJ－400/35）的单回路铁塔。地线采用 JLB－100。该模块为平地塔。悬垂串按“I”型布置。该子模块共计 9 种塔型。

2. 气象条件

1B3 模块气象条件如表 11－1 所示。

表 11－1　　1B3 模块气象条件

项目	气温（℃）	风速（m/s）	覆冰厚度（mm）
最高气温	40	0	0
最低气温	－30	0	0
覆冰	－5	10	10
基本风速	－5	27	0
安装情况	－15	10	0
年平均气温	5	0	0
雷电过电压	15	10	0
操作过电压	5	15	0
带电作业	15	10	0

3. 导、地线型号及参数

1B3 模块的导、地线型号及参数如表 11－2 所示。

表 11－2　　1B3 模块的导、地线型号及参数

型　号	JL/G1A－240/30	JLB20A－100
计算截面积（mm^2）	275.96	100.88
计算直径（mm）	21.60	13.0
单位质量（kg/km）	922	674.1
综合弹性系数（MPa）	73000	147200
线膨胀系数（1/℃）	19.6×10^{-6}	13.0×10^{-6}
计算拉断力（N）（地线为钢丝破断拉力总和）	71830	121660

4. 导、地线型号及张力

1B3 模块的导、地线型号及张力如表 11－3、表 11－4 所示。

表 11－3　　导、地线型号及张力－直线塔

电压等级	110kV	导线型号	2×JL/G1A－240/30	导线最大使用张力（N）	2×28732	导线断线张力取值（%）	10
		地线型号	JLB20A－100	地线最大使用张力（N）	30415	地线最大使用张力（%）	20

表 11－4　　导、地线型号及张力－耐张塔

电压等级	110kV	导线型号	2×JL/G1A－240/30	导线最大使用张力（N）	2×28732	导线断线张力取值（%）	30
		地线型号	JLB20A－100	地线最大使用张力（N）	30415	地线最大使用张力（%）	40

5. 杆塔设计条件

1B3 模块杆塔设计条件如表 11－5 所示。

表 11－5　　杆塔设计条件

塔型名称	呼高范围（m）	呼高（m）	水平档距（m）	垂直档距（m）	允许转角（°）
1B3－ZM1	15～24	21	350	450	0
		24	330	450	0

续表

塔型名称	呼高范围（m）	呼高（m）	水平档距（m）	垂直档距（m）	允许转角（°）
1B3－ZM2	15～30	27	400	600	0
		30	380	600	0
1B3－ZM3	15～36	33	500	700	0
		36	480	700	0
1B3－ZMK	36～51	51	400	600	0
		51	400	600	0
1B3－J1	15～24	24	400	500	0～20
1B3－J2	15～24	24	400	500	20～40
1B3－J3	15～24	24	400	500	40～60
1B3－J4	15～24	24	400	500	60～90
1B3－DJ	15～24	24	400	500	0～90

注 直线塔呼高一列中第一行为计算呼高，第二行为最高呼高。

6. 1B3 模块塔重及基础作用力

1B3 模块塔重及基础作用力如表 11－6 所示。

表 11－6 1B3 模块塔重及基础作用力

塔型名称	塔重范围（kg）	基础作用力范围（kN）					
		T_{max}	T_x	T_y	N_{max}	N_x	N_y
1B3－ZM1	3988.5/4387.8/4771.7/5304.5/5747.6/6282.6	115～143	14～16	12～14	149～178	14～19	15～16
1B3－ZM2	4275.0/4711.0/5028.9/5635.4/6175.2/6695.7	121～166	15～19	13～16	156～210	19～23	16～20
1B3－ZM3	4497.0/4876.8/5299.6/6012.5/6546.4/7177.0/7745.5/8444.3	142～205	18～24	14～20	180～259	23～28	16～24
1B3－ZMK	8707.5/9698.1/10859.8/11775.3/12909.6/14049.0	260～317	31～37	27～37	312～392	36～43	31～42
1B3－J1	5985.3/6613.7/7375.3/8042.1	421～453	56～58	49～52	469～510	59～63	56～59
1B3－J2	6846.0/7564.7/8385.0/9146.5	564～604	74～77	65～69	624～666	79～80	72～76
1B3－J3	7162.8/8009.4/8942.7/9803.8	628～674	90～93	79～84	709～757	100～101	88～93
1B3－J4	7794.8/8541.7/9550.7/10652.5	787～837	110～112	100～105	877～936	126～127	107～113
1B3－DJ	8359.1/9141.4/10139.0/11268.5	790～837	113～114	98～103	878～938	125～127	107～114

7. 1B3 模块杆塔一览图

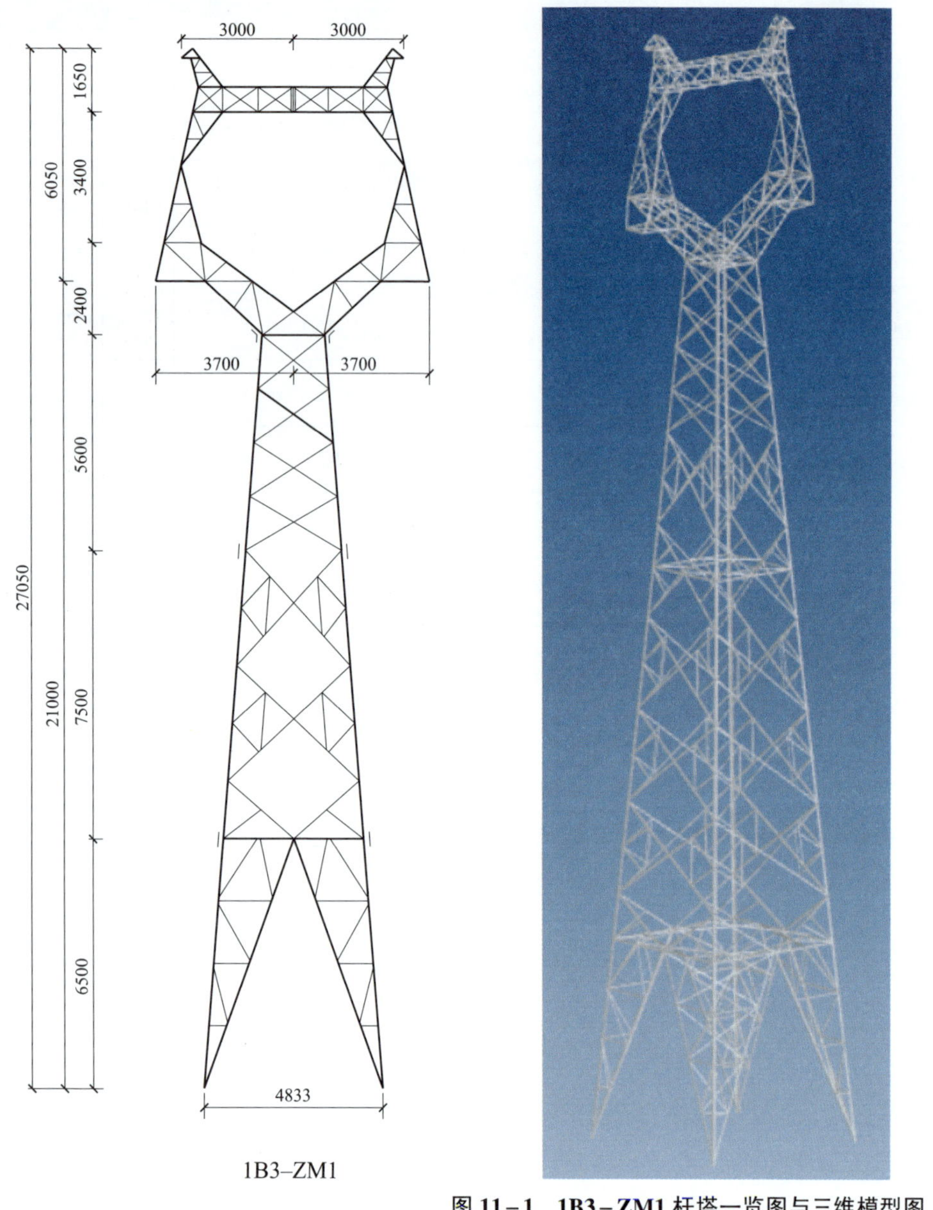

图 11－1　1B3－ZM1 杆塔一览图与三维模型图

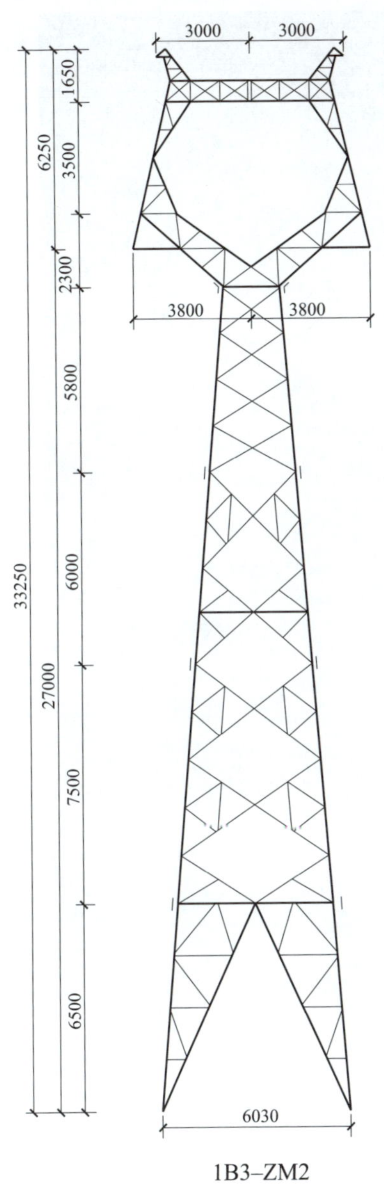

图 11-2 **1B3-ZM2** 杆塔一览图与三维模型图

图 11－3　1B3－ZM3 杆塔一览图与三维模型图

图 11－4　1B3－ZMK 杆塔一览图与三维模型图

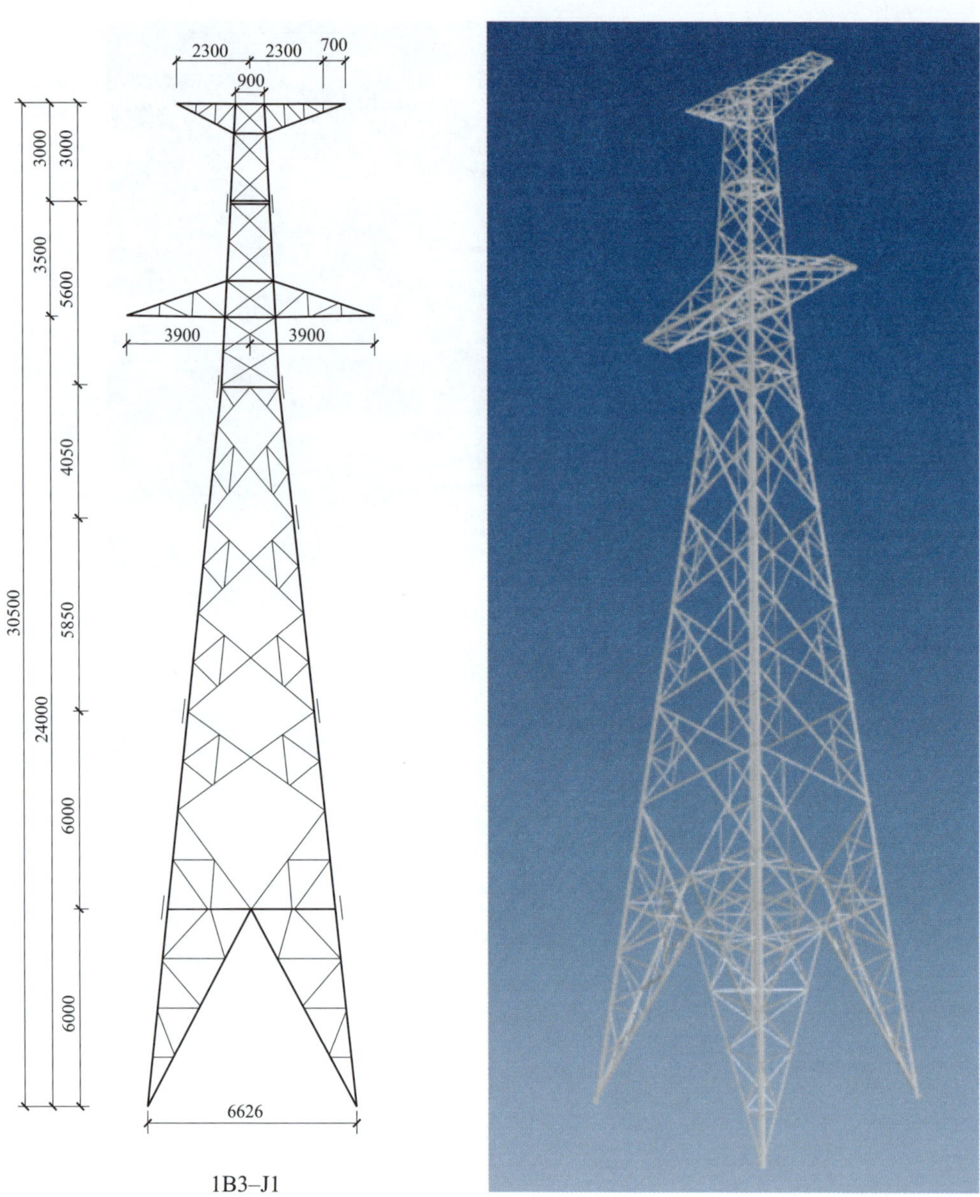

图 11－5　1B3－J1 杆塔一览图与三维模型图

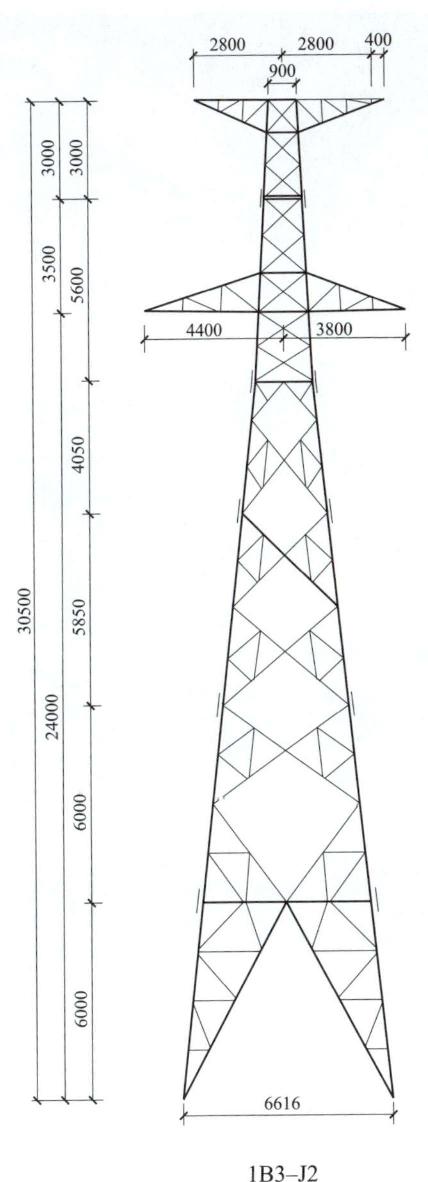

图 11－6 1B3－J2 杆塔一览图与三维模型图

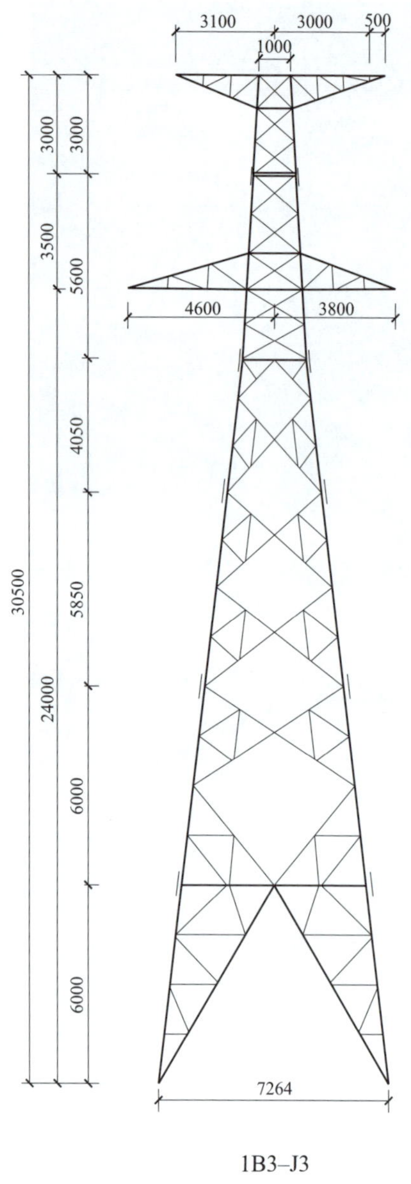

图 11－7　1B3－J3 杆塔一览图与三维模型图

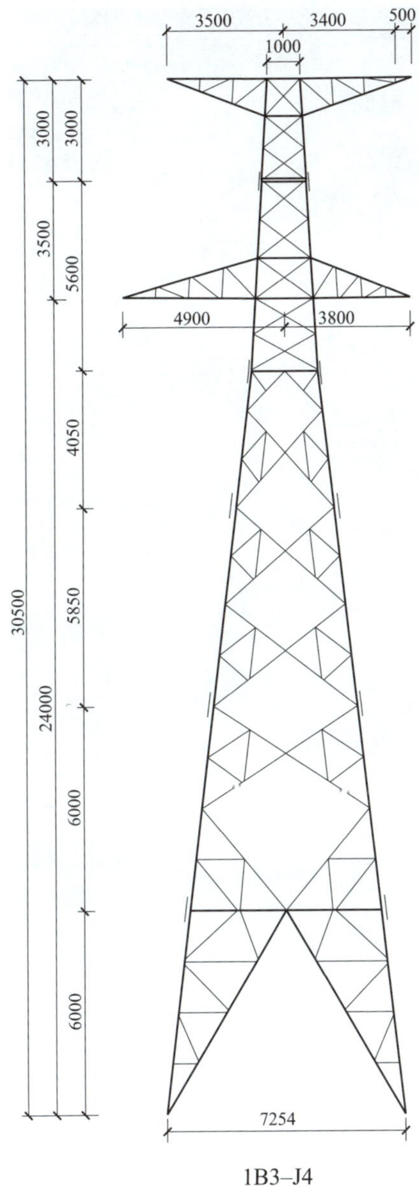

图 11–8　1B3–J4 杆塔一览图与三维模型图

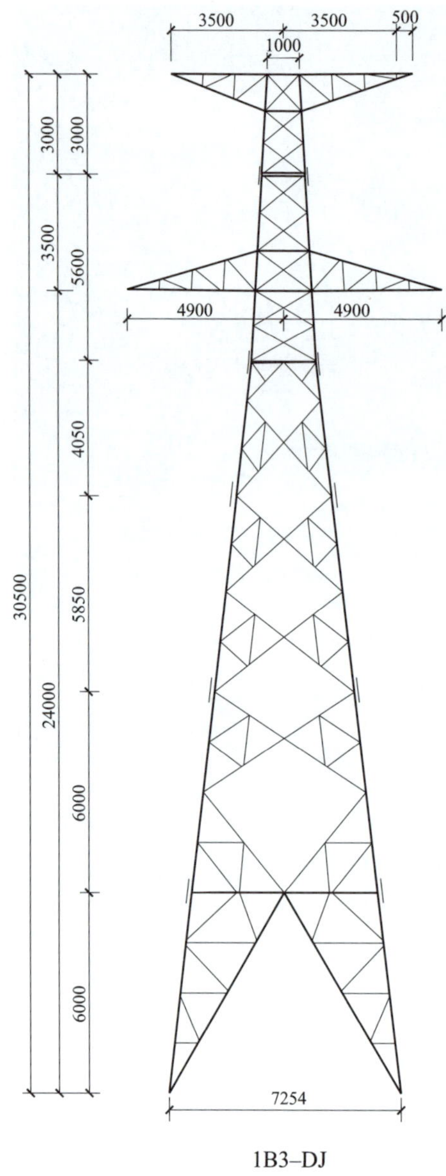

图 11-9　1B3-DJ 杆塔一览图与三维模型图

第 12 章　NX－1C3 模块

1. 概述

1C3 模块为海拔 1000～2500m、设计基本风速 27m/s（离地 10m）、覆冰厚度 10mm，导线 2×LGJ－300/40（兼 1×LGJ－400/35）的单回路铁塔。地线采用 JLB－100。该模块为平地塔。悬垂串按“I”型布置。该子模块共计 9 种塔型。

2. 气象条件

1C3 模块气象条件如表 12－1 所示。

表 12－1　　1C3 模块气象条件

项目	气温（℃）	风速（m/s）	覆冰厚度（mm）
最高气温	40	0	0
最低气温	－30	0	0
覆冰	－5	10	10
基本风速	－5	27	0
安装情况	－15	10	0
年平均气温	5	0	0
雷电过电压	15	10	0
操作过电压	5	15	0
带电作业	15	10	0

3. 导、地线型号及参数

1C3 模块的导、地线型号及参数如表 12－2 所示。

表 12－2　　1C3 模块的导、地线型号及参数

型号	JL/G1A－300/40	JLB20A－100
计算截面积（mm^2）	306.21	100.88
计算直径（mm）	23.76	13.0
单位质量（kg/km）	1058	674.1
综合弹性系数（MPa）	65000	147200
线膨胀系数（1/℃）	20.5×10^{-6}	13.0×10^{-6}
计算拉断力（N）（地线为钢丝破断拉力总和）	83410	121660

4. 导、地线型号及张力

1C3 模块的导、地线型号及张力如表 12－3、表 12－4 所示。

表 12－3　　导、地线型号及张力－直线塔

电压等级	110kV	导线型号	2×JL/G1A－300/40	导线最大使用张力（N）	2×35040	导线断线张力取值（%）	10
		地线型号	JLB20A－100	地线最大使用张力（N）	30415	地线最大使用张力（%）	20

表 12－4　　导、地线型号及张力－耐张塔

电压等级	110kV	导线型号	2×JL/G1A－300/40	导线最大使用张力（N）	2×35040	导线断线张力取值（%）	30
		地线型号	JLB20A－100	地线最大使用张力（N）	30415	地线最大使用张力（%）	40

5. 杆塔设计条件

1C3 模块的杆塔设计条件如表 12－5 所示。

表 12－5　　杆塔设计条件

塔型名称	呼高范围（m）	呼高（m）	水平档距（m）	垂直档距（m）	允许转角（°）
1C3－ZM1	15～24	21	350	450	0
		24	330	450	0

续表

塔型名称	呼高范围（m）	呼高（m）	水平档距（m）	垂直档距（m）	允许转角（°）
1C3－ZM2	15～30	27	400	600	0
		30	380	600	0
1C3－ZM3	15～36	33	500	700	0
		36	480	700	0
1C3－ZMK	36～51	51	400	600	0
		51	400	600	0
1C3－J1	15～24	24	400	500	0～20
1C3－J2	15～24	24	400	500	20～40
1C3－J3	15～24	24	400	500	40～60
1C3－J4	15～24	24	400	500	60～90
1C3－DJ	15～24	24	400	500	0～90

注　直线塔呼高一列中第一行为计算呼高，第二行为最高呼高。

6. 塔重及基础作用力

1C3 模块的塔重及基础作用力如表 12－6 所示。

表 12－6　　塔重及基础作用力

塔型名称	塔重范围（kg）	基础作用力范围（kN）					
		T_{max}	T_x	T_y	N_{max}	N_x	N_y
1C3－ZM1	4042.6/4460.9/4807.7/5379.3	120～148	15～17	13～14	162～186	15～20	16～17
1C3－ZM2	4212.9/4685.4/5010.1/5610.8/6119.8/6756.6	127～173	16～20	14～17	170～220	16～24	17～20
1C3－ZM3	4461.9/4844.0/5372.0/5999.7/6496.3/7247.9/7847.0/8486.0	151～214	20～24	14～21	194～273	24～30	17～26
1C3－ZMK	9035.2/9959.6/11106.1/11970.4/13285.5/14322.2	262～318	31～39	27～33	318～396	36～45	31～39
1C3－J1	6966.9/7434.6/8322.9/9063.9	465～501	61～64	54～57	528～566	63～65	65～67
1C3－J2	7411.0/8121.4/8971.6/10087.1	628～671	79～85	76～77	717～767	91～93	84～88
1C3－J3	7711.4/8662.3/9777.3/10545.0	703～755	99～102	92～96	797～859	115～117	100～106
1C3－J4	8571.9/9441.1/10720.4/11521.4	865～935	126～128	112～118	967～1046	145～146	119～127
1C3－DJ	9162.5/10289.6/11351.5/12451.4	870～937	130～131	109～114	966～1047	144～146	119～129

7. 杆塔一览图

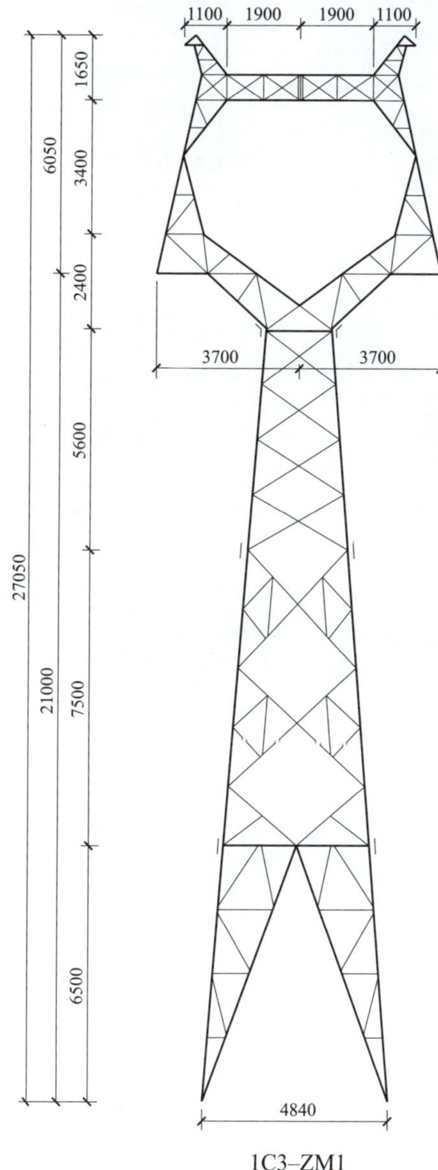

图 12－1　1C3－ZM1 杆塔一览图与三维模型图

图 12－2　1C3－ZM2 杆塔一览图与三维模型图

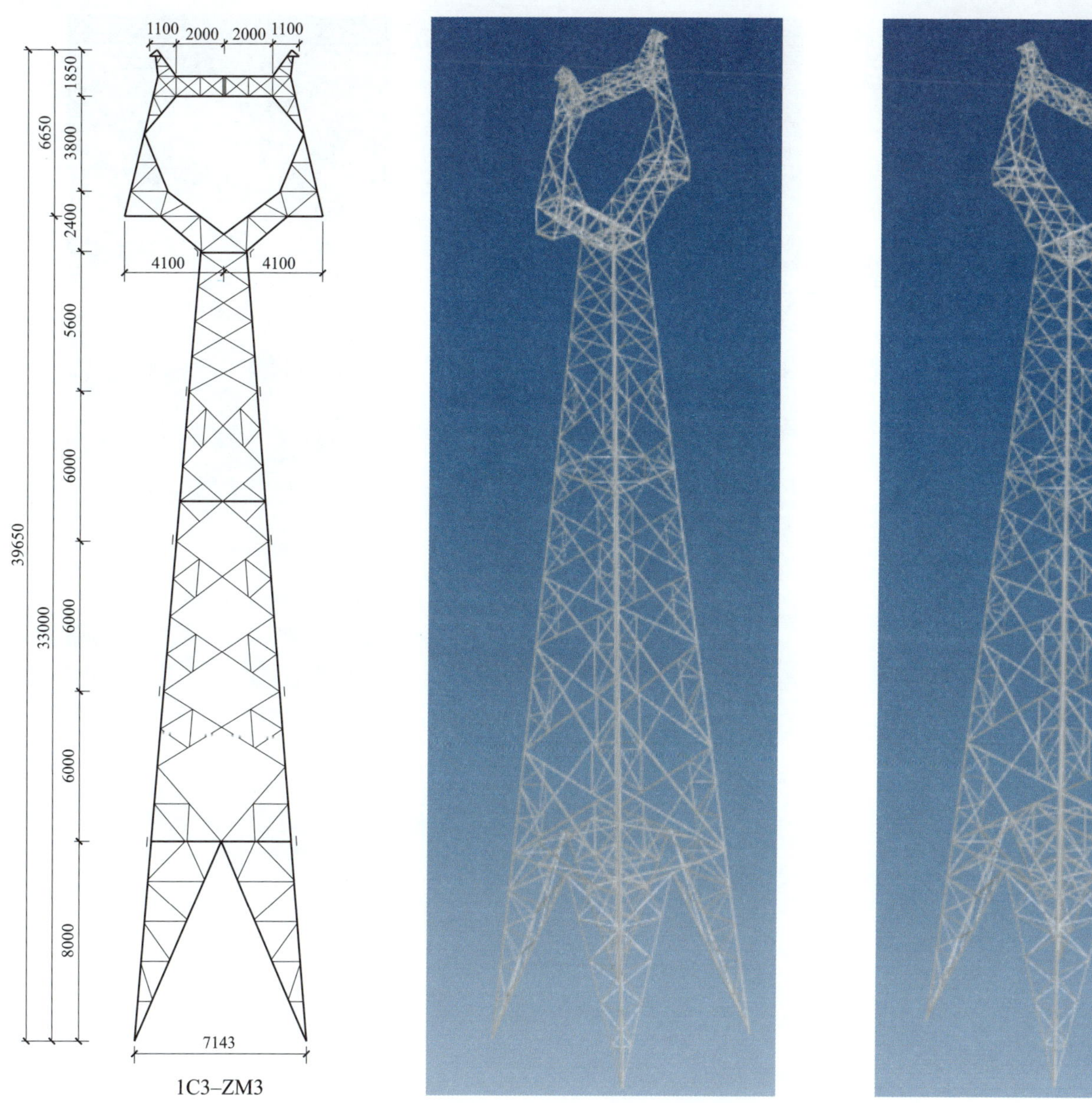

图 12–3　1C3–ZM3 杆塔一览图与三维模型图

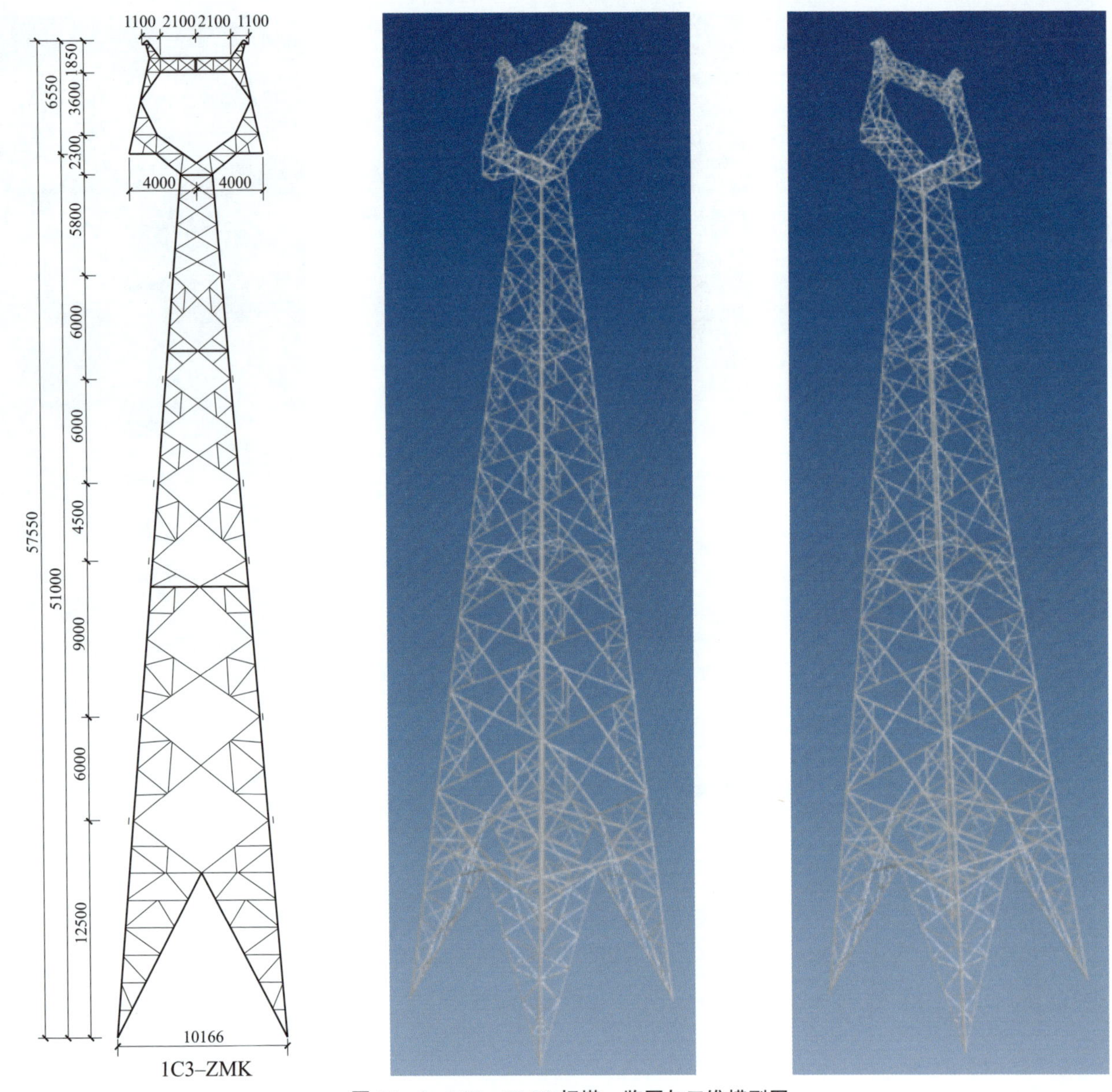

图 12－4　1C3－ZMK 杆塔一览图与三维模型图

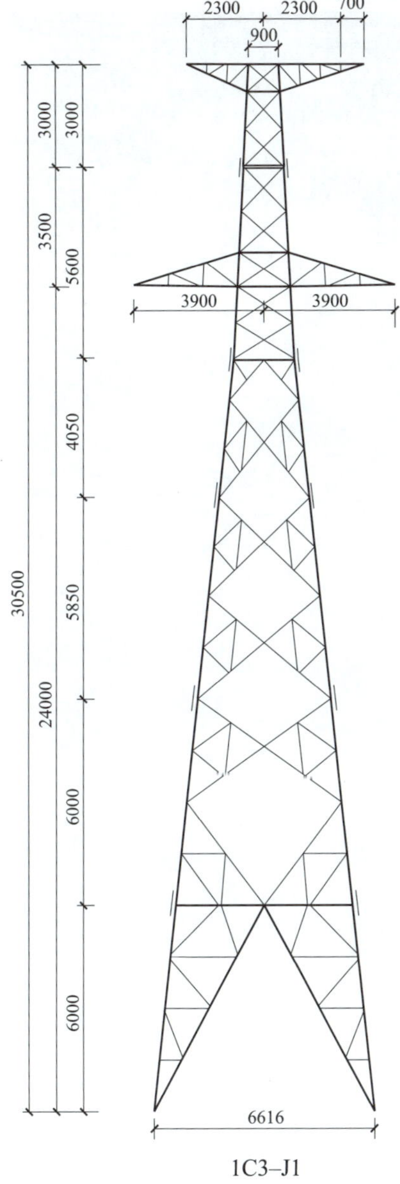

图 12－5　1C3－J1 杆塔一览图与三维模型图

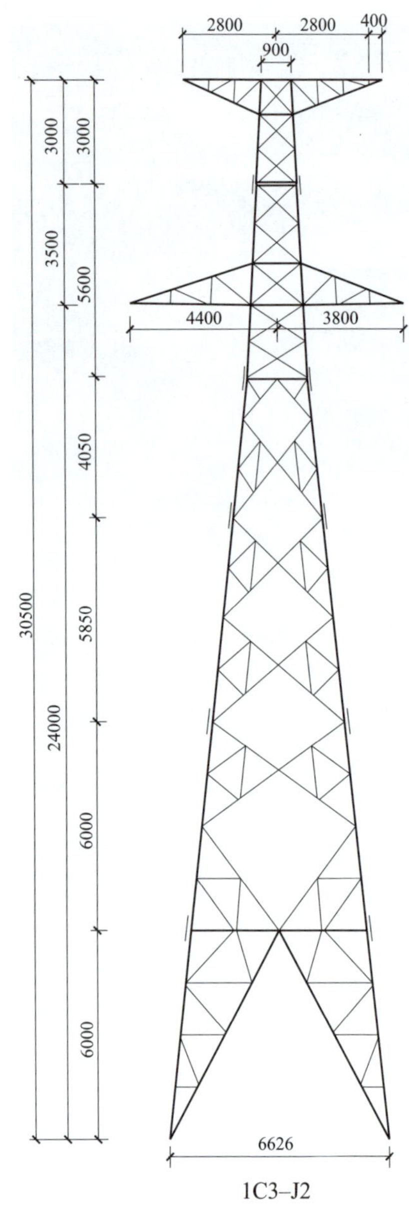

图 12－6　1C3－J2 杆塔一览图与三维模型图

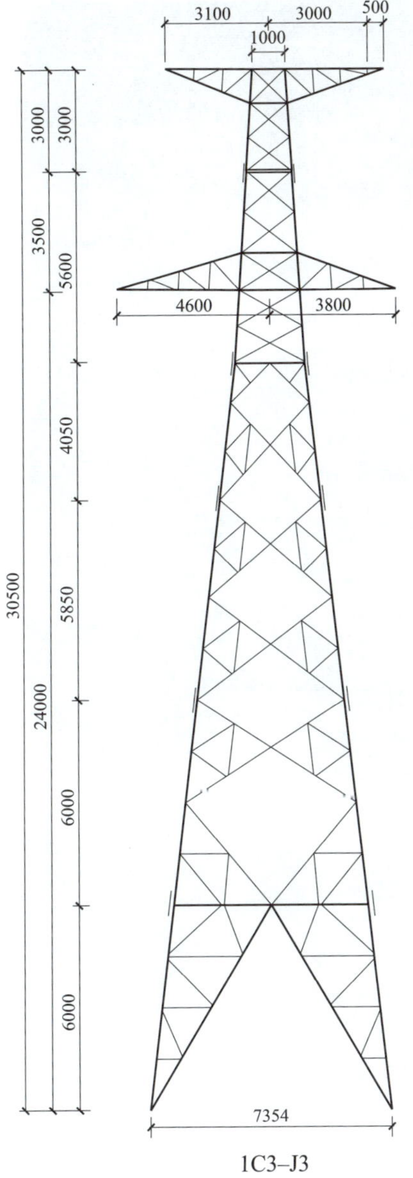

图 12－7　1C3－J3 杆塔一览图与三维模型图

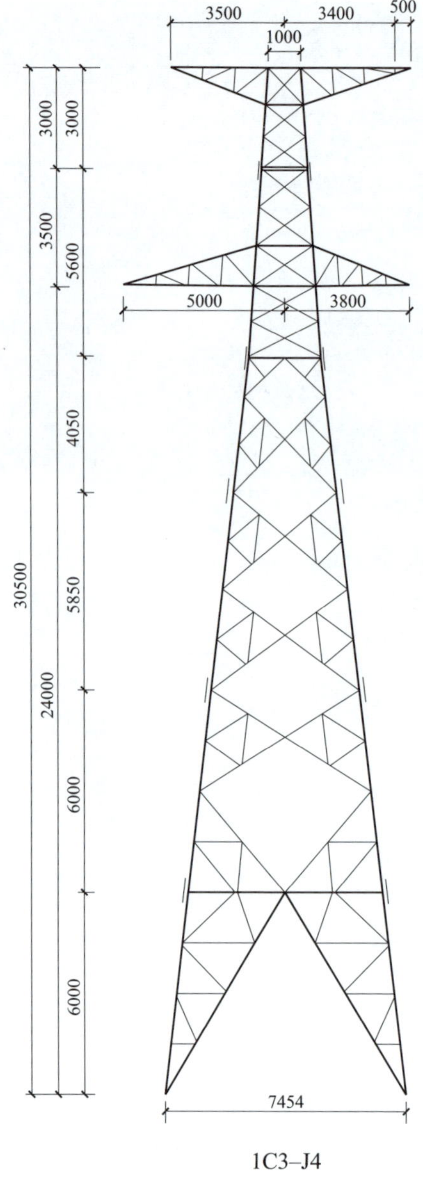

图 12－8 1C3－J4 杆塔一览图与三维模型图

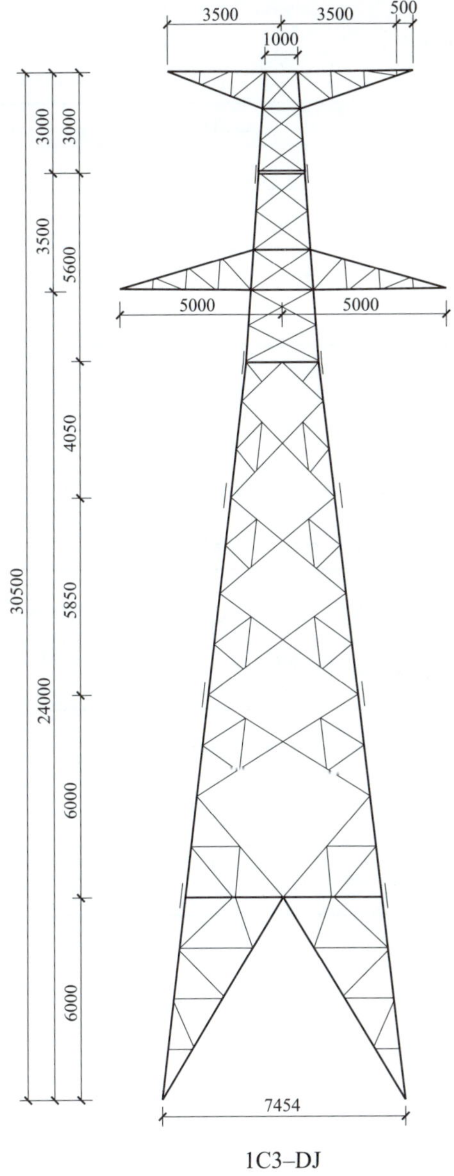

图 12－9　1C3－DJ 杆塔一览图与三维模型图

第 13 章　NX－1D6 模 块

1. 概述

1D6 模块为海拔 1000～2500m、设计基本风速 29m/s（离地 10m）、覆冰厚度 10mm，导线 1×LGJ－300/40（兼 1×240/40）的双回路铁塔。地线采用 JLB－100。该模块为平地塔。悬垂串按“I”型布置。该子模块共计 9 种塔型。

2. 气象条件

1D6 模块气象条件如表 13－1 所示。

表 13－1　　1D6 模块气象条件

项　目	气温（℃）	风速（m/s）	覆冰厚度（mm）
最高气温	40	0	0
最低气温	－30	0	0
覆冰	－5	10	10
基本风速	－5	29	0
安装情况	－15	10	0
年平均气温	5	0	0
雷电过电压	15	10	0
操作过电压	5	15	0
带电作业	15	10	0

3. 导、地线型号及参数

1D6 模块导、地线型号及参数如表 13－2 所示。

表 13－2　　1D6 模块的导、地线型号及参数

型　号	JL/G1A－300/40	JLB20A－100
计算截面积（mm^2）	306.21	100.88
计算直径（mm）	23.76	13.0
单位质量（kg/km）	1058	674.1
综合弹性系数（MPa）	65000	147200
线膨胀系数（1/℃）	20.5×10^{-6}	13.0×10^{-6}
计算拉断力（N）（地线为钢丝破断拉力总和）	83410	121660

4. 导、地线型号及张力

1D6 模块导、地线型号及张力如表 13－3、表 13－4 所示。

表 13－3　　导、地线型号及张力－直线塔

电压等级	110kV	导线型号	JL/G1A－300/40	导线最大使用张力（N）	35040	导线断线张力取值（%）	10
		地线型号	JLB20A－100	地线最大使用张力（N）	30415	地线最大使用张力（%）	2

表 13－4　　导、地线型号及张力－耐张塔

电压等级	110kV	导线型号	JL/G1A－300/40	导线最大使用张力（N）	35040	导线断线张力取值（%）	30
		地线型号	JLB20A－100	地线最大使用张力（N）	30415	地线最大使用张力（%）	40

5. 杆塔设计条件

1D6 模块杆塔设计条件如表 13－5 所示。

表 13－5　　杆塔设计条件

塔型名称	呼高范围（m）	呼高（m）	水平档距（m）	垂直档距（m）	允许转角（°）
1D6－SZ1	15～24	21	350	450	0
		24	340	450	0

续表

塔型名称	呼高范围（m）	呼高（m）	水平档距（m）	垂直档距（m）	允许转角（°）
1D6－SZ2	15～30	27	400	600	0
		30	390	600	0
1D6－SZ3	15～36	33	500	700	0
		36	490	690	0
1D6－SZK	36～51	51	400	600	0
		51	400	600	0
1D6－SJ1	15～24	24	400	500	0～20
1D6－SJ2	15～24	24	400	500	20～40
1D6－SJ3	15～24	24	400	500	40～60
1D6－SJ4	15～24	24	400	500	60～90
1D6－SDJ	15～24	24	400	500	0～90

注　直线塔呼高一列中第一行为计算呼高，第二行为最高呼高。

6. 塔重及基础作用力

1D6 模块塔重及基础作用力如表 13－6 所示。

表 13－6　塔重及基础作用力

塔型名称	塔重范围（kg）	基础作用力范围（kN）					
		T_{max}	T_x	T_y	N_{max}	N_x	N_y
1D6－SZ1	5450.9/5917.3/6540.0/6983.8	195～227	19～22	18～20	237～275	23～26	21～23
1D6－SZ2	5590.2/6079.3/6704.4/7197.2/7609.5/8108.1	215～267	21～26	20～24	261～326	25～32	23～29
1D6－SZ3	6046.4/6518.7/7249.9/7872.0/8352.7/8949.6/9715.4/10344.9	264～343	26～33	24～30	315～415	31～40	28～36
1D6－SZK	10050.0/10917.5/11603.5/12603.1/13926.8/14652.8	422～507	42～52	42～52	492～603	48～59	48～59
1D6－SJ1	8760.8/9520.6/10318.1/11092.6	684～707	74～77	70～72	753～789	81～85	77～80
1D6－SJ2	9904.4/10789.0/11599.5/12388.8	826～837	94～97	92～93	899～924	102～108	99～102
1D6－SJ3	10498.1/11428.3/12480.6/13311.7	928～957	106～111	107～109	1030～1057	125～126	111～114
1D6－SJ4	11001.8/12775.6/13690.1/14493.0	1079～1081	128～135	133～135	1190～1210	151～152	140～143
1D6－SDJ	13143.7/14275.4/15354.5/16214.8	1083～1099	136～139	131～132	1191～1213	148～150	143～146

7. 杆塔一览图

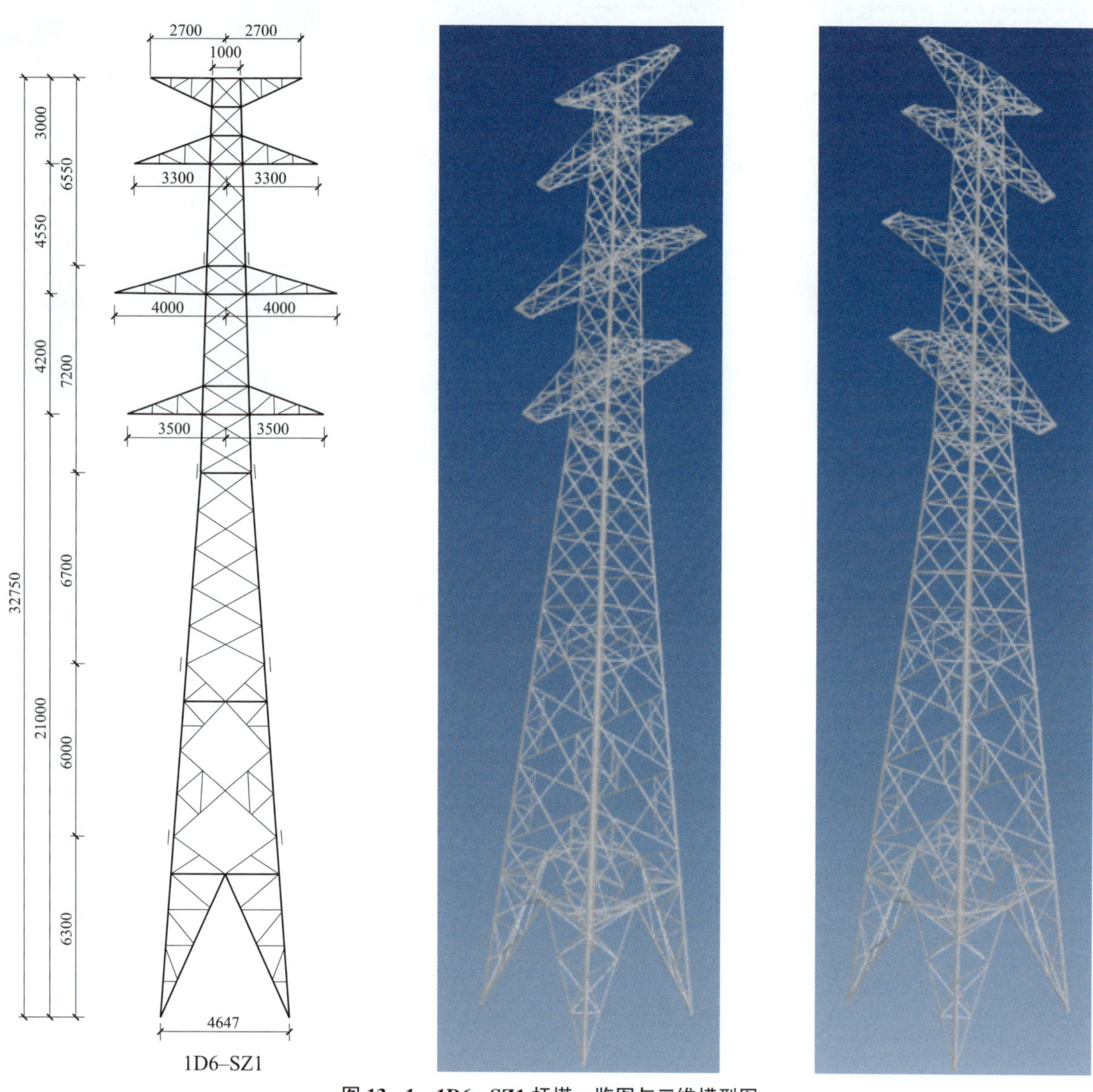

图 13－1　1D6－SZ1 杆塔一览图与三维模型图

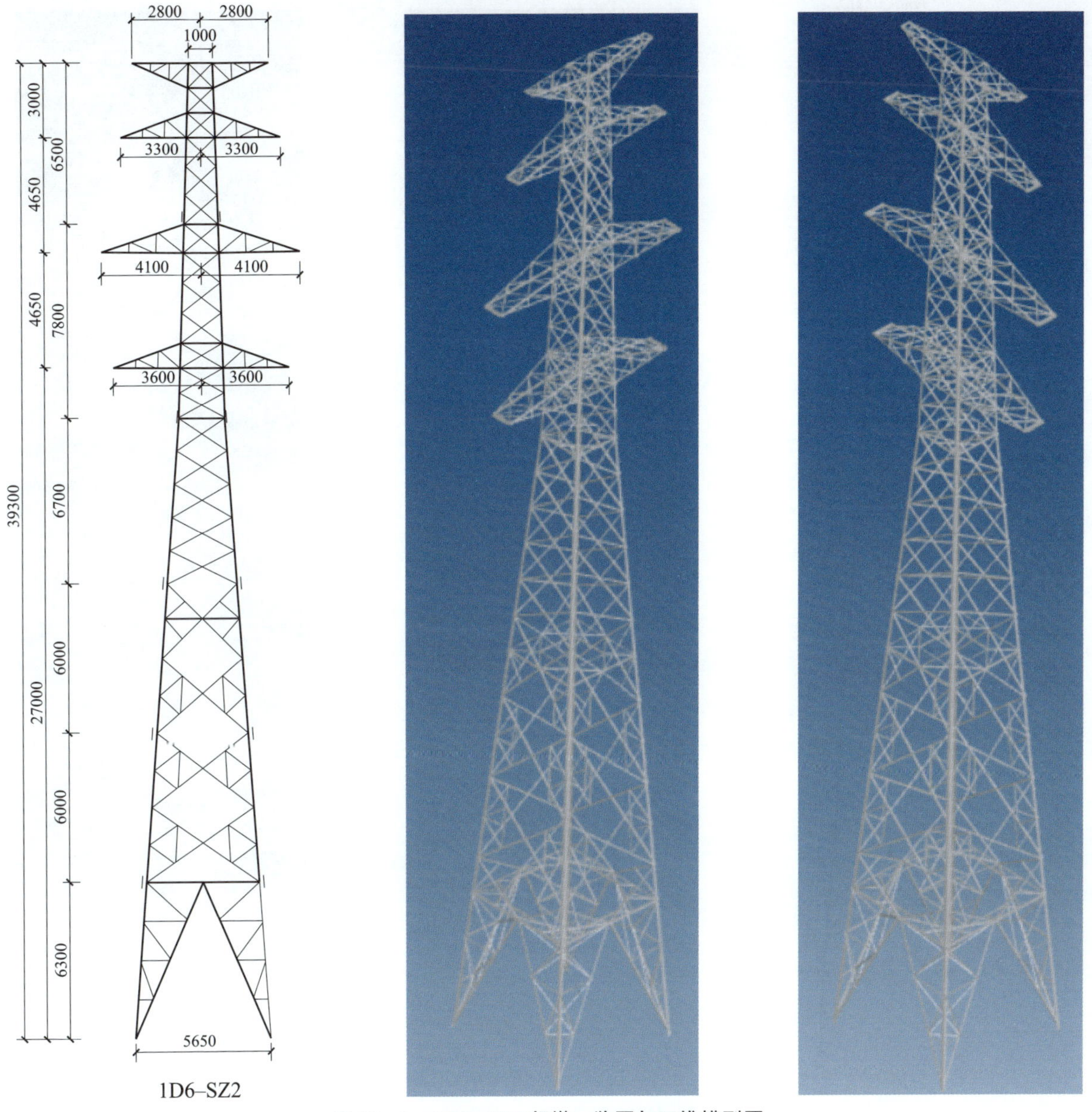

图 13－2　1D6－SZ2 杆塔一览图与三维模型图

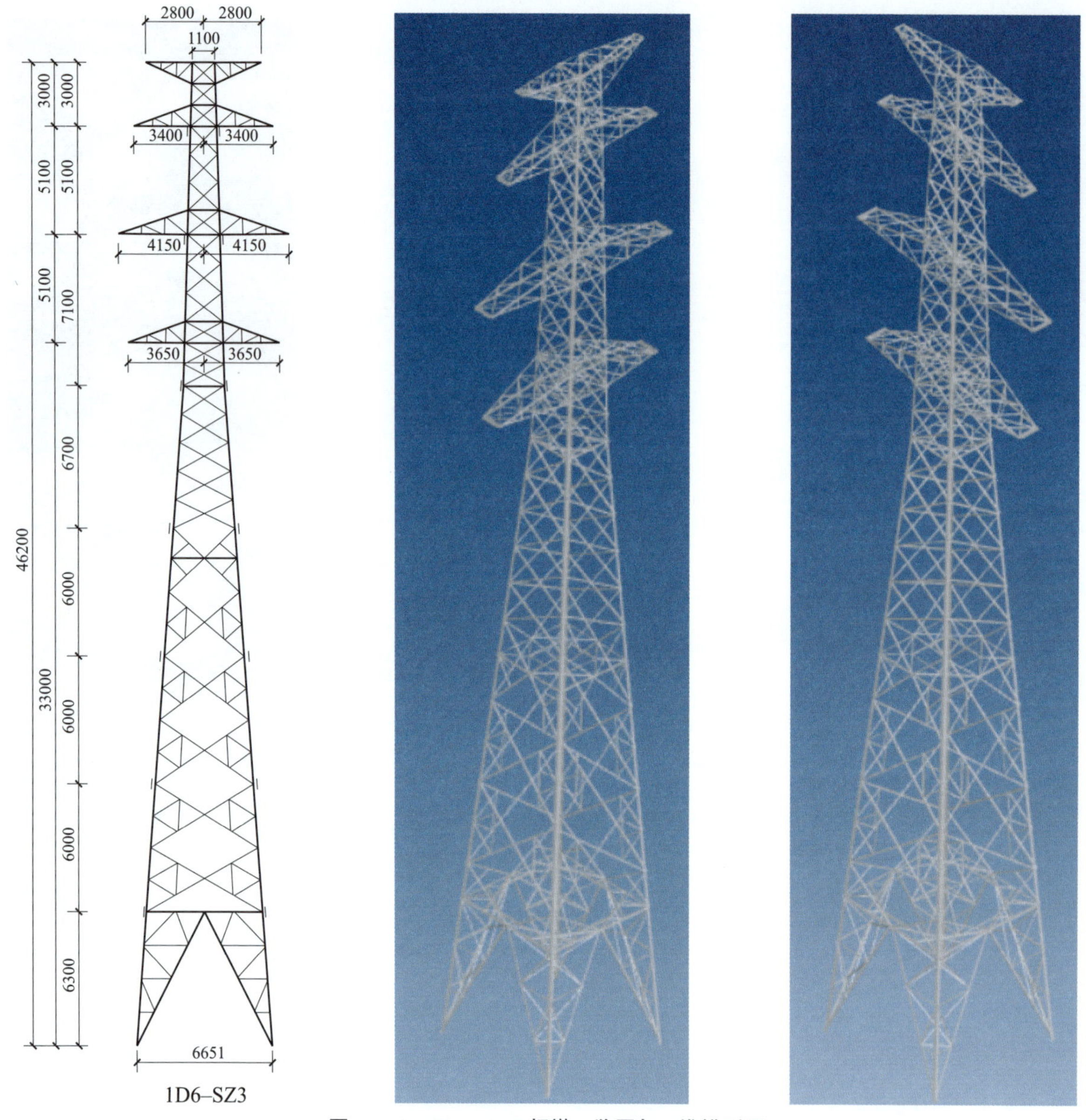

图 13－3　1D6－SZ3 杆塔一览图与三维模型图

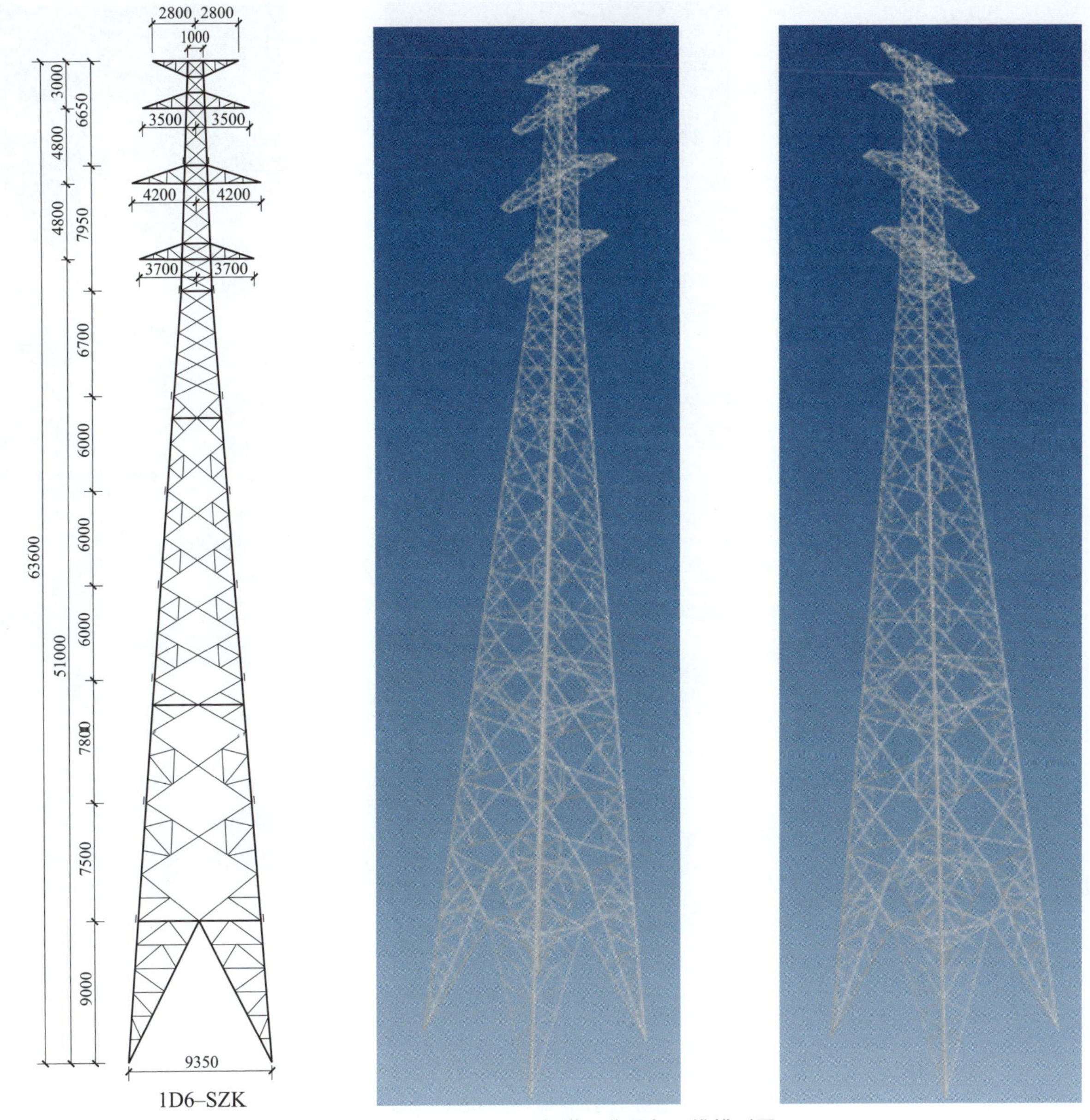

图 13-4 **1D6-SZK** 杆塔一览图与三维模型图

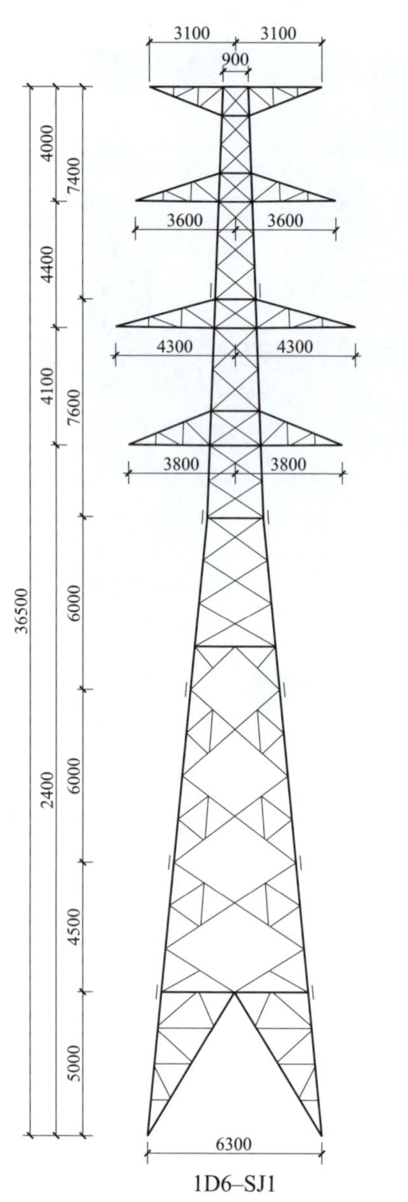

图 13－5　1D6－SJ1 杆塔一览图与三维模型图

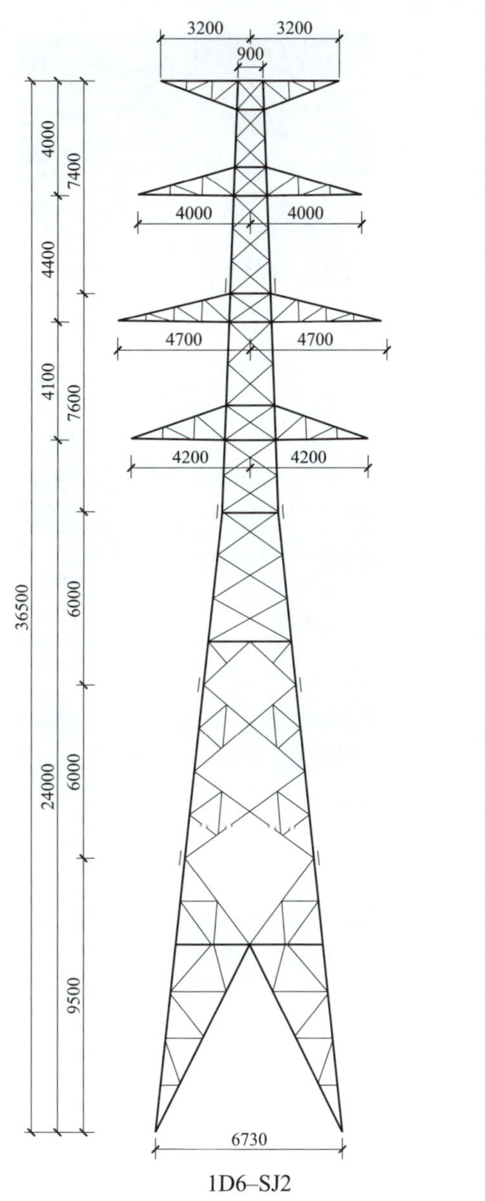

图 13－6　1D6－SJ2 杆塔一览图与三维模型图

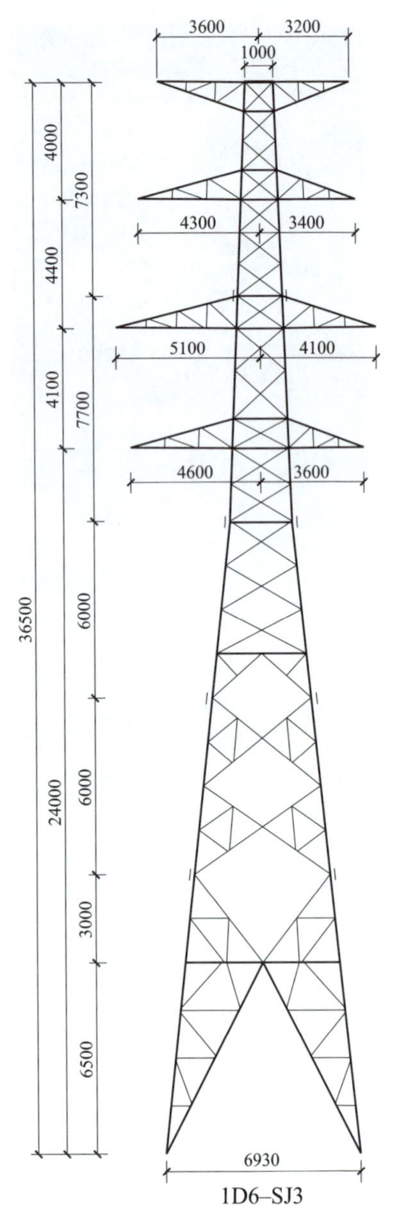

图 13－7　1D6－SJ3 杆塔一览图与三维模型图

图 13–8　1D6–SJ4 杆塔一览图与三维模型图

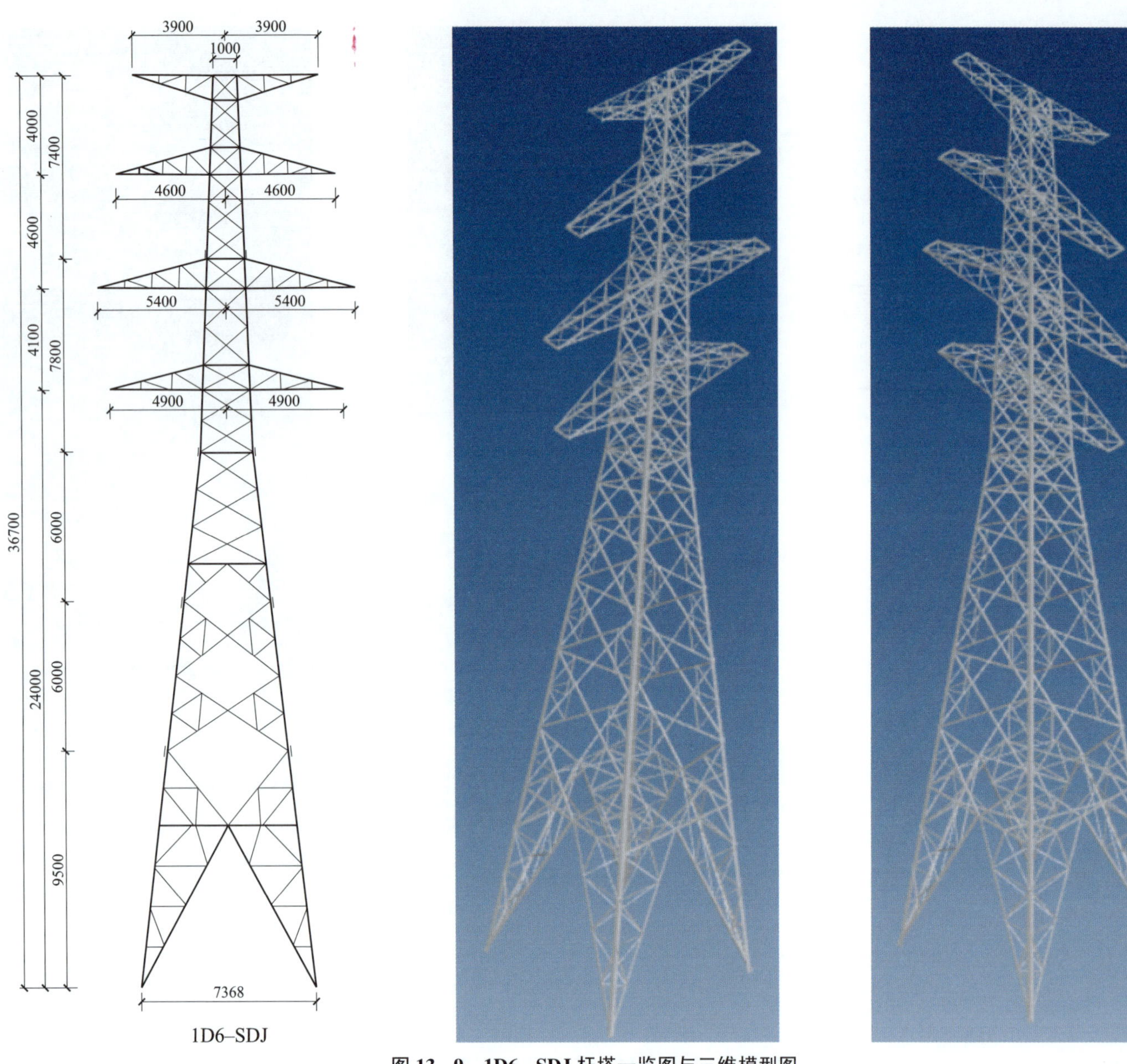

图 13－9　1D6－SDJ 杆塔一览图与三维模型图

第 14 章　NX－1D17 模 块

1. 概述

1D17 模块为海拔 1000～2500m、设计基本风速 27m/s（离地 10m）、覆冰厚度 15mm，导线 1×LGJ－300/40（兼 1×LGJ－240/30）的双回路铁塔，地线采用 JLB－100。该模块为平地、山区共用一套塔型，均按平腿设计。平地直线塔按 3+1 塔系列规划，平地耐张塔按 4 塔系列规划，并单独设计终端塔。该子模块共计 9 种塔型。

2. 气象条件

1D17 模块气象条件如表 14－1 所示。

表 14－1　　1D17 模 块 气 象 条 件

项目	气温（℃）	风速（m/s）	覆冰厚度（mm）
最低气温	－30	0	0
年平均气温	5	0	0
基本风速	－5	27	0
设计覆冰	－5	10	15
最高气温	40	0	0
安装情况	－15	10	0
操作过电压	5	15	0
雷电过电压	15	10	0
带电作业	15	10	0

3. 导、地线型号及参数

1D17 模块的导、地线型号及参数如表 14－2 所示。

表 14－2　　1D17 模块的导、地线型号及参数

型　　号	JL/G1A－300/40	JLB20A－100
计算截面积（mm^2）	306.21	100.88
计算直径（mm）	23.76	13.0
单位质量（kg/km）	1058	674.1
综合弹性系数（MPa）	65000	147200
线膨胀系数（1/℃）	20.5×10^{-6}	13.0×10^{-6}
计算拉断力（N）（地线为钢丝破断拉力总和）	83410	121660

4. 导、地线型号及张力

1D17 模块导、地线型号及张力如表 14－3、表 14－4 所示。

表 14－3　　导、地线型号及张力－直线塔

电压等级	110kV	导线型号	JL/G1A－300/40	导线最大使用张力（N）	35040	导线断线张力取值（%）	10
		地线型号	JLB20A－100	地线最大使用张力（N）	30415	地线最大使用张力（%）	20

表 14－4　　导、地线型号及张力－耐张塔

电压等级	110kV	导线型号	JL/G1A－300/40	导线最大使用张力（N）	35040	导线断线张力取值（%）	30
		地线型号	JLB20A－100	地线最大使用张力（N）	30415	地线最大使用张力（%）	40

5. 杆塔设计条件

1D17 模块杆塔设计条件如表 14－5 所示。

表 14－5　　杆 塔 设 计 条 件

塔型名称	呼高范围（m）	呼高（m）	水平档距（m）	垂直档距（m）	允许转角（°）
1D17－SZ1	15－24	21	350	450	0
		24	315	450	0

续表

塔型名称	呼高范围（m）	呼高（m）	水平档距（m）	垂直档距（m）	允许转角（°）
1D17－SZ2	15－30	27	400	600	0
		30	360	600	0
1D17－SZ3	15－36	33	500	700	0～3
		36	450	700	0
1D17－SZK	33－51	51	400	600	0
1D17－SJ1	15－24	24	450	700	0～20
1D17－SJ2	15－24	24	450	700	20～40
1D17－SJ3	15－24	24	450	700	40～60
1D17－SJ4	15－24	24	450	700	60～90
1D17－SDJ	15－24	24	300	450	0～90

注　直线塔呼高一列中第一行为计算呼高，第二行为最高呼高。

6. 塔重及基础作用力

1D17 模块塔重及基础作用力如表 14－6 所示。

表 14－6　　塔重及基础作用力

塔型名称	塔重范围（kg）	基础作用力范围（kN）					
		T_{max}	T_x	T_y	N_{max}	N_x	N_y
1D17－SZ1	5767.3/6331.1/6879.5/7439.9	195～227	19～22	18～20	237～275	23～26	21～23
1D17－SZ2	5896.2/6373.3/7081.7.7640.7/8107.5/8672.8	215～267	21～26	20～24	261～326	25～32	23～29
1D17－SZ3	6556.9/7185.7/7764.4/8489.8/9158.3/9636.4/10463.7/11357.6	264～343	26～33	24～30	315～415	31～40	28～36
1D17－SZK	11767.7/12559.1/13410.6/15125.7/16171.7/17467.4	422～507	42～52	42～52	492～603	48～59	48～59
1D17－SJ1	9220.8/9959.4/10884.8/11768.3	684～707	74～77	70～72	753～789	81～85	77～80
1D17－SJ2	10146.6/10976.0/12043.7/13041.4	826～837	94～97	92～93	899～924	102～108	99～102
1D17－SJ3	10653.9/11659.1/12508.6/13462.4	928～957	106～111	107～109	1030～1057	125～126	111～114
1D17－SJ4	12411.2/13568.1/14428.2/15741.9	1079～1081	128～135	133～135	1190～1210	151～152	140～143
1D17－SDJ	12841.3/13998.2/14858.3/16172.0	1083～1099	136～139	131～132	1191～1213	148～150	143～146

7. 杆塔一览图

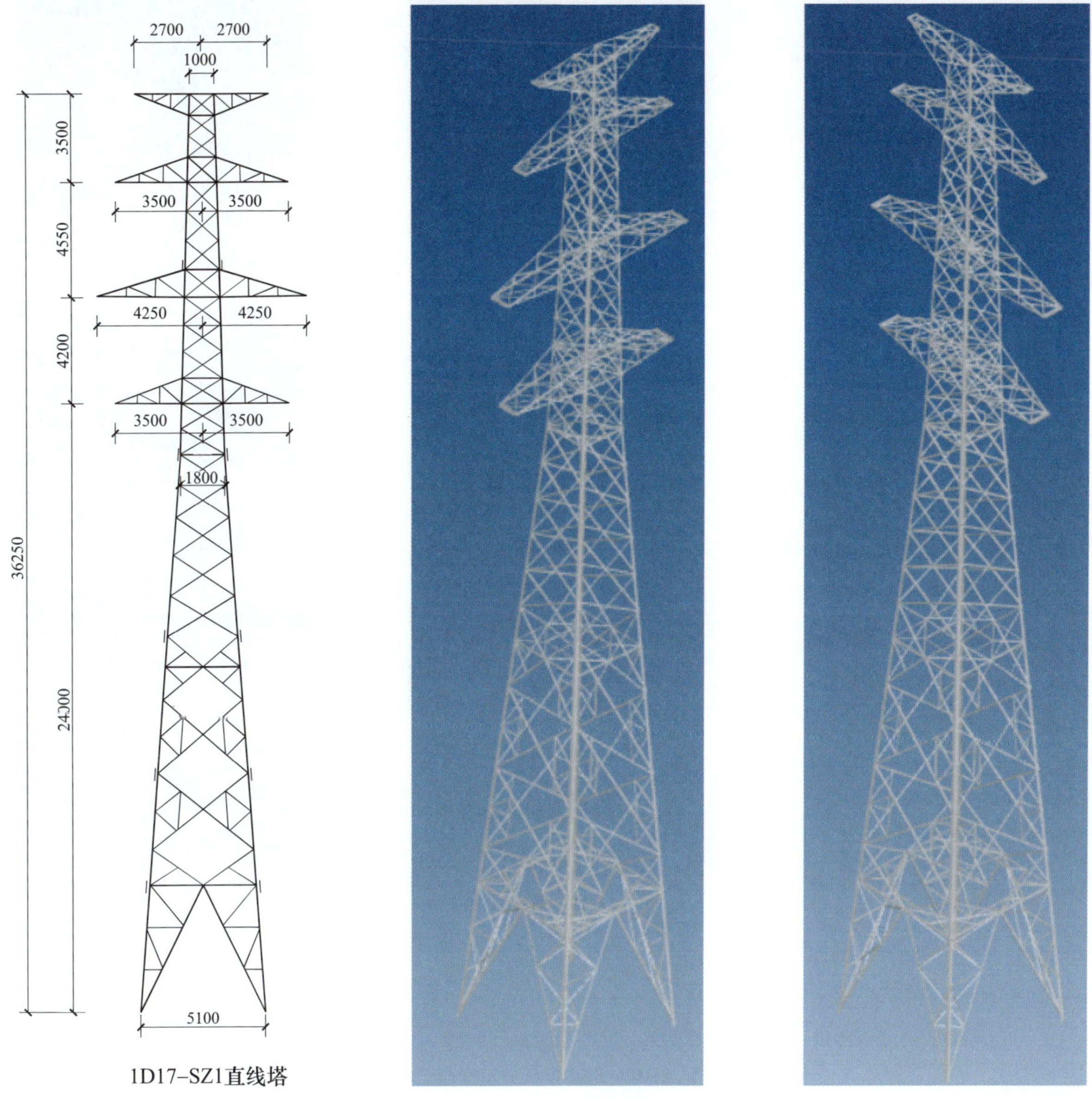

图 14－1 1D17－SZ1 杆塔一览图与三维模型图

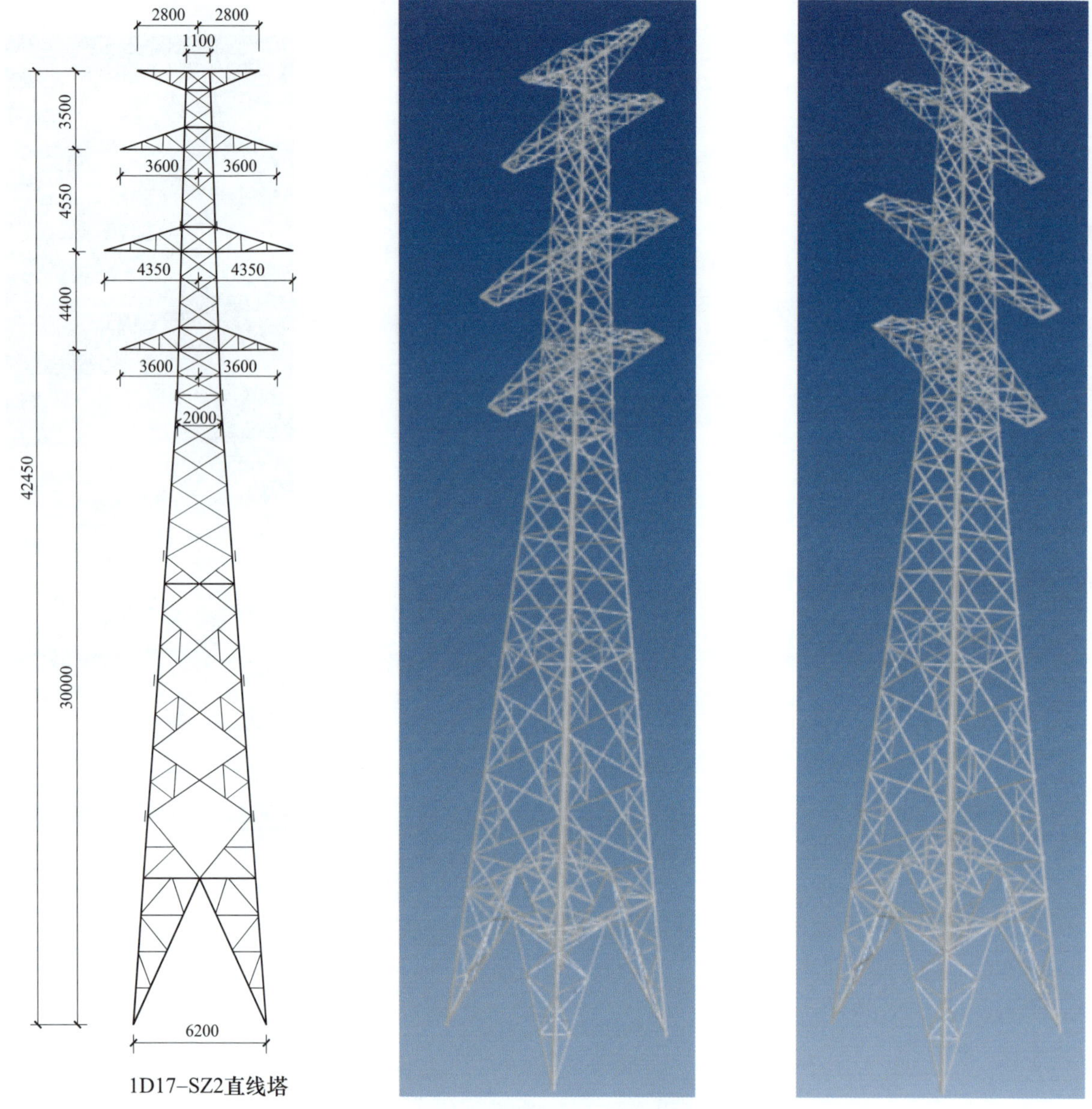

图 14–2　1D17–SZ2 杆塔一览图与三维模型图

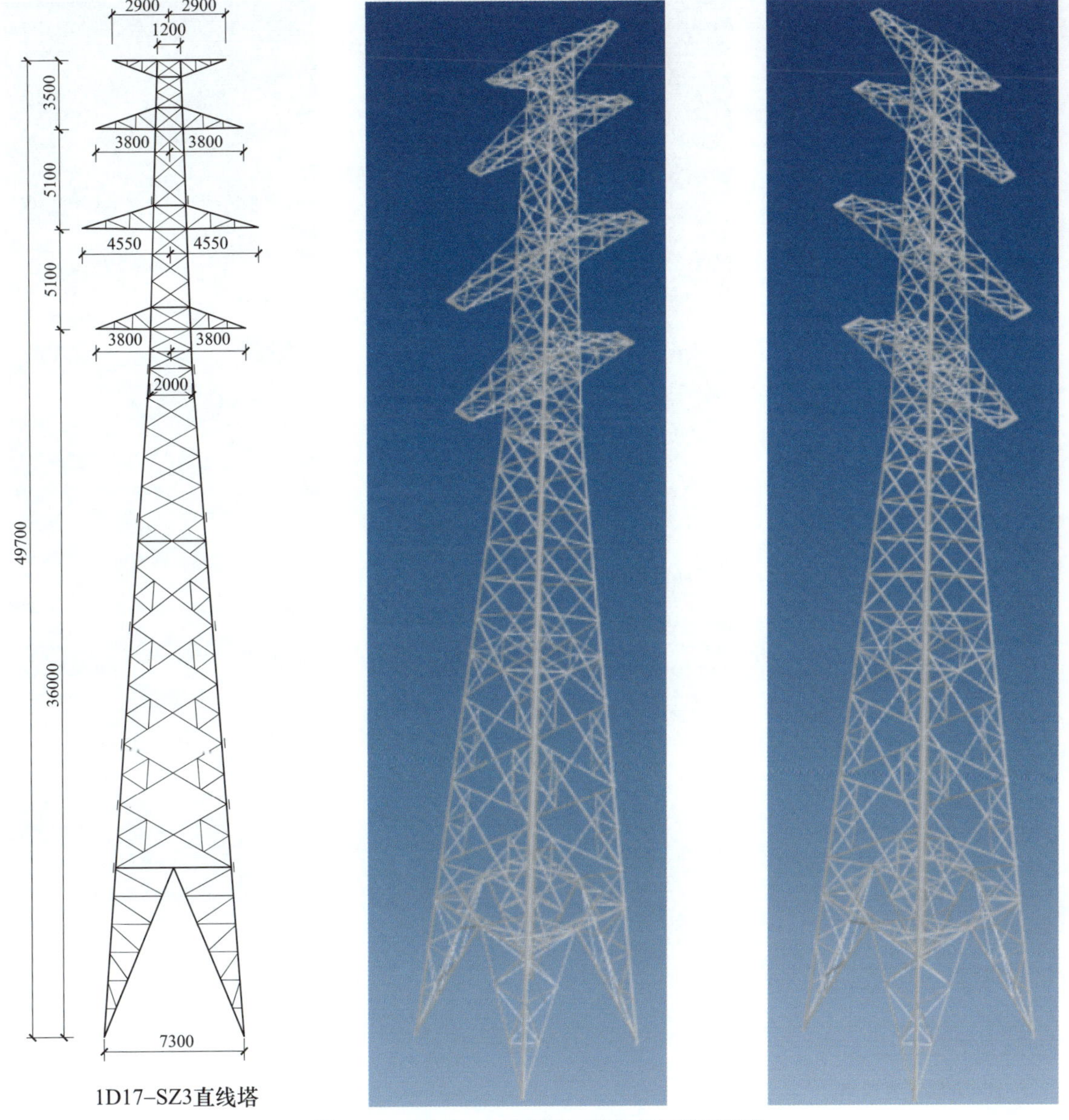

图 14-3　1D17-SZ3 杆塔一览图与三维模型图

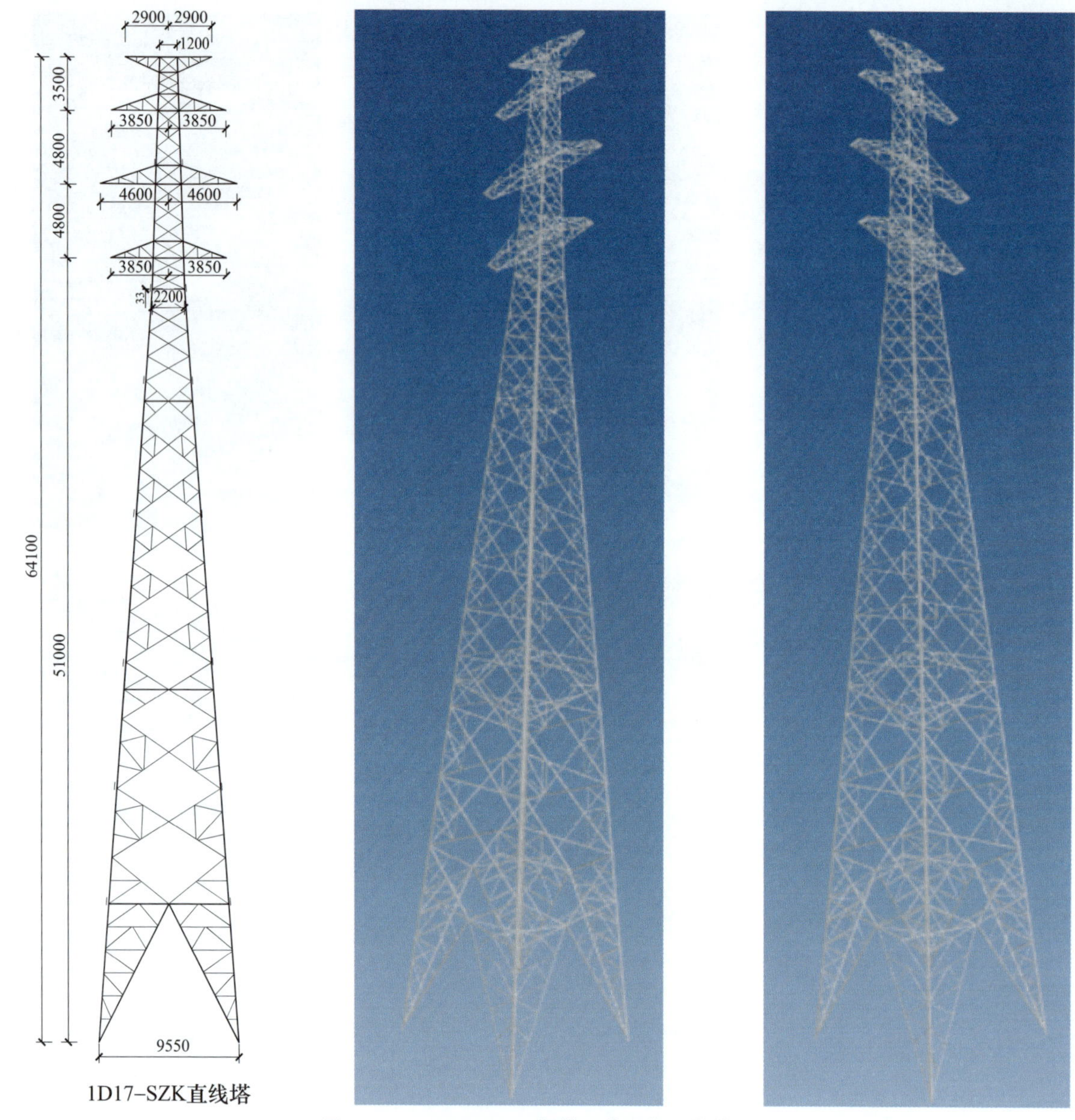

图 14－4　1D17－SZK 杆塔一览图与三维模型图

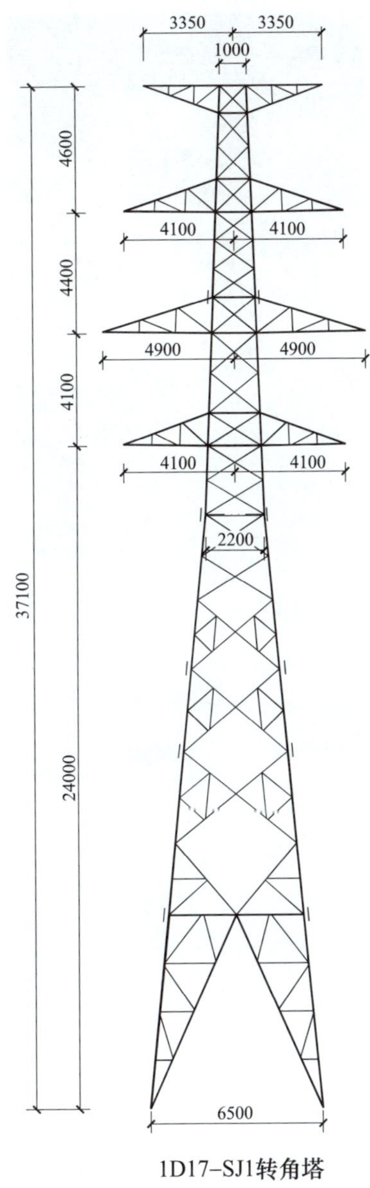

图 14-5　1D17-SJ1 杆塔一览图与三维模型图

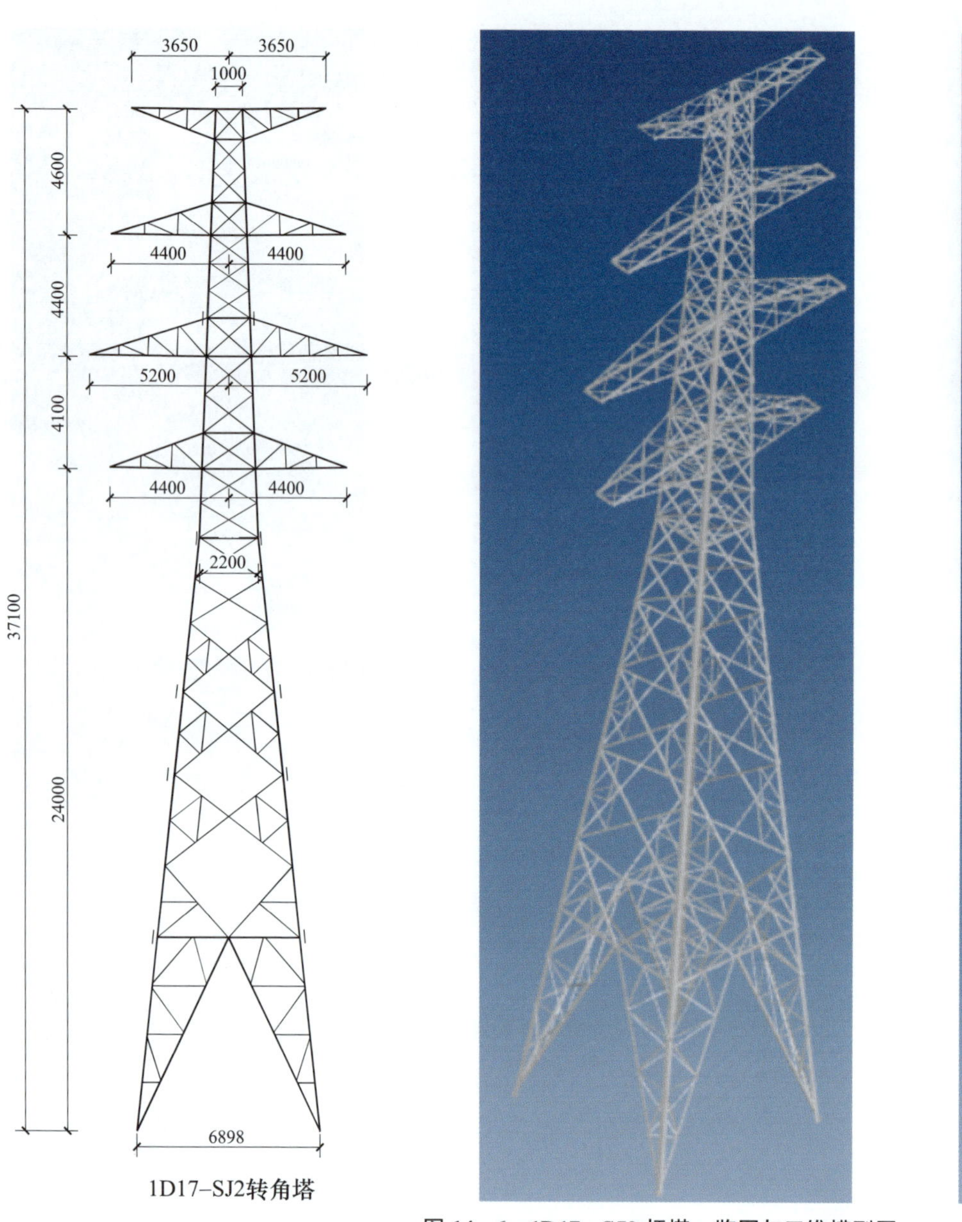

图 14–6　1D17–SJ2 杆塔一览图与三维模型图

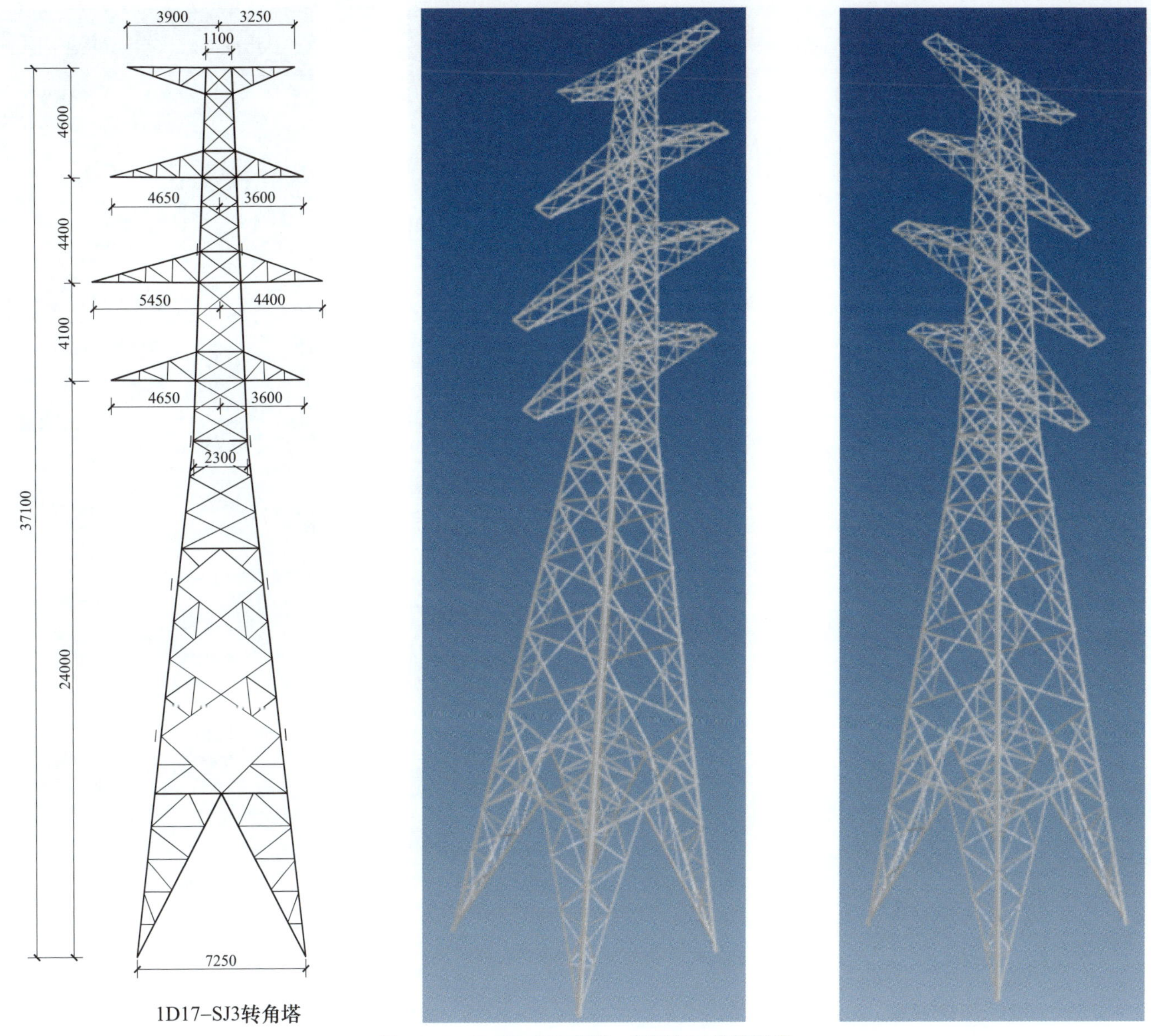

图 14－7　1D17－SJ3 杆塔一览图与三维模型图

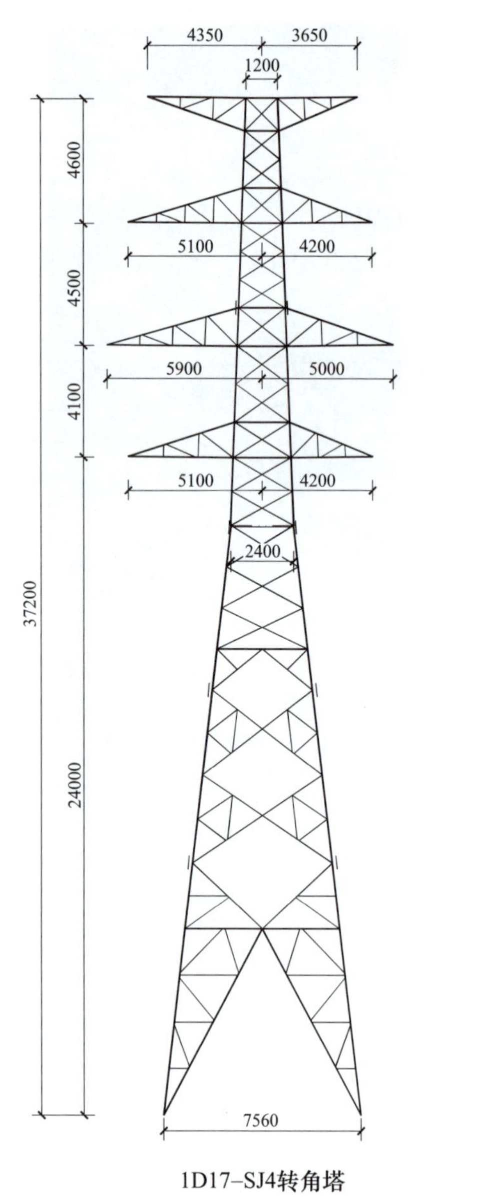

1D17-SJ4转角塔

图 14-8　1D17-SJ4 杆塔一览图与三维模型图

图 14-9 1D17-SDJ 杆塔一览图与三维模型图

第 15 章 NX－1E4 模块

1. 概述

1E4 模块为海拔 1000～2500m、设计基本风速 27m/s（离地 10m）、覆冰厚度 10mm，导线 2×LGJ－240/30（兼 1×400/35）的双回路铁塔。地线采用 JLB－100。该模块为平地塔。悬垂串按“I”型布置。该子模块共计 9 种塔型。

2. 气象条件

1E4 模块气象条件如表 15－1 所示。

表 15－1　　1E4 模块气象条件

项目	气温（℃）	风速（m/s）	覆冰厚度（mm）
最高气温	40	0	0
最低气温	－30	0	0
覆冰	－5	10	10
基本风速	－5	27	0
安装情况	－15	10	0
年平均气温	5	0	0
雷电过电压	15	10	0
操作过电压	5	15	0
带电作业	15	10	0

3. 导、地线型号及参数

1E4 模块导、地线型号及参数如表 15－2 所示。

表 15－2　　1E4 模块的导、地线型号及参数

型　号	JL/G1A－240/30	JLB20A－100
计算截面积（mm^2）	275.96	100.88
计算直径（mm）	21.60	13.0
单位质量（kg/km）	922	674.1
综合弹性系数（MPa）	73000	147200
线膨胀系数（1/℃）	19.6×10^{-6}	13.0×10^{-6}
计算拉断力（N）（地线为钢丝破断拉力总和）	71830	121660

4. 导、地线型号及张力

1E4 模块导、地线型号及张力如表 15－3、表 15－4 所示。

表 15－3　　导、地线型号及张力－直线塔

电压等级	110kV	导线型号	2×JL/G1A－240/30	导线最大使用张力（N）	2×28732	导线断线张力取值（%）	10
		地线型号	JLB20A－100	地线最大使用张力（N）	30415	地线最大使用张力（%）	20

表 15－4　　导、地线型号及张力－耐张塔

电压等级	110kV	导线型号	2×JL/G1A－240/30	导线最大使用张力（N）	2×28732	导线断线张力取值（%）	30
		地线型号	JLB20A－100	地线最大使用张力（N）	30415	地线最大使用张力（%）	40

5. 杆塔设计条件

1E4 模块杆塔设计条件如表 15－5 所示。

表 15－5　　杆塔设计条件

塔型名称	呼高范围（m）	呼高（m）	水平档距（m）	垂直档距（m）	允许转角（°）
1E4－SZ1	15～24	21	350	450	0
		24	330	450	0

续表

塔型名称	呼高范围（m）	呼高（m）	水平档距（m）	垂直档距（m）	允许转角（°）
1E4－SZ2	15～30	27	400	600	0
		30	380	600	0
1E4－SZ3	15～36	33	500	700	0
		36	480	700	0
1E4－SZK	36～51	51	400	600	0
		51	400	600	0
1E4－SJ1	15～24	24	400	500	0～20
1E4－SJ2	15～24	24	400	500	20～40
1E4－SJ3	15～24	24	400	500	40～60
1E4－SJ4	15～24	24	400	500	60～90
1E4－SDJ	15～24	24	400	500	0～90

注 直线塔呼高一列中第一行为计算呼高，第二行为最高呼高。

6. 塔重及基础作用力

1E4 模块塔重及基础作用力如表 15－6 所示。

表 15－6 塔重及基础作用力

塔型名称	塔重范围（kg）	基础作用力范围（kN）					
		T_{max}	T_x	T_y	N_{max}	N_x	N_y
1E4－SZ1	5659.1/6142.7/6755.0/7313.4	236～269	24～26	20～23	289～329	29～31	22～27
1E4－SZ2	5971.8/6544.9/7248.5/7852.1/8375.9/8924.0	277～326	27～31	22～29	338～401	32～38	26～35
1E4－SZ3	6626.5/7167.9/7831.6/8471.1/8912.3/9521.2/10459.8/11156.3	333～393	34～39	27～35	400～484	40～48	31～43
1E4－SZK	11217.6/12253.3/13107.0/14530.2/15723.7/16978.3	453～525	48～59	42～51	538～641	56～67	49～60
1E4－SJ1	10843.6/11849.1/12679.4/14003.9	863～902	104～109	100～103	952～1004	115～120	110～114
1E4－SJ2	12055.1/13201.3/14534.2/15505.7	1059～1100	134～138	127～130	1177～1227	147～150	141～145
1E4－SJ3	12574.4/13879.6/15226.8/16250.2	1204～1253	150～161	156～159	1362～1415	187～187	162～168
1E4－SJ4	15777.2/17231.6/18487.3/19678.6	1380～1424	185～190	191～194	1564～1610	228～230	200～206
1E4－SDJ	17676.1/19147.1/20480.6/21627.5	1394～1426	195～196	186～187	1557～1613	222～224	203～211

7. 杆塔一览图

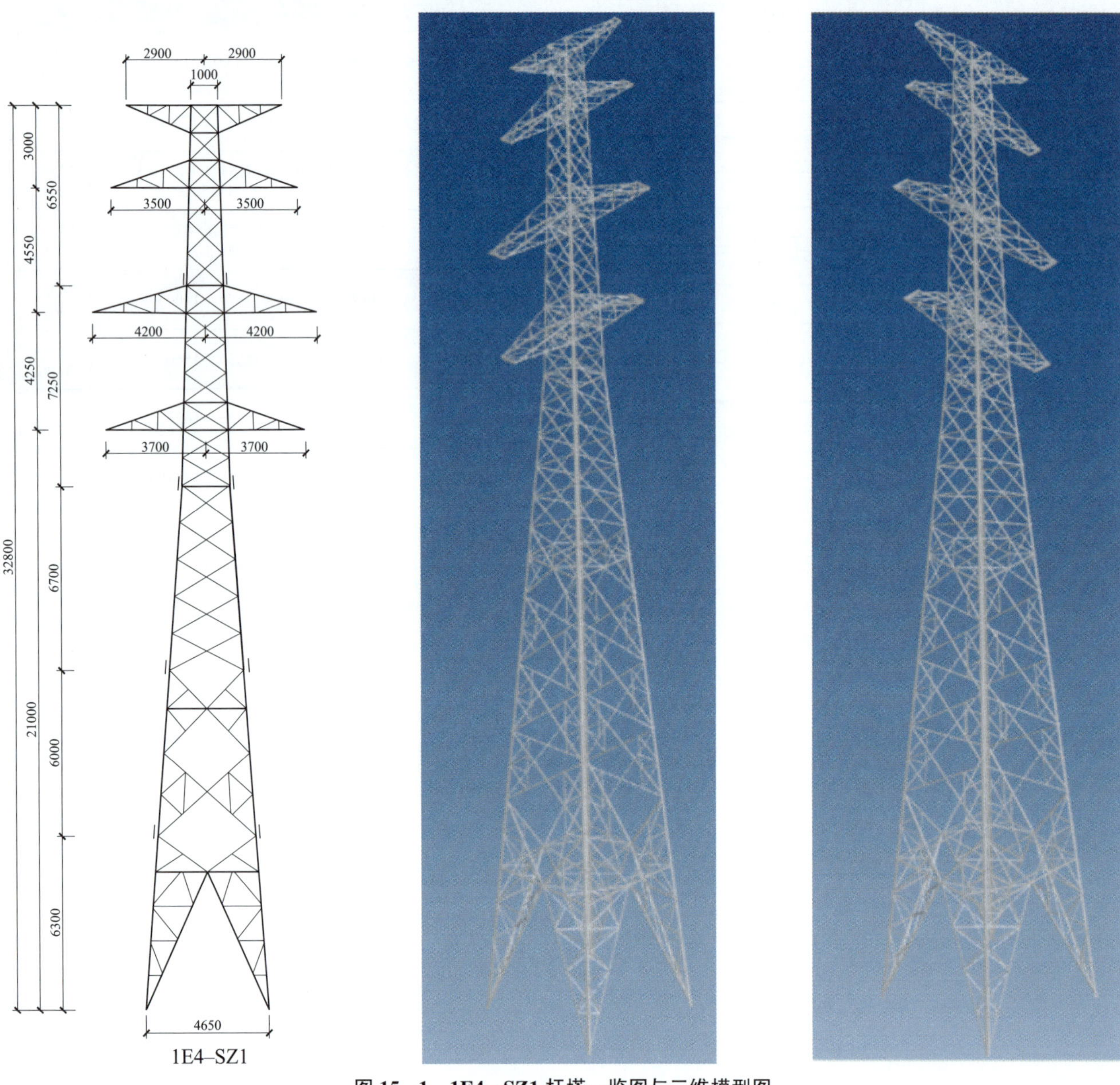

图 15-1 1E4-SZ1 杆塔一览图与三维模型图

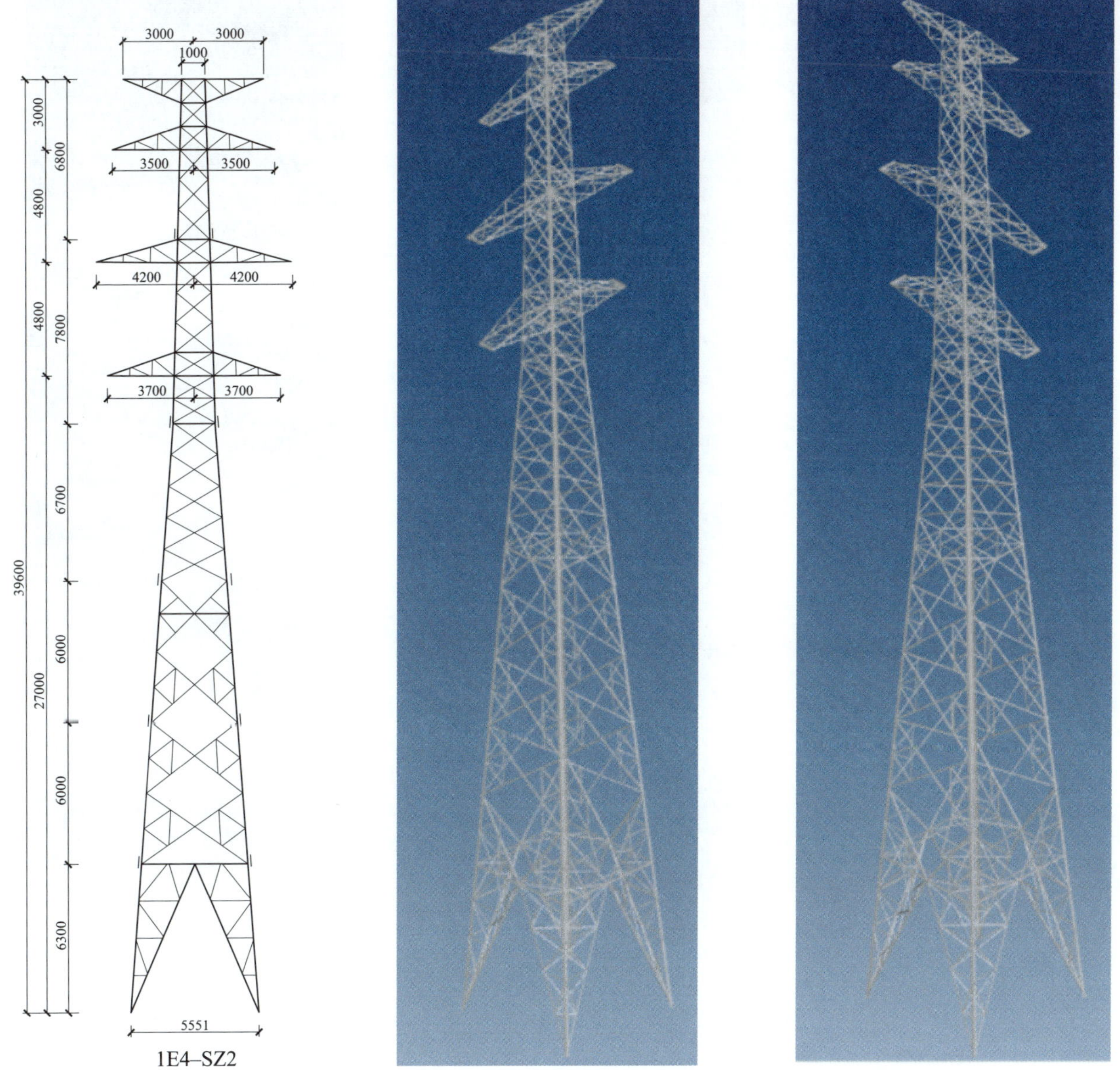

图 15－2 1E4－SZ2 杆塔一览图与三维模型图

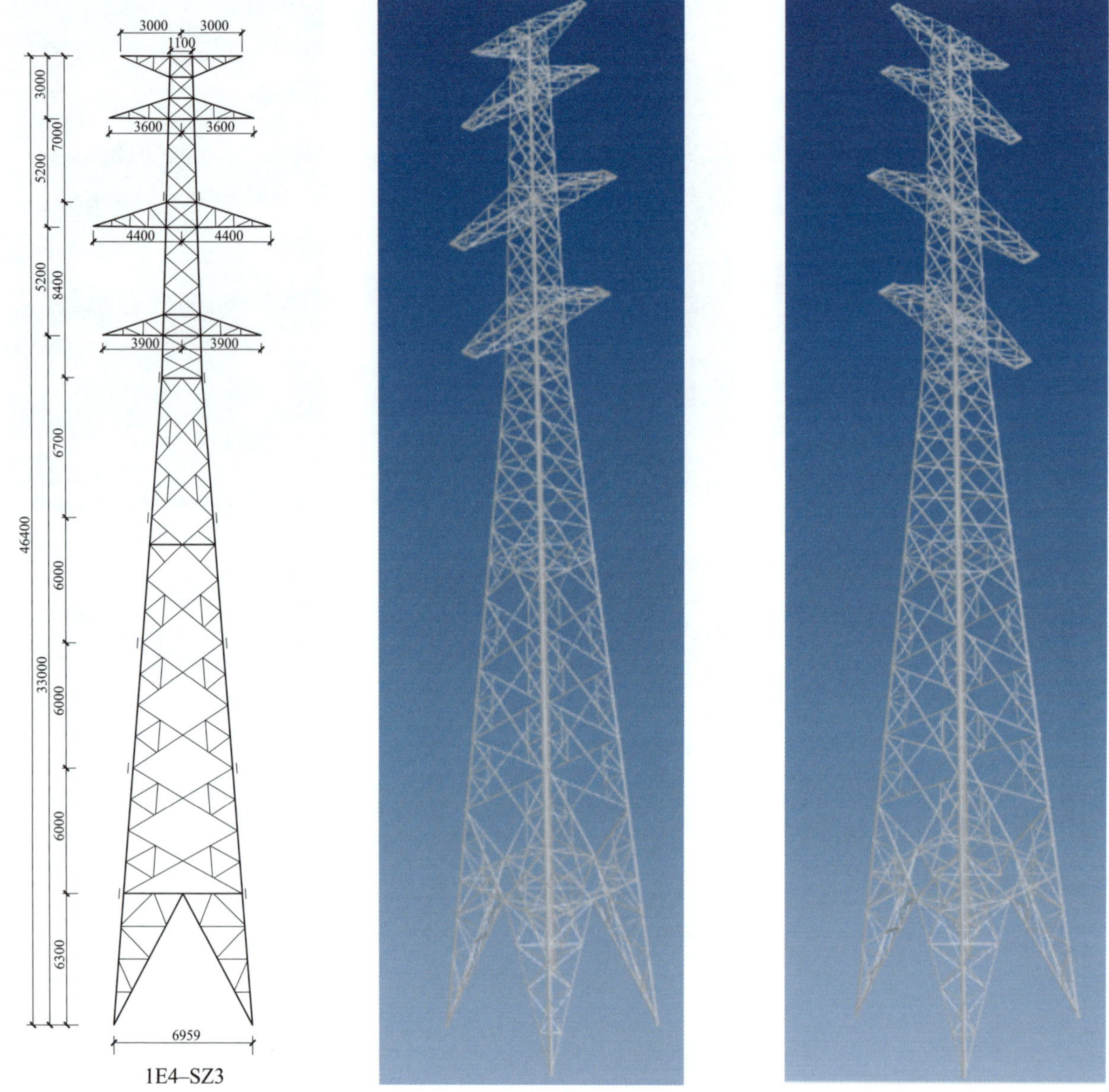

图 15－3　1E4－SZ3 杆塔一览图与三维模型图

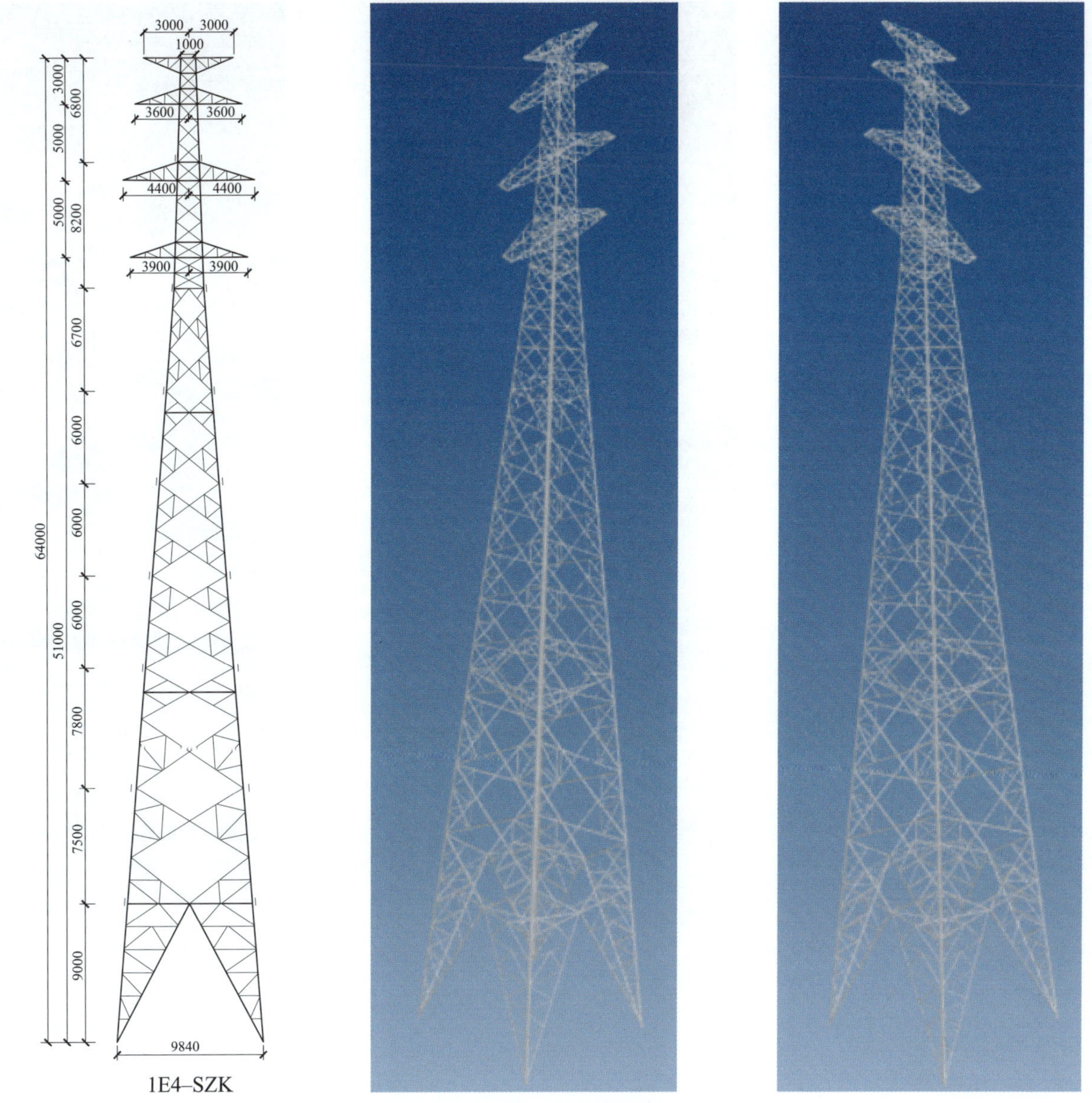

图 15-4 1E4-SZK 杆塔一览图与三维模型图

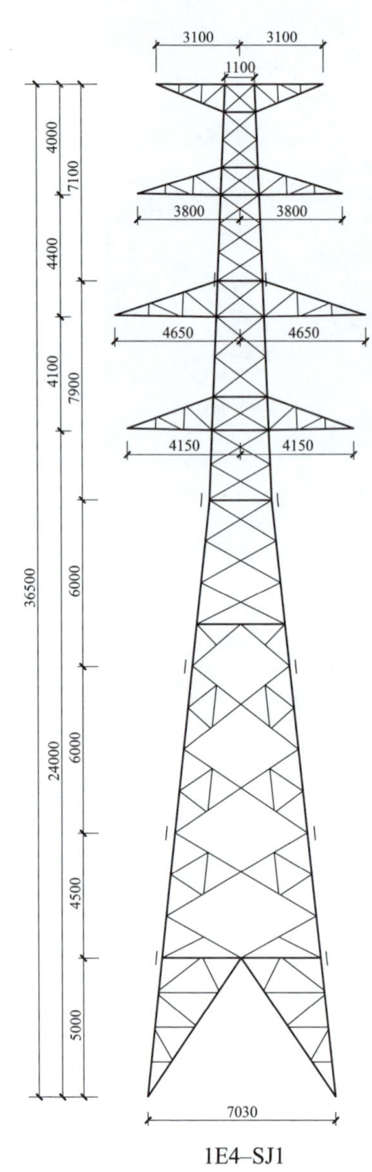

图 15–5　1E4–SJ1 杆塔一览图与三维模型图

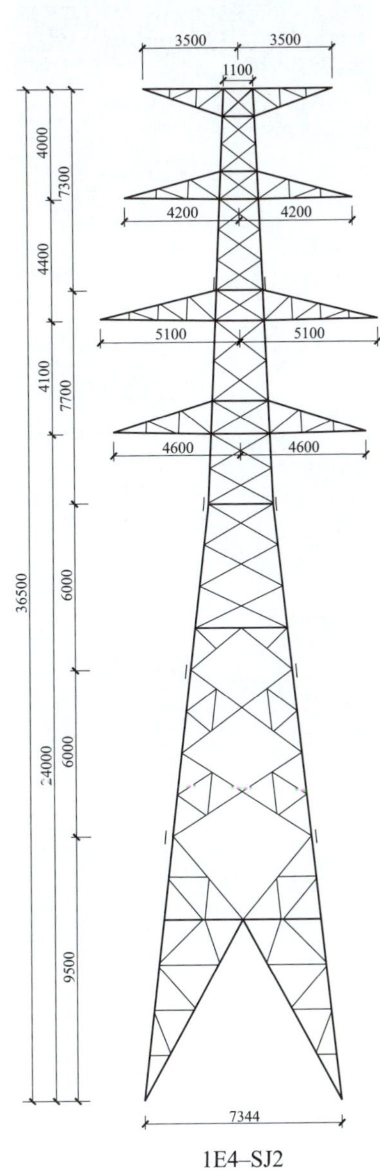

图 15-6　1E4-SJ2 杆塔一览图与三维模型图

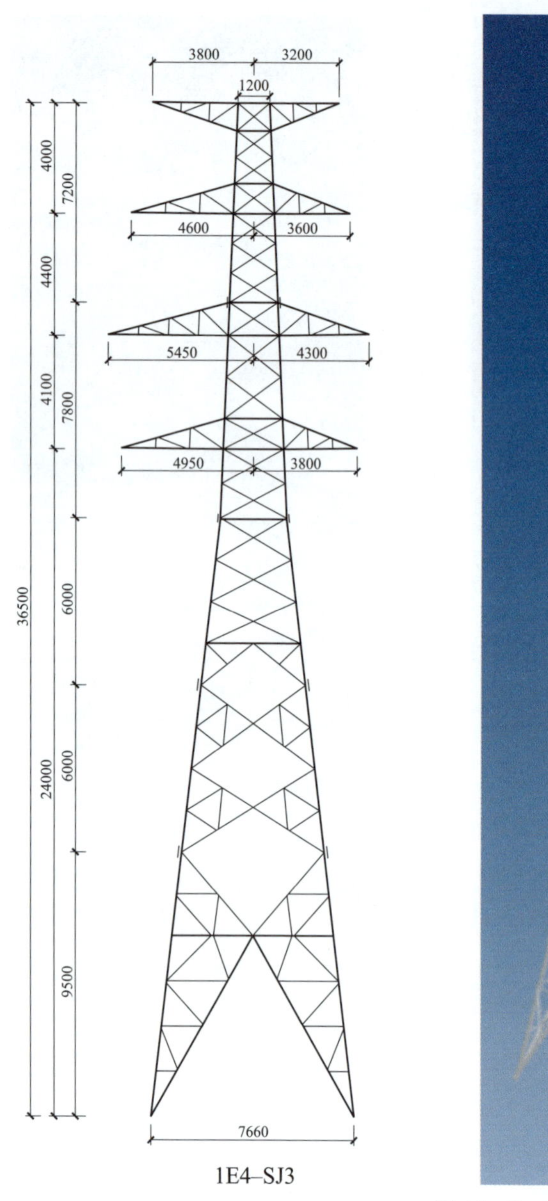

图 15－7　1E4－SJ3 杆塔一览图与三维模型图

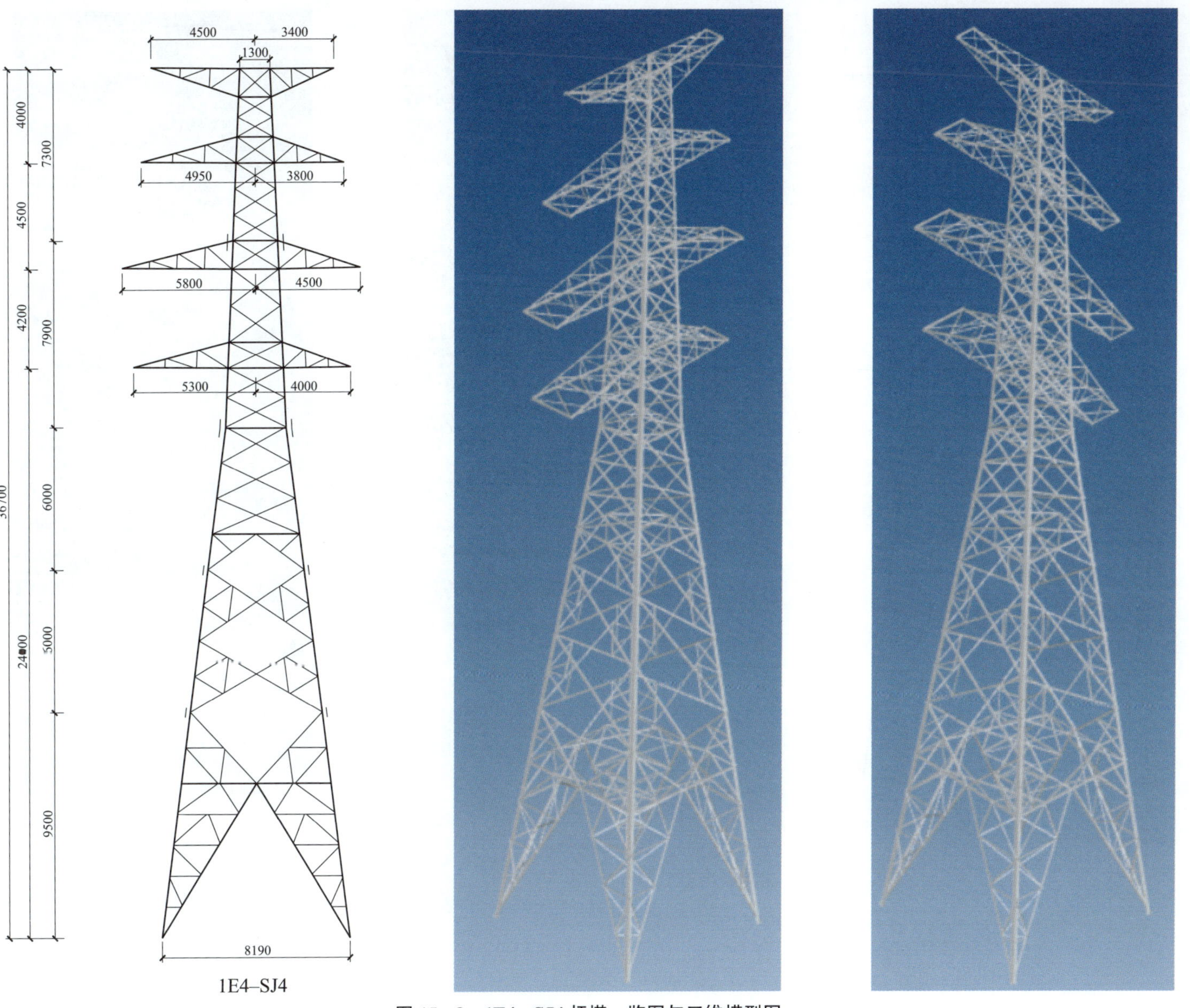

图 15-8 1E4-SJ4 杆塔一览图与三维模型图

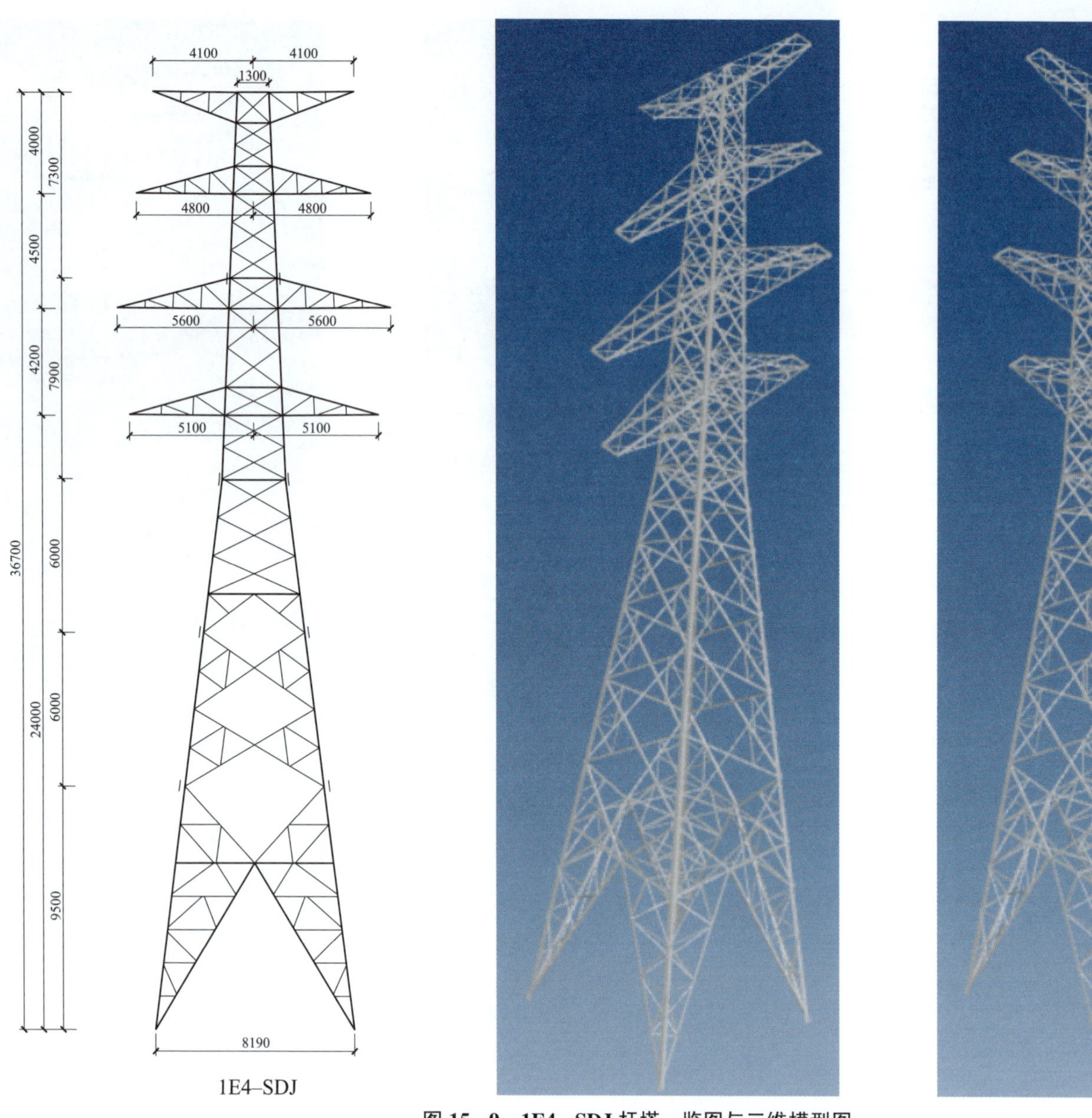

图 15-9　1E4-SDJ 杆塔一览图与三维模型图

第 16 章 NX－1F3 模 块

1. 概述

1F3 模块为海拔 1000m 以内、设计基本风速 27m/s（离地 10m）、覆冰厚度 10mm，导线 2×LGJ－300/40 的双回路铁塔。地线采用 JLB－100。该模块为平地和山区兼可用的直线塔。悬垂串按“I”型布置。该子模块共计 4 种塔型。

2. 气象条件

1F3 模块气象条件如表 16－1 所示。

表 16－1　　1F3 模 块 气 象 条 件

项目	气温（℃）	风速（m/s）	覆冰厚度（mm）
最高气温	40	0	0
最低气温	－20	0	0
覆冰	－5	10	10
基本风速	－5	27	0
安装情况	－10	10	0
年平均气温	10	0	0
雷电过电压	15	10	0
操作过电压	10	15	0
带电作业	15	10	0

3. 导、地线型号及参数

1F3 模块的导、地线型号及参数如表 16－2 所示。

表 16－2　　1F3 模块的导、地线型号及参数

型　　号	JL/G1A－300/40	JLB20A－100
计算截面积（mm²）	306.21	100.88
计算直径（mm）	23.76	13.0
单位质量（kg/km）	1058	674.1
综合弹性系数（MPa）	65000	147200
线膨胀系数（1/℃）	20.5×10^{-6}	13.0×10^{-6}
计算拉断力（N）（地线为钢丝破断拉力总和）	83410	121660

4. 导、地线型号及张力

1F3 模块导、地线型号及张力如表 16－3、表 16－4 所示。

表 16－3　　导、地线型号及张力－直线塔

电压等级	110kV	导线型号	2×JL/G1A－300/40	导线最大使用张力（N）	2×35040	导线断线张力取值（%）	10
		地线型号	JLB20A－100	地线最大使用张力（N）	30415	地线最大使用张力（%）	20

表 16－4　　导、地线型号及张力－耐张塔

电压等级	110kV	导线型号	2×JL/G1A－300/40	导线最大使用张力（N）	2×35040	导线断线张力取值（%）	30
		地线型号	JLB20A－100	地线最大使用张力（N）	30415	地线最大使用张力（%）	40

5. 杆塔设计条件

1F3 模块杆塔设计条件如表 16－5 所示。

表 16－5　　杆 塔 设 计 条 件

塔型名称	呼高范围（m）	呼高（m）	水平档距（m）	垂直档距（m）	允许转角（°）
1F3－SZ1	15～24	21	350	450	0
		24	330	450	0

续表

<table>
<tr><th>塔型名称</th><th>呼高范围（m）</th><th>呼高（m）</th><th>水平档距（m）</th><th>垂直档距（m）</th><th>允许转角（°）</th></tr>
<tr><td rowspan="2">1F3－SZ2</td><td rowspan="2">18～30</td><td>27</td><td>400</td><td>600</td><td>0</td></tr>
<tr><td>30</td><td>380</td><td>600</td><td>0</td></tr>
<tr><td rowspan="2">1F3－SZ3</td><td rowspan="2">15～36</td><td>33</td><td>500</td><td>700</td><td rowspan="2">0～3</td></tr>
<tr><td>36</td><td>480</td><td>700</td></tr>
<tr><td>1F3－SZK</td><td>33～51</td><td>51</td><td>400</td><td>600</td><td>0</td></tr>
</table>

注　直线塔呼高一列中第一行为计算呼高，第二行为最高呼高。

6. 塔重及基础作用力

1F3 模块塔重及基础作用力如表 16－6 所示。

表 16－6　　塔重及基础作用力

<table>
<tr><th rowspan="2">塔型名称</th><th rowspan="2">塔重范围（kg）</th><th colspan="6">基础作用力范围（kN）</th></tr>
<tr><th>T_{max}</th><th>T_x</th><th>T_y</th><th>N_{max}</th><th>N_x</th><th>N_y</th></tr>
<tr><td>1F3－SZ1</td><td>5366.1/6060.8/6535.2/7105.6</td><td>243～262</td><td>23～25</td><td>19～21</td><td>336～352</td><td>27～30</td><td>28～29</td></tr>
<tr><td>1F3－SZ2</td><td>6132.9/6674.2/7296.1/7812.5/8492.3</td><td>295～323</td><td>29～32</td><td>23～25</td><td>373～414</td><td>36～39</td><td>29～31</td></tr>
<tr><td>1F3－SZ3</td><td>6087.2/6614.3/7274.1/7987.3/8641.9/9431.7/10068.6/10764.4</td><td>345～404</td><td>36～40</td><td>28～34</td><td>429～511</td><td>43～50</td><td>34～44</td></tr>
<tr><td>1F3－SZK</td><td>9962.6/10607.6/11600.7/12831.3/13705.3/15161.3/16254.2</td><td>463～540</td><td>48～57</td><td>43～51</td><td>566～673</td><td>57～68</td><td>51～62</td></tr>
</table>

7. 杆塔一览图

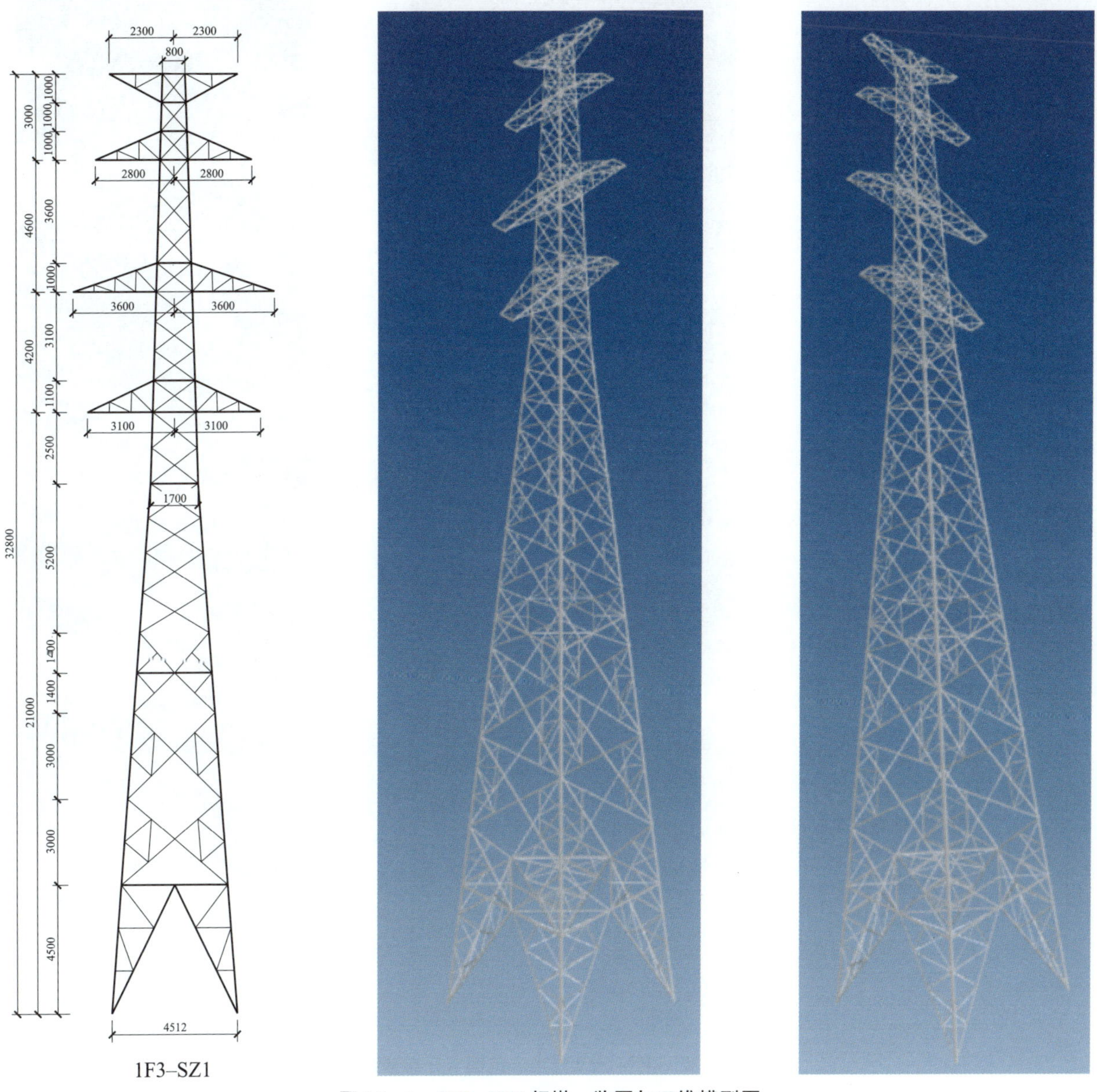

图 16–1 1F3–SZ1 杆塔一览图与三维模型图

图 16－2　1F3－SZ2 杆塔一览图与三维模型图

图 16–3　1F3–SZ3 杆塔一览图与三维模型图

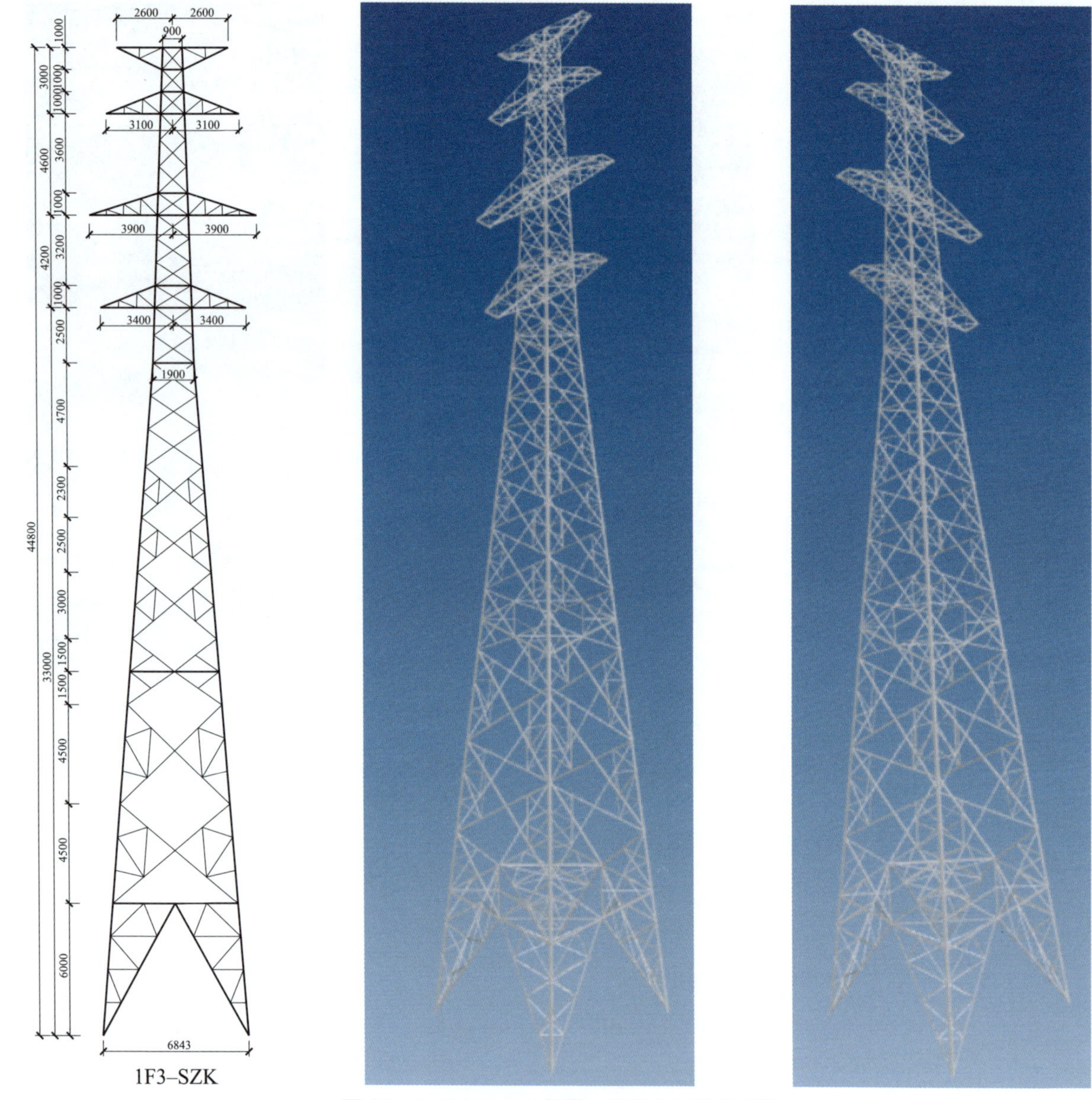

图 16-4　1F3-SZK 杆塔一览图与三维模型图

第 17 章　NX－1F4 模块

1. 概述

1F4 模块为海拔 1000～2500m、设计基本风速 27m/s（离地 10m）、覆冰厚度 10mm，导线 2×LGJ－300/40 的双回路铁塔。地线采用 JLB－100。该模块为平地塔。悬垂串按“I”型布置。该子模块共计 9 种塔型。

2. 气象条件

1F4 模块气象条件如表 17－1 所示。

表 17－1　　1F4 模块气象条件

项目	气温（℃）	风速（m/s）	覆冰厚度（mm）
最高气温	40	0	0
最低气温	－30	0	0
覆冰	－5	10	10
基本风速	－5	27	0
安装情况	－15	10	0
年平均气温	5	0	0
雷电过电压	15	10	0
操作过电压	5	15	0
带电作业	15	10	0

3. 导、地线型号及参数

1F4 模块导、地线型号及参数如表 17－2 所示。

表 17－2　　1F4 模块的导、地线型号及参数

型　号	JL/G1A－300/40	JLB20A－100
计算截面积（mm^2）	306.21	100.88
计算直径（mm）	23.76	13.0

续表

型　号	JL/G1A－300/40	JLB20A－100
单位质量（kg/km）	1058	674.1
综合弹性系数（MPa）	65000	147200
线膨胀系数（1/℃）	20.5×10^{-6}	13.0×10^{-6}
计算拉断力（N）（地线为钢丝破断拉力总和）	83410	121660

4. 导、地线型号及张力

1F4 模块导、地线型号及张力如表 17－3、表 17－4 所示。

表 17－3　　导、地线型号及张力－直线塔

电压等级	110kV	导线型号	2×JL/G1A－300/40	导线最大使用张力（N）	2×35040	导线断线张力取值（%）	10
		地线型号	JLB20A－100	地线最大使用张力（N）	30415	地线最大使用张力（%）	20

表 17－4　　导、地线型号及张力－耐张塔

电压等级	110kV	导线型号	2×JL/G1A－300/40	导线最大使用张力（N）	2×35040	导线断线张力取值（%）	30
		地线型号	JLB20A－100	地线最大使用张力（N）	30415	地线最大使用张力（%）	40

5. 杆塔设计条件

1F4 模块杆塔设计条件如表 17－5 所示。

表 17－5　　杆塔设计条件

塔型名称	呼高范围（m）	呼高（m）	水平档距（m）	垂直档距（m）	允许转角（°）
1F4－SZ1	15～24	21	350	450	0
		24	330	450	0

续表

塔型名称	呼高范围（m）	呼高（m）	水平档距（m）	垂直档距（m）	允许转角（°）
1F4－SZ2	15～30	27	400	600	0
		30	380	600	0
1F4－SZ3	15～36	33	500	700	0
		36	480	700	0
1F4－SZK	36～51	51	400	600	0
		51	400	600	0
1F4－SJ1	15～24	24	400	500	0～20
1F4－SJ2	15～24	24	400	500	20～40
1F4－SJ3	15～24	24	400	500	40～60
1F4－SJ4	15～24	24	400	500	60～90
1F4－SDJ	15～24	24	400	500	0～90

注　直线塔呼高一列中第一行为计算呼高，第二行为最高呼高。

6. 塔重及基础作用力

1F4 模块塔重及基础作用力如表 17－6 所示。

表 17－6　　塔重及基础作用力

塔型名称	塔重范围（kg）	基础作用力范围（kN）					
		Tmax	Tx	Ty	Nmax	Nx	Ny
1F4－SZ1	5912.9/6438.5/7070.7/7643.3	239～275	25～27	20～24	303～342	26～33	27～28
1F4－SZ2	6056.3/6684.5/7358.9/7993.5/8485.5/9108.1	286～331	29～32	23～29	354～414	34～40	27～36
1F4－SZ3	6843.0/7419.4/8081.0/8845.4/9325.9/9952.3/10822.9/11586.0	349～412	37～42	28～33	424～513	44～52	33～41
1F4－SZK	11732.4/12590.0/13653.8/14893.5/16108.9/17354.4	473～547	51～53	44～53	568～673	59～71	52～62
1F4－SJ1	11913.1/13020.7/13918.8/15164.9	955～1004	117～122	112～116	1089～1143	129～132	129～132
1F4－SJ2	12831.6/14097.5/15389.8/16605.0	1196～1241	149～151	149～150	1361～1430	172～176	164～171
1F4－SJ3	15445.0/16866.7/18281.1/19420.1	1394～1452	177～182	186～188	1568～1649	219～221	187～197
1F4－SJ4	16719.5/18366.9/19753.9/20927.1	1561～1631	216～223	219～225	1766～1840	267～270	227～236
1F4－SDJ	18234.9/19785.2/21175.3/22353.4	1573～1631	228～229	213～218	1762～1846	261～264	231～241

7. 杆塔一览图

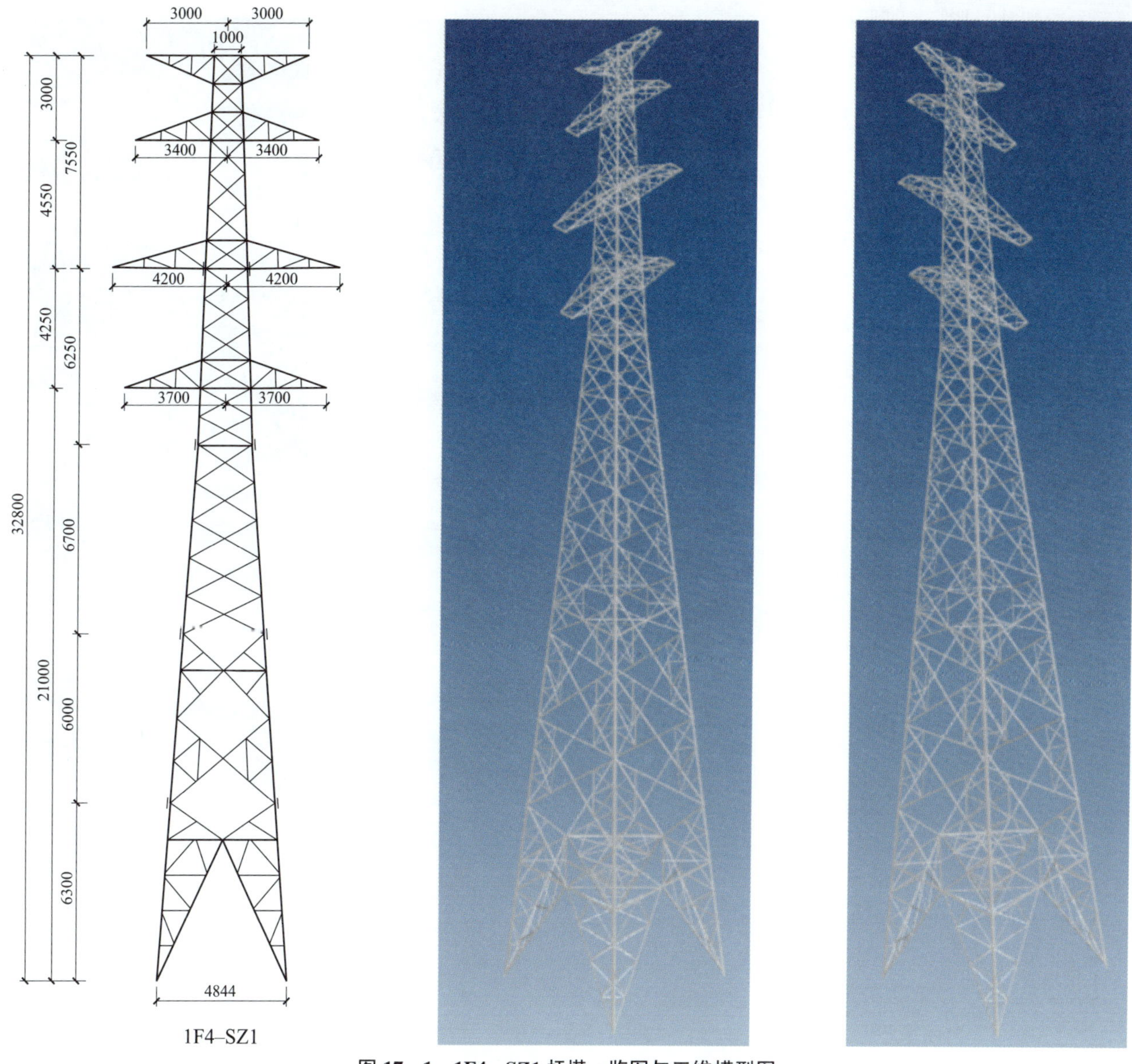

图 17－1　1F4－SZ1 杆塔一览图与三维模型图

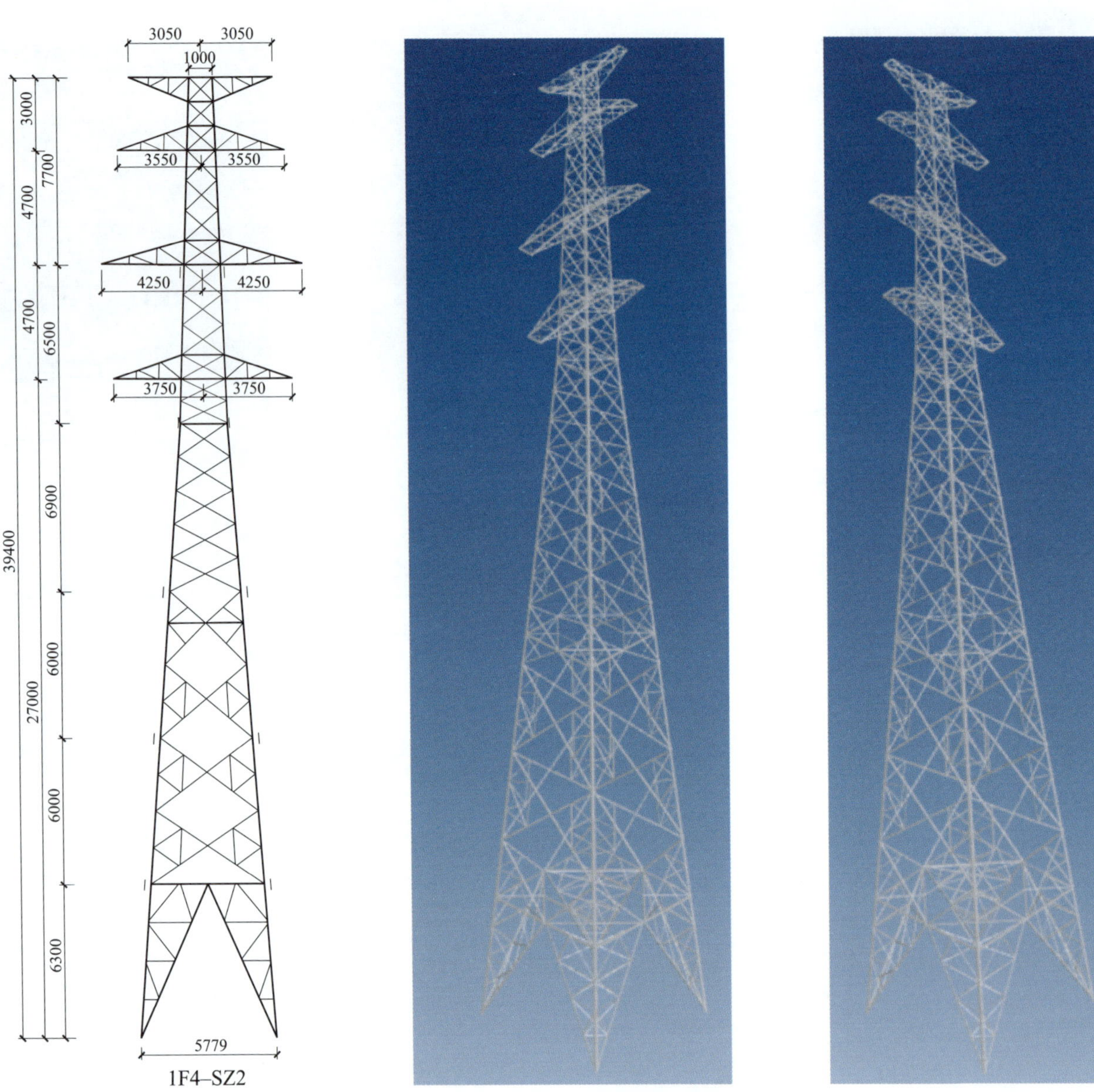

图 17－2　1F4－SZ2 杆塔一览图与三维模型图

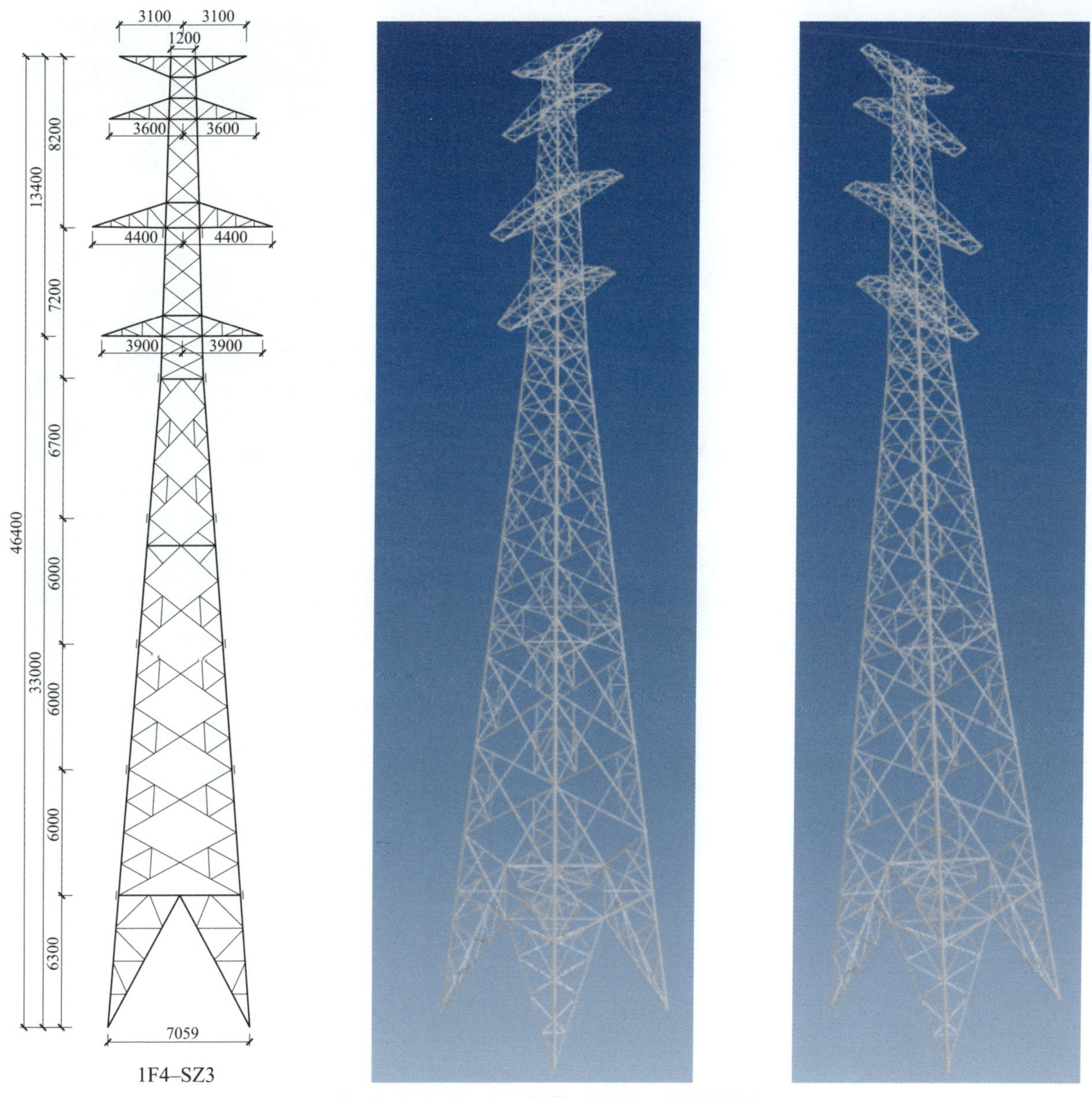

图 17－3　1F4－SZ3 杆塔一览图与三维模型图

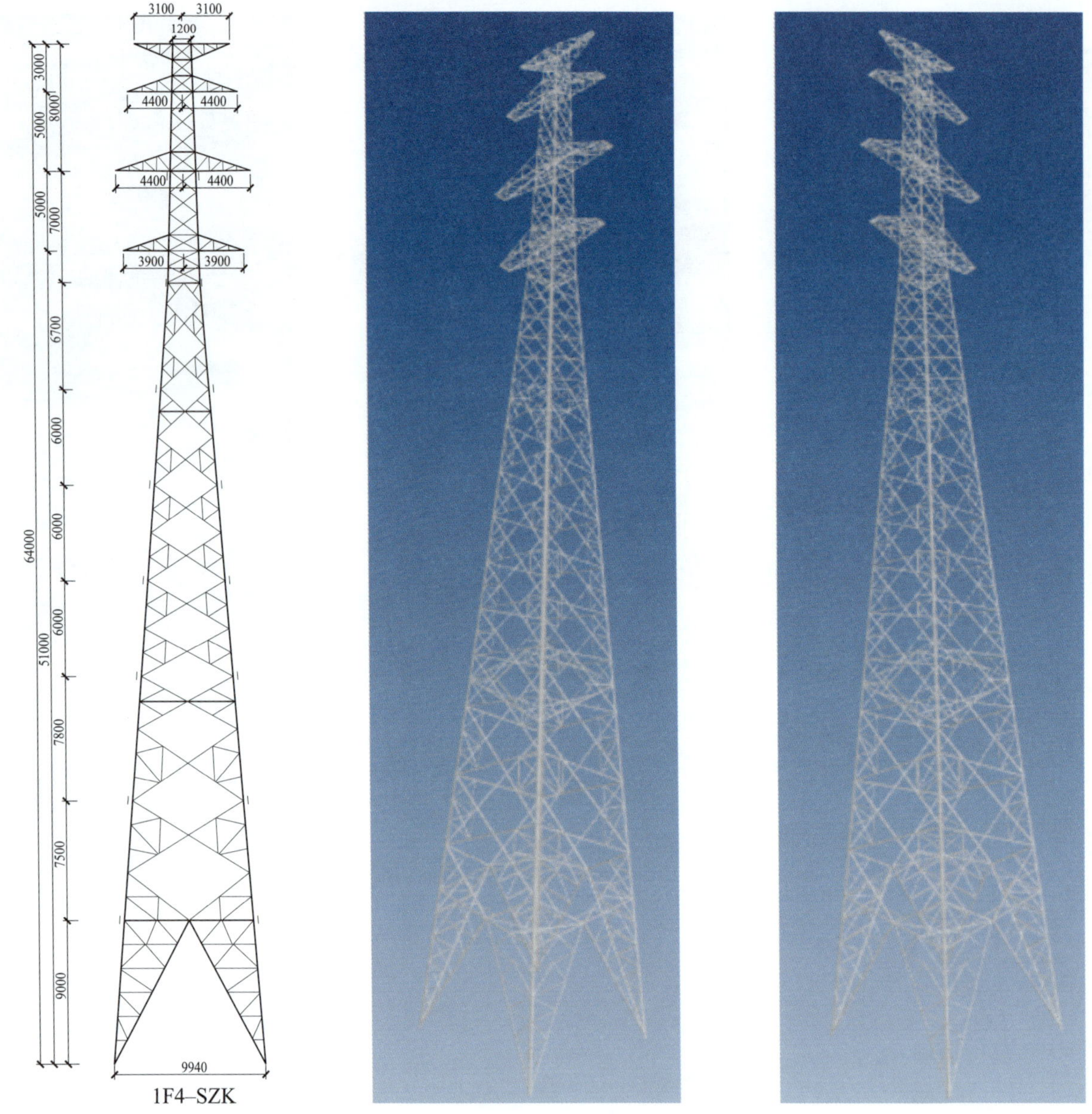

图 17-4 1F4-SZK 杆塔一览图与三维模型图

图 17－5　1F4－SJ1 杆塔一览图与三维模型图

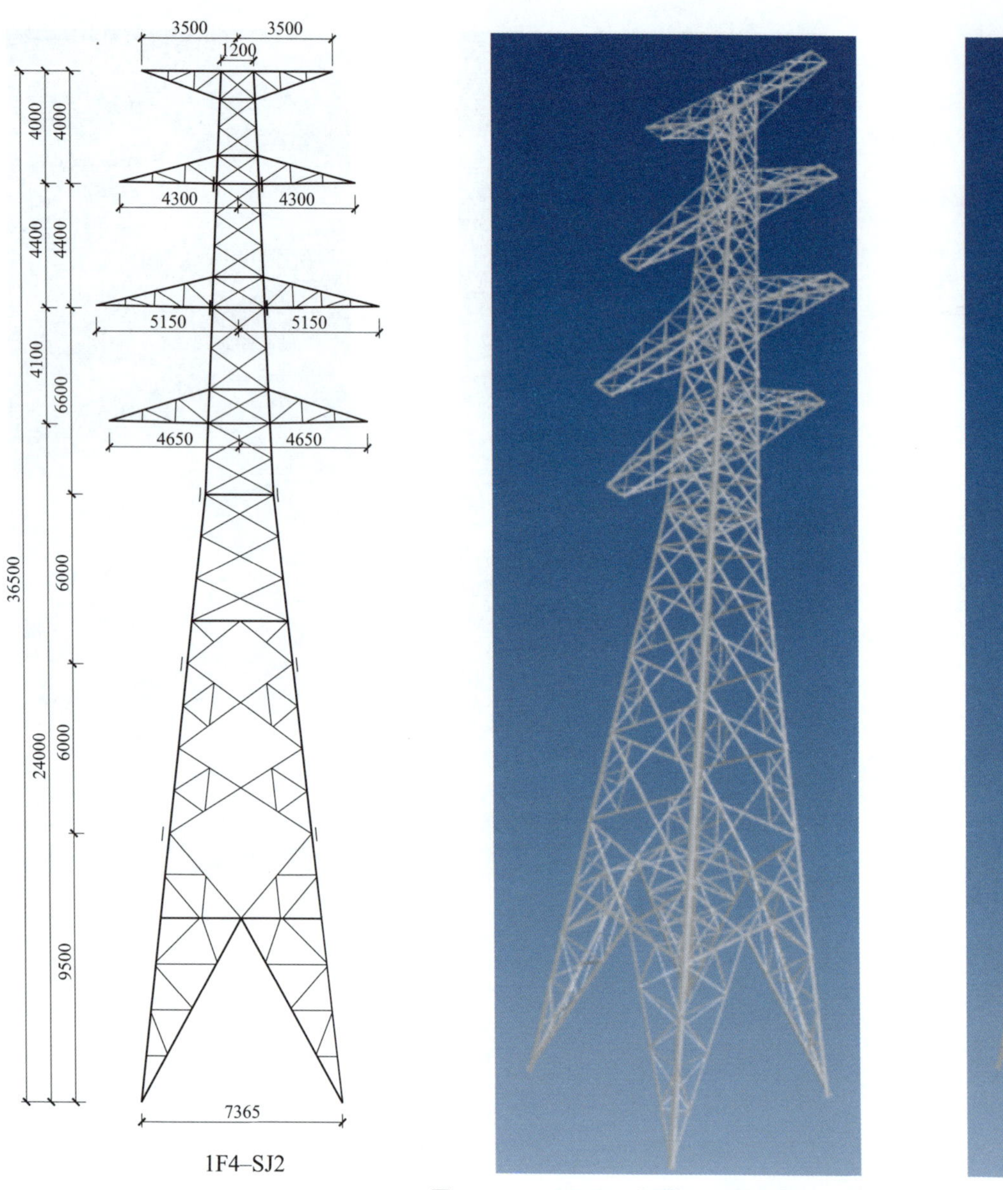

图 17 – 6 **1F4 – SJ2** 杆塔一览图与三维模型图

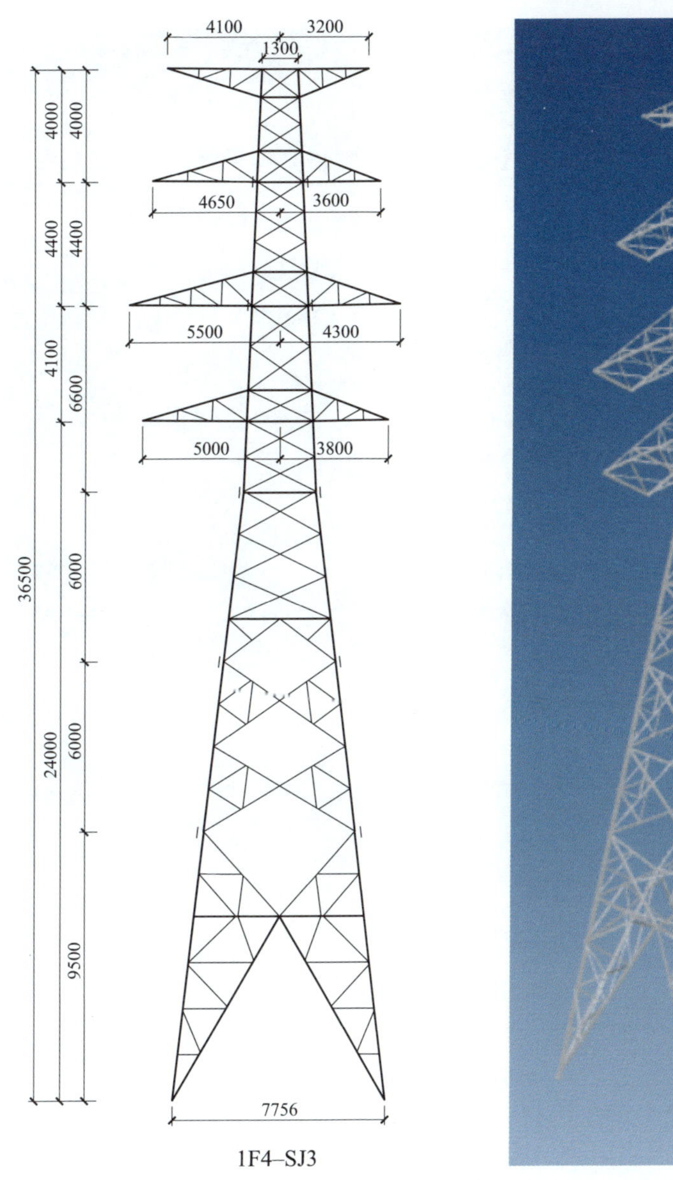

图 17－7　1F4－SJ3 杆塔一览图与三维模型图

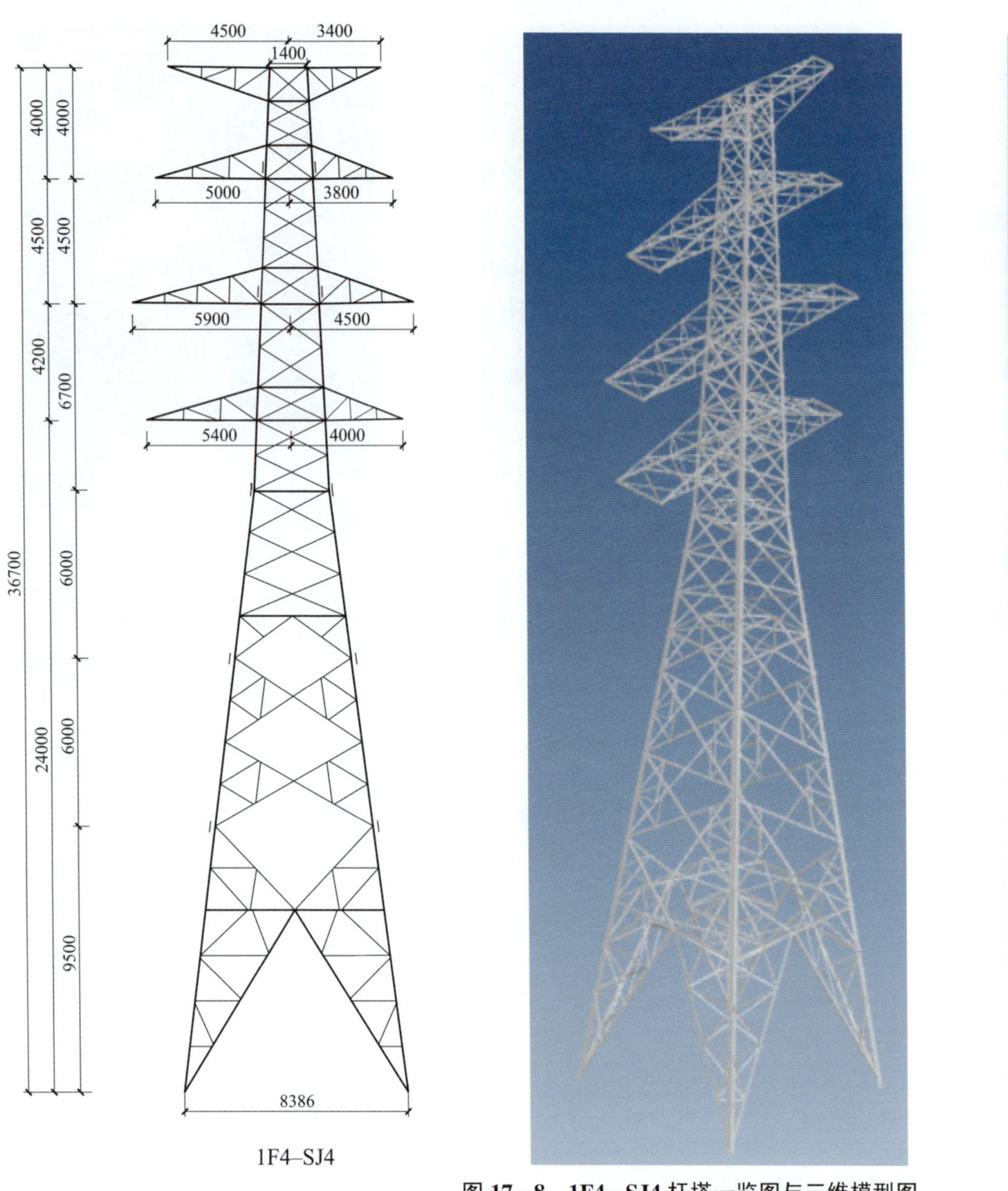

图 17－8　1F4－SJ4 杆塔一览图与三维模型图

图 17－9　1F4－SDJ 杆塔一览图与三维模型图

第 18 章　NX－35B07 模块

1. 概述

35B07 模块为海拔 2000m 以内、设计最大风速 30m/s（离地 10m）、覆冰厚度 10mm，导线 JL/G1A－150/25 的单回路铁塔。地线采用 GJ－35。该模块在平地进行规划，直线塔、耐张塔均为上字形塔。该子模块共计 7 种杆型。

2. 气象条件

35B07 模块气象条件如表 18－1 所示。

表 18－1　35B07 模块气象条件

项目	气温（℃）	风速（m/s）	覆冰厚度（mm）
最高气温	40	0	0
最低气温	－30	0	0
覆冰	－5	10	10
最大风速	－5	30	0
安装情况	－15	10	0
年平均气温	10	0	0
雷电过电压	15	10	0
操作过电压	10	15	0
带电作业	15	10	0

3. 导、地线型号及参数

35B07 模块导、地线型号及参数如表 18－2 所示。

表 18－2　35B07 模块的导、地线型号及参数

型　号		JL/G1A－150/25	GJ－35
构造（根数/直径，mm）	铝	26/2.70	—
	钢/铝包钢	7/2.1	7/2.6
计算截面积（mm²）		173.11	37.17
计算直径（mm）		17.10	7.8
单位质量（kg/m）		0.601	0.295
综合弹性系数（MPa）		73000	181420
线膨胀系数（1/℃）		19.6×10^{-6}	11.5×10^{-6}
计算拉断力（N）（地线为钢丝破断拉力总和）		54110	43600

4. 导、地线型号及张力

35B07 模块导、地线型号及张力如表 18－3、表 18－4 所示。

表 18－3　导、地线型号及张力－直线塔

电压等级	35kV	导线型号	JL/G1A－150/25	导线最大使用张力（N）	20560	导线断线张力取值（%）	40
		地线型号	GJ－35	地线最大使用张力（N）	13663	地线最大使用张力（%）	50

表 18－4　导、地线型号及张力－耐张塔

电压等级	35kV	导线型号	JL/G1A－150/25	导线最大使用张力（N）	20560	导线断线张力取值（%）	70
		地线型号	GJ－35	地线最大使用张力（N）	13663	地线最大使用张力（%）	80

5. 杆塔设计条件

35B07 模块杆塔设计条件如表 18－5 所示。

表 18－5　杆塔设计条件

塔型名称	呼高范围（m）	计算呼高（m）	水平档距（m）	垂直档距（m）	允许转角（°）
35B07－Z1	12～30	30	300	450	0
35B07－Z2	12～30	30	450	700	0

续表

塔型名称	呼高范围（m）	计算呼高（m）	水平档距（m）	垂直档距（m）	允许转角（°）
35B07－Z3	12～36	36	600	900	0
35B07－J1	9～24	24	300	450	0～20
35B07－J2	9～24	24	300	450	20～40
35B07－J3	9～24	24	300	450	40～60
35B07－J4	9～24	24	300	450	60～90

注　直线塔呼高一列中第一行为计算呼高，第二行为最高呼高。

6. 塔重及基础作用力

35B07 模块塔重及基础作用力如表 18－6 所示。

表 18－6　　塔重及基础作用力

塔型名称	塔重范围（kg）	基础作用力范围（kN）					
		Tmax	Tx	Ty	Nmax	Nx	Ny
35B07－Z1	1321.5/1602.0/1861.7/2199.0/2505.4/2955.0/3297.2	138～286	10.89～20.27	9.27～19	152～313	11～21	10～21
35B07－Z2	1459.1/1762.2/2035.9/2421.3/2781.8/3289.5/3698.7	161～315	13～23	11～22	178～348	13～25	13～24
35B07－Z3	1785.4/2075.4/2395.0/2904.1/3299.5/3933.3/4439.7/4904.3/5591.7	181～412	17～34	14～32	202～459	18～36	16～35
35B07－J1	1902.9/2192.0/2645.0/3083.8/3566.7/4014.8	205～285	21～28	20～26	235～315	21～30	28～29
35B07－J2	2074.7/2382.8/2851.4/3372.6/3935.4/4427.7	239～358	28～36	22～33	257～390	28～38	30～36
35B07－J3	2132.7/2485.7/3003.1/3512.8/4107.2/4608.0	251～351	31～38	23～34	270～385	33～41	28～37
35B07－J4	2481.8/2884.6/3528.7/4104.6/4700.3/5314.1	329～452	40～48	40～49	354～490	43～53	37～50

7. 杆塔一览图

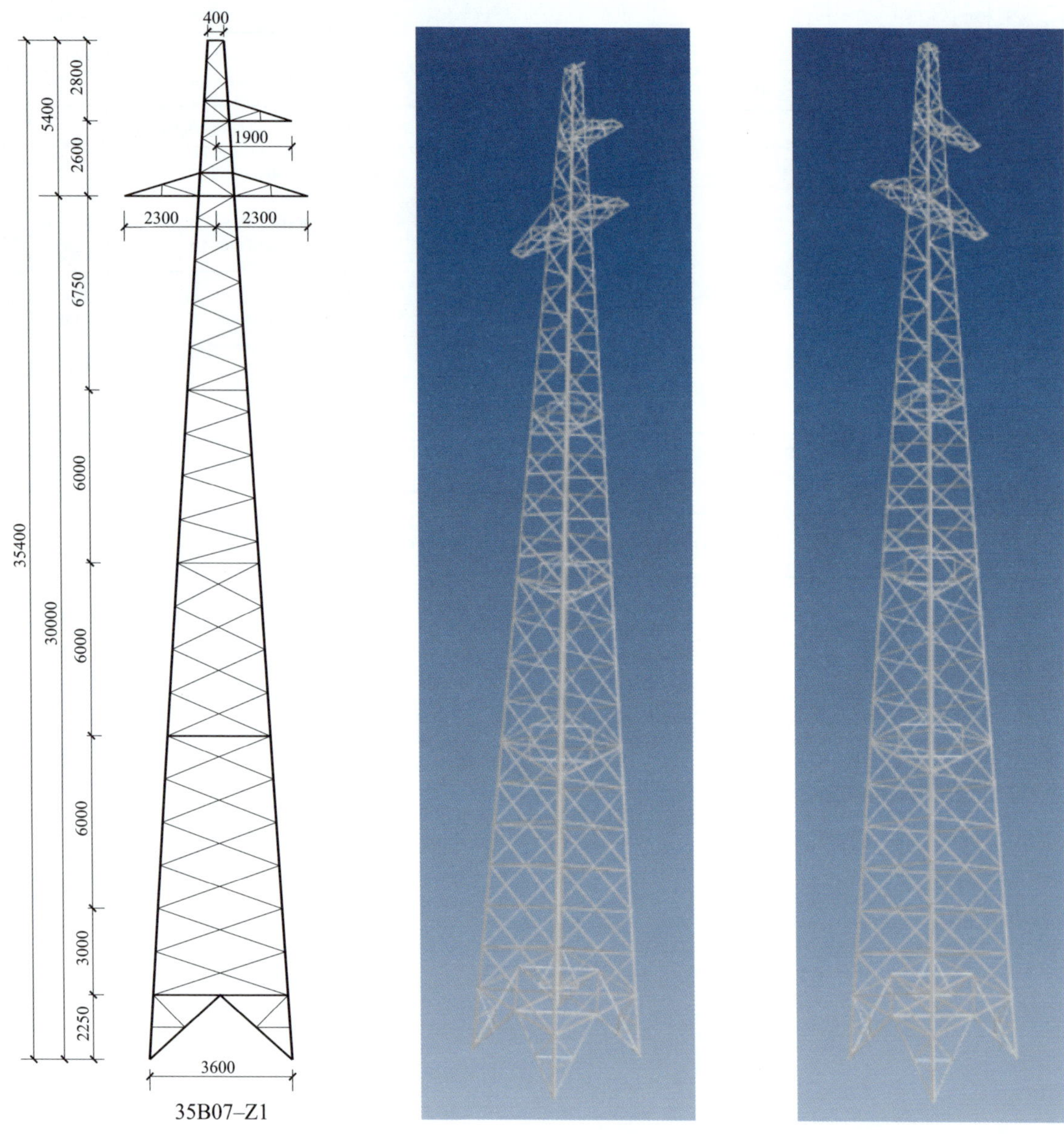

图 18－1　35B07－Z1 杆塔一览图与三维模型图

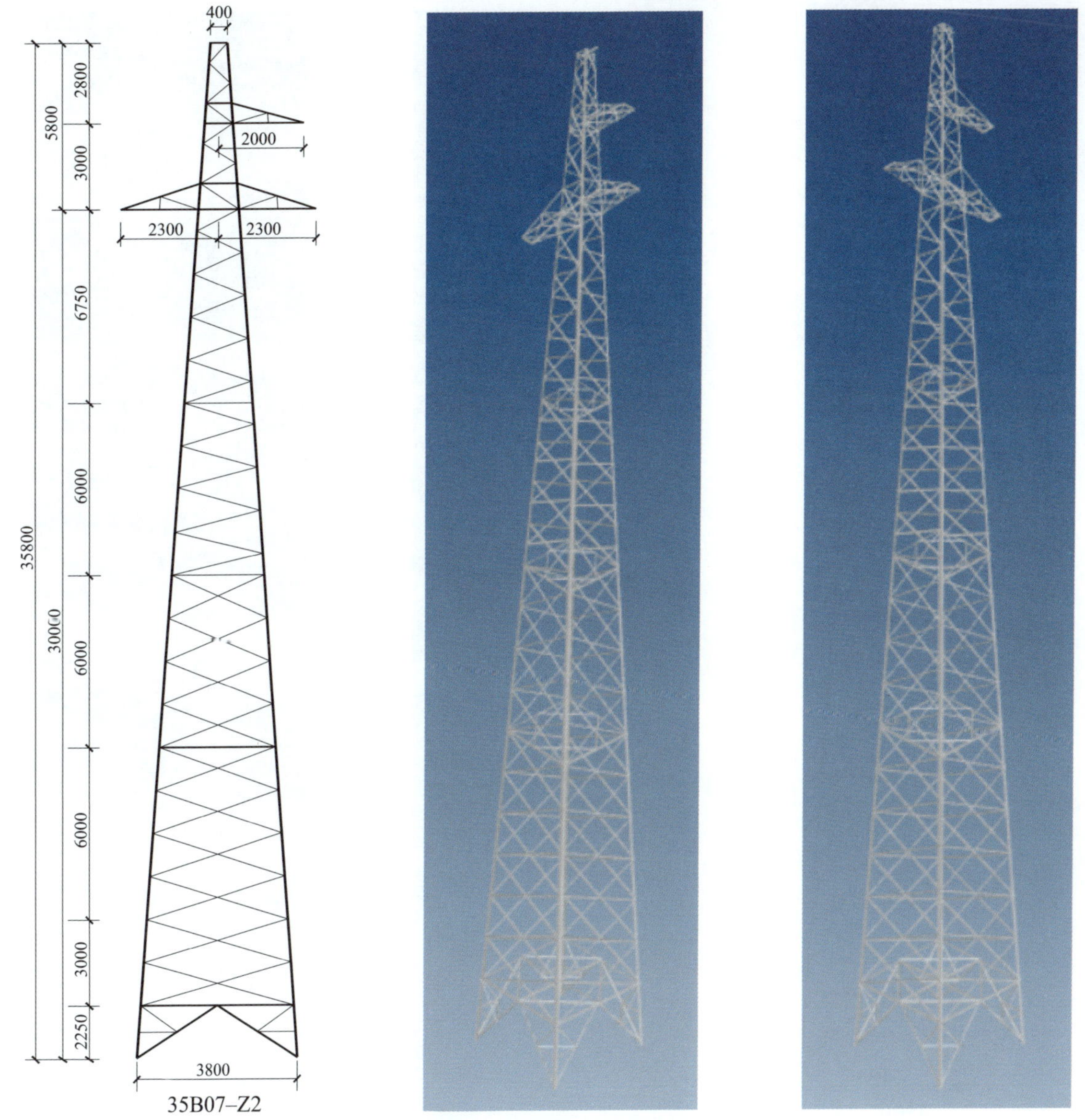

图 18 – 2　35B07 – Z2 杆塔一览图与三维模型图

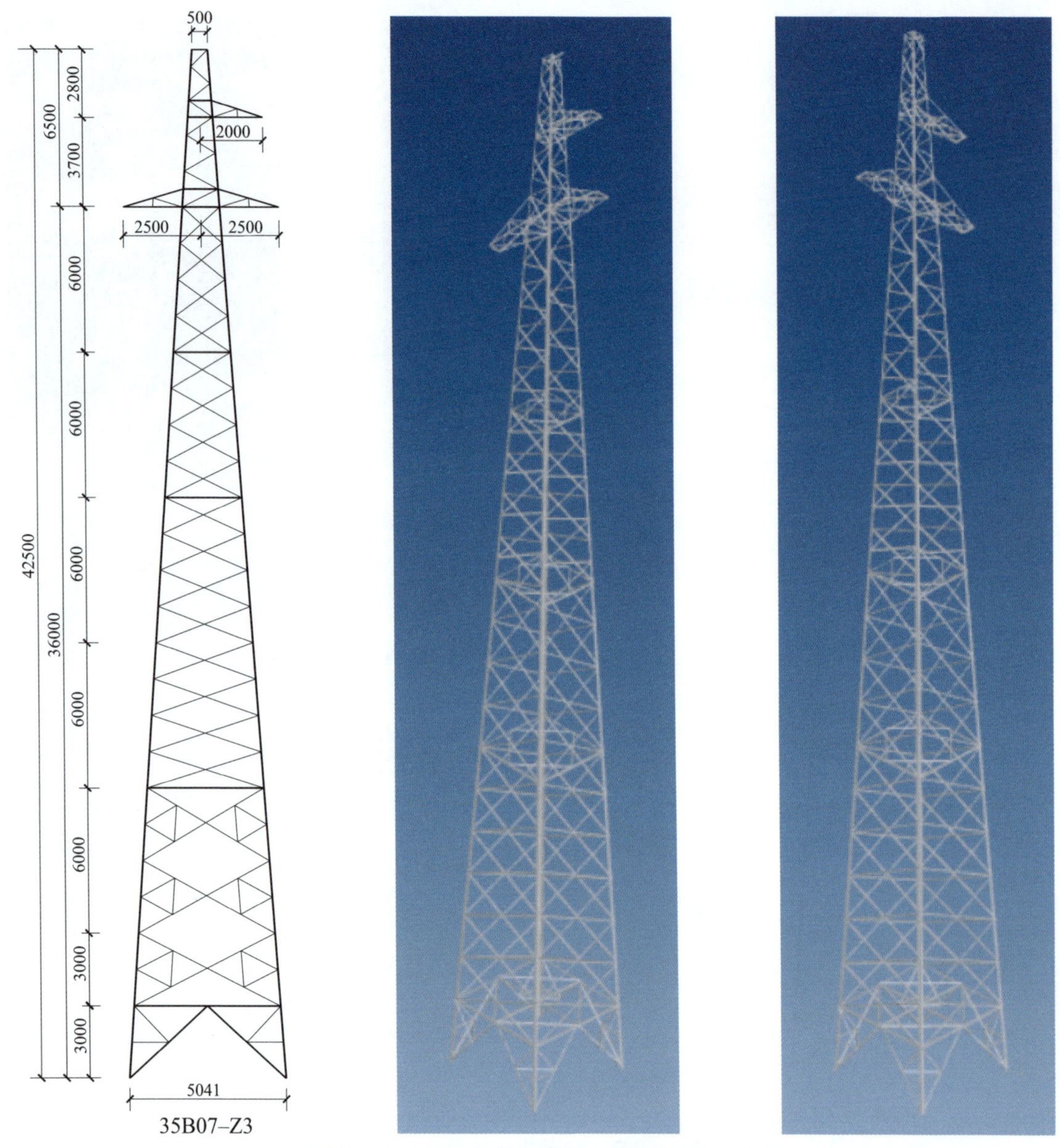

图 18－3　35B07－Z3 杆塔一览图与三维模型图

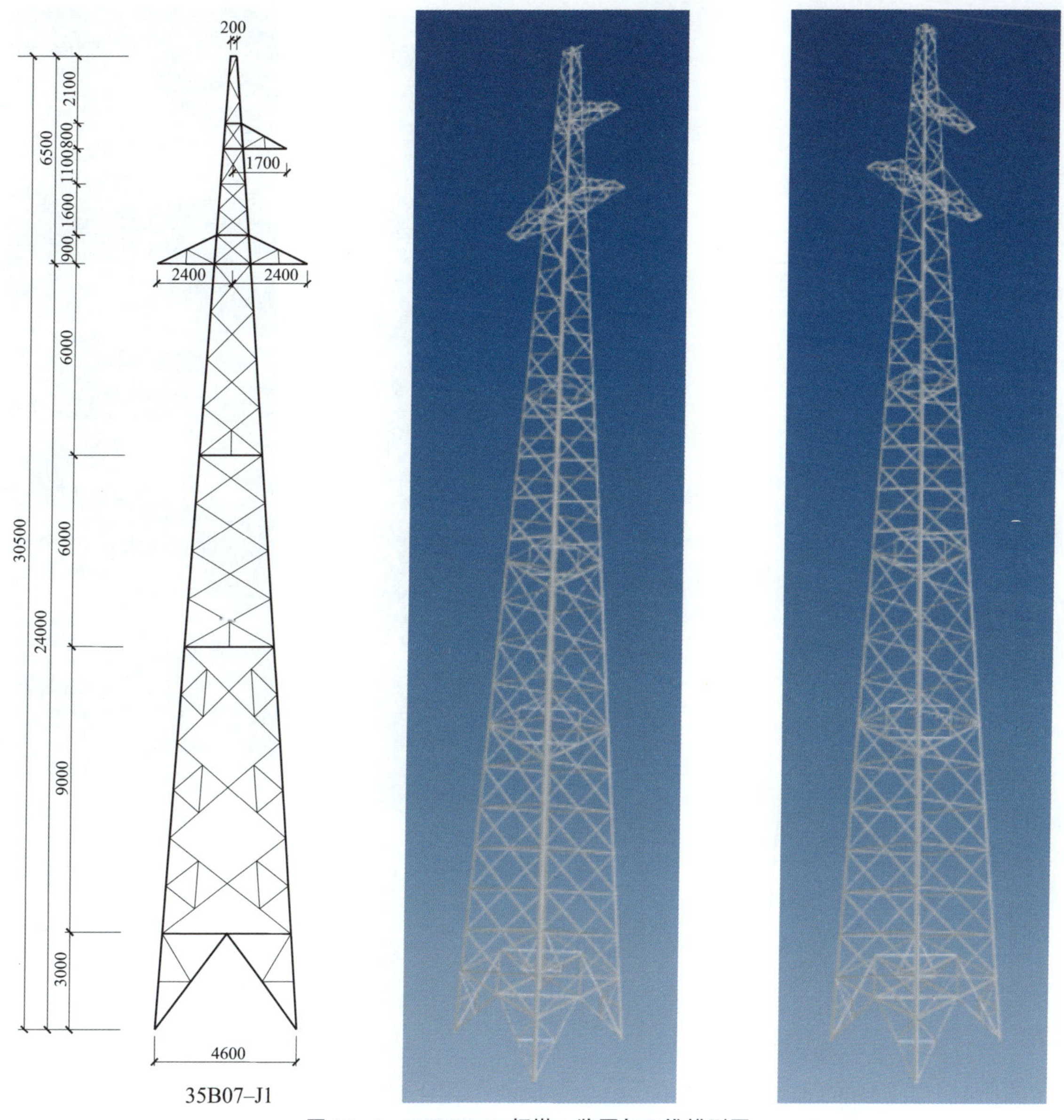

图 18－4　35B07－J1 杆塔一览图与三维模型图

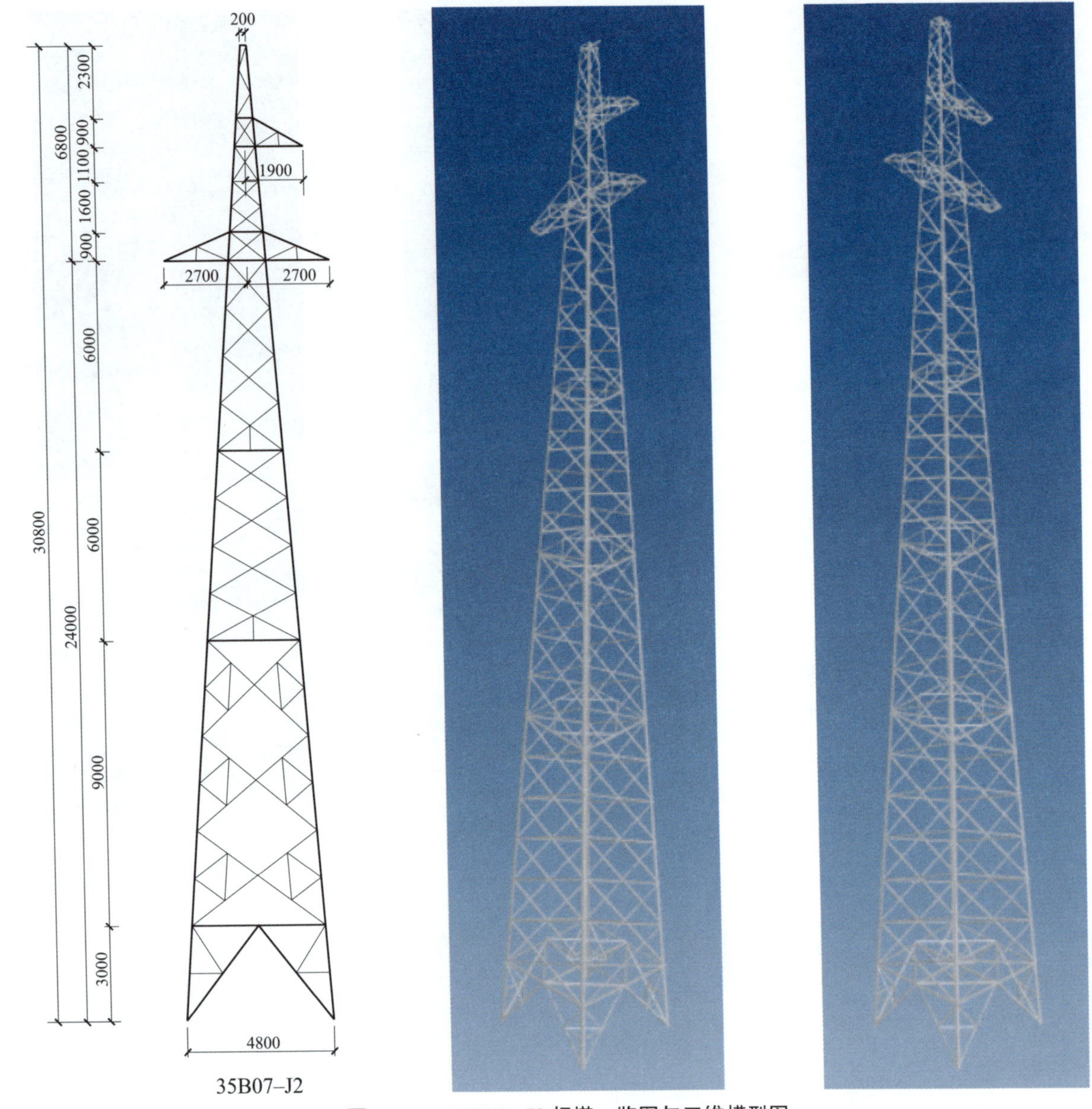

图 18－5 35B07－J2 杆塔一览图与三维模型图

图 18 – 6　35B07 – J3 杆塔一览图与三维模型图

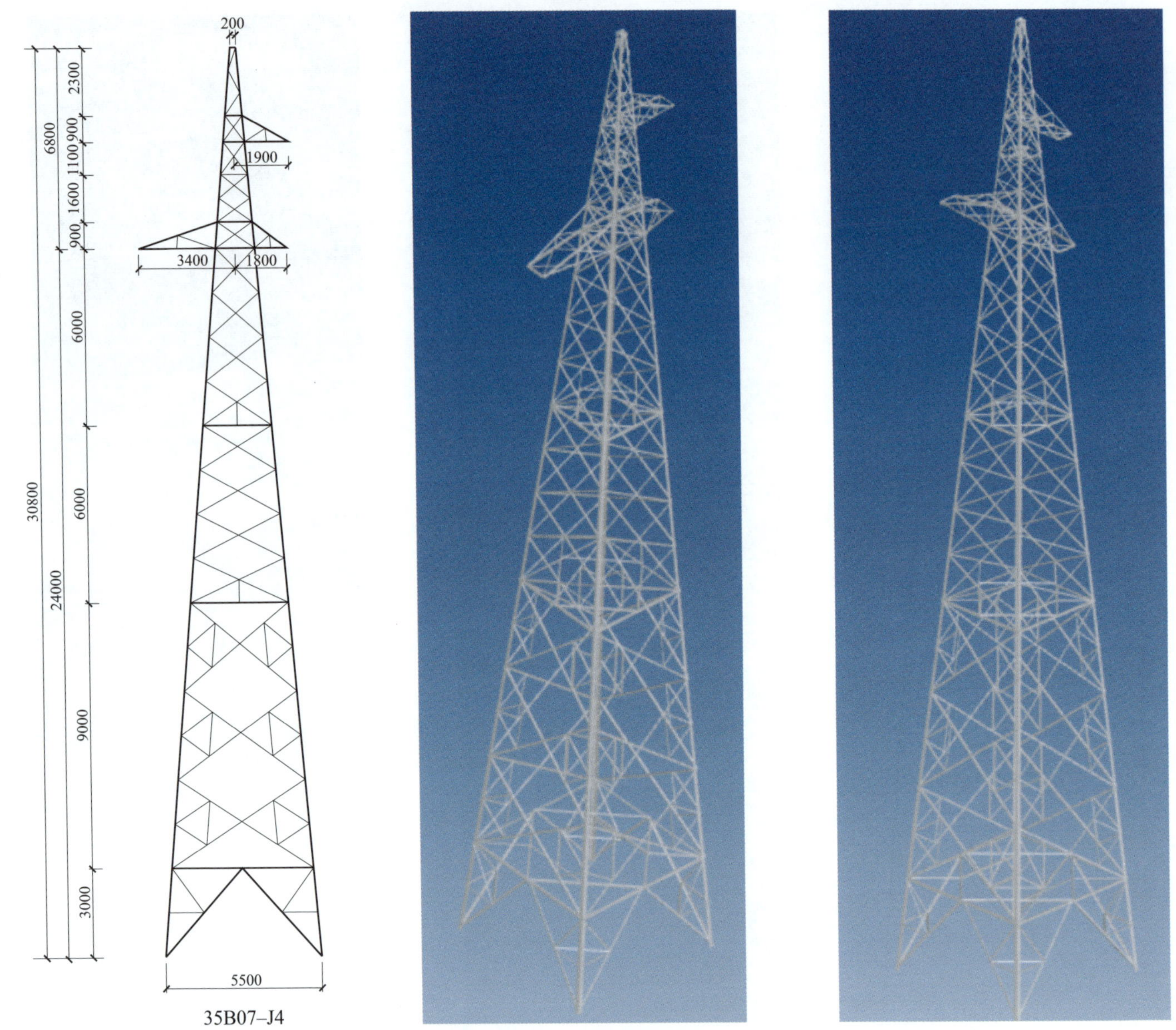

图 18－7　35B07－J4 杆塔一览图与三维模型图

第19章 NX-35B08 模块

1. 概述

35B08模块为海拔2000m以内、设计最大风速30m/s（离地10m）、覆冰厚度10mm，导线JL/G1A-240/30的单回路铁塔。地线采用GJ-50。该模块在平地进行规划，直线塔、耐张塔均为上字形塔。该子模块共计7种杆型。

2. 气象条件

35B08模块气象条件如表19-1所示。

表19-1　　35B08模块气象条件

项目	气温（℃）	风速（m/s）	覆冰厚度（mm）
最高气温	40	0	0
最低气温	-30	0	0
覆冰	-5	10	10
最大风速	-5	30	0
安装情况	-15	10	0
年平均气温	10	0	0
雷电过电压	15	10	0
操作过电压	10	15	0
带电作业	15	10	0

3. 导、地线型号及参数

35B08模块导、地线型号及参数如表19-2所示。

表19-2　　35B08模块的导、地线型号及参数

型　号		JL/G1A-240/30	GJ-50
构造（根数/直径，mm）	铝	24/3.60	—
	钢/铝包钢	7/2.4	7/3.0
计算截面积（mm^2）		275.96	46.24
计算直径（mm）		21.6	8.7
单位质量（kg/m）		0.9222	0.367
综合弹性系数（MPa）		73000	181420
线膨胀系数（1/℃）		19.6×10^{-6}	11.5×10^{-6}
计算拉断力（N）（地线为钢丝破断拉力总和）		75620	58200

4. 导、地线型号及张力

35B08模块导、地线型号及张力如表19-3、表19-4所示。

表19-3　　导、地线型号及张力-直线塔

电压等级	35kV	导线型号	JL/G1A-240/30	导线最大使用张力（N）	28572	导线断线张力取值（%）	50
		地线型号	GJ-50	地线最大使用张力（N）	20453	地线最大使用张力（%）	50

表19-4　　导、地线型号及张力-耐张塔

电压等级	35kV	导线型号	JL/G1A-150/25	导线最大使用张力（N）	28572	导线断线张力取值（%）	70
		地线型号	GJ-35	地线最大使用张力（N）	20453	地线最大使用张力（%）	80

5. 杆塔设计条件

35B08模块杆塔设计条件如表19-5所示。

表19-5　　杆塔设计条件

塔型名称	呼高范围（m）	计算呼高（m）	水平档距（m）	垂直档距（m）	允许转角（°）
35B08-Z1	12～30	30	300	450	0
35B08-Z2	12～30	30	450	700	0

续表

塔型名称	呼高范围（m）	计算呼高（m）	水平档距（m）	垂直档距（m）	允许转角（°）
35B08－Z3	12～36	36	600	900	0
35B08－J1	9～24	24	300	450	0～20
35B08－J2	9～24	24	300	450	20～40
35B08－J3	9～24	24	300	450	40～60
35B08－J4	9～24	24	300	450	60～90

注　直线塔呼高一列中第一行为计算呼高，第二行为最高呼高。

6. 塔重及基础作用力

35B08 模块塔重及基础作用力如表 19－6 所示。

表 19－6　　　　塔重及基础作用力

塔型名称	塔重范围（kg）	基础作用力范围（kN）					
		Tmax	Tx	Ty	Nmax	Nx	Ny
35B08－Z1	1531.5/1837.9/2098.9/2453.4/2779.6/3279.4/3717.3	147～296	12～22	10～21	164～328	13～24	12～23

续表

塔型名称	塔重范围（kg）	基础作用力范围（kN）					
		Tmax	Tx	Ty	Nmax	Nx	Ny
35B08－Z2	1673.0/2018.9/2290.4/2766.8/3149.1/3691.9/4116.8	171～324	15～25	12～23	194～364	16～27	14～26
35B08－Z3	1866.2/2223.0/2548.9/3077.0/3527.9/4209.0/4735.9/5246.1/6006.7	203～448	20～37	15～34	231～503	21～40	18～38
35B08－J1	2512.1/2862.7/3441.0/4054.0/4543.0/5108.2	262～320	26～27	27～30	300～373	22～28	36～41
35B08－J2	2757.7/3158.9/3776.4/4364.2/4947.0/5444.9	283～363	30～36	30～38	322～402	32～40	38～42
35B08－J3	2743.4/3211.7/3775.1/4321.8/4969.5/5551.2	319～433	40～46	30～40	347～473	42～50	38～44
35B08－J4	3086.4/3550.5/4319.9/4927.2/5695.9/6356.9	407～535	53～60	38～52	442～579	56～64	39～55

7. 杆塔一览图

图 19－1　35B08－Z1 杆塔一览图与三维模型图

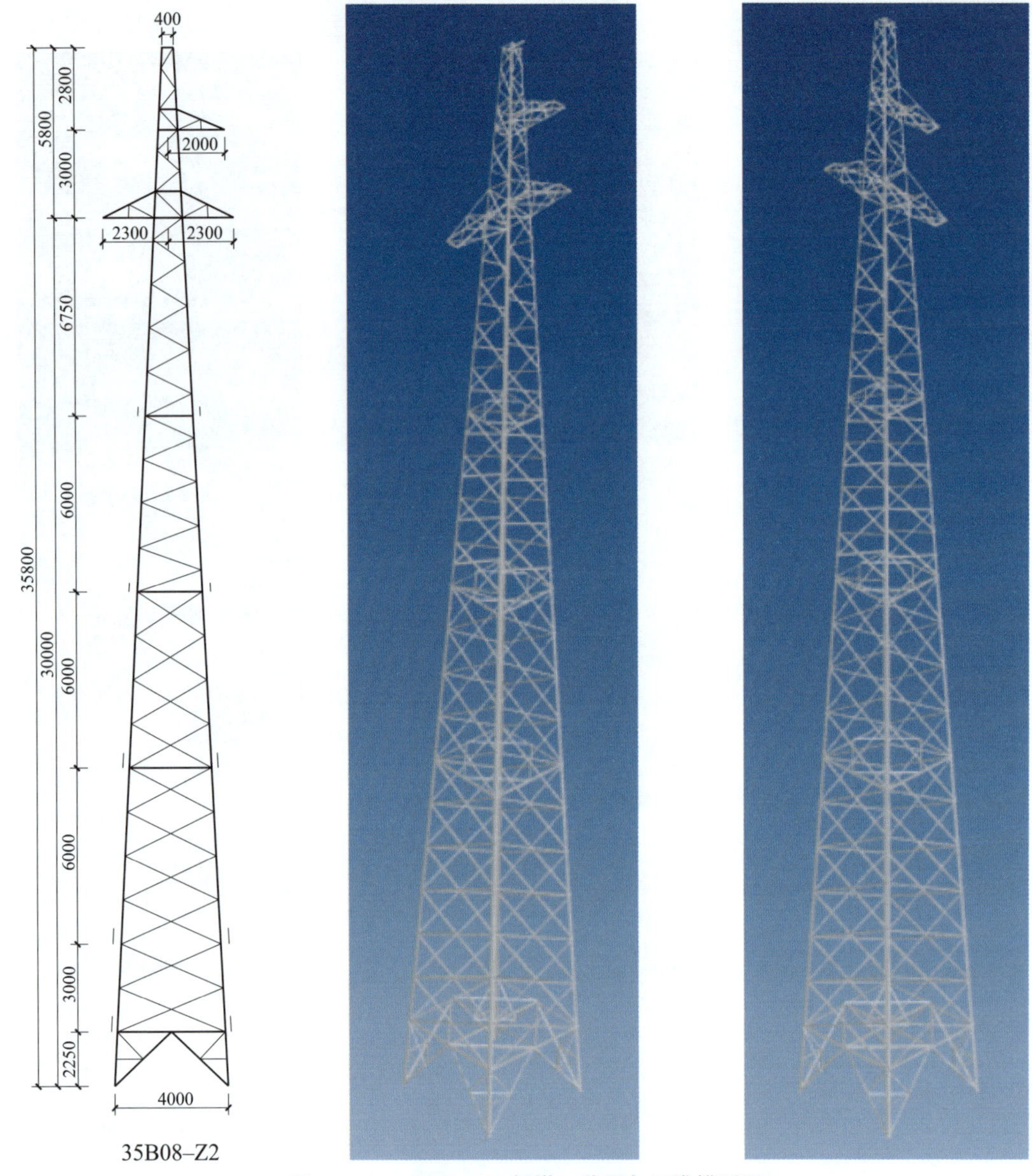

图 19－2　35B08－Z2 杆塔一览图与三维模型图

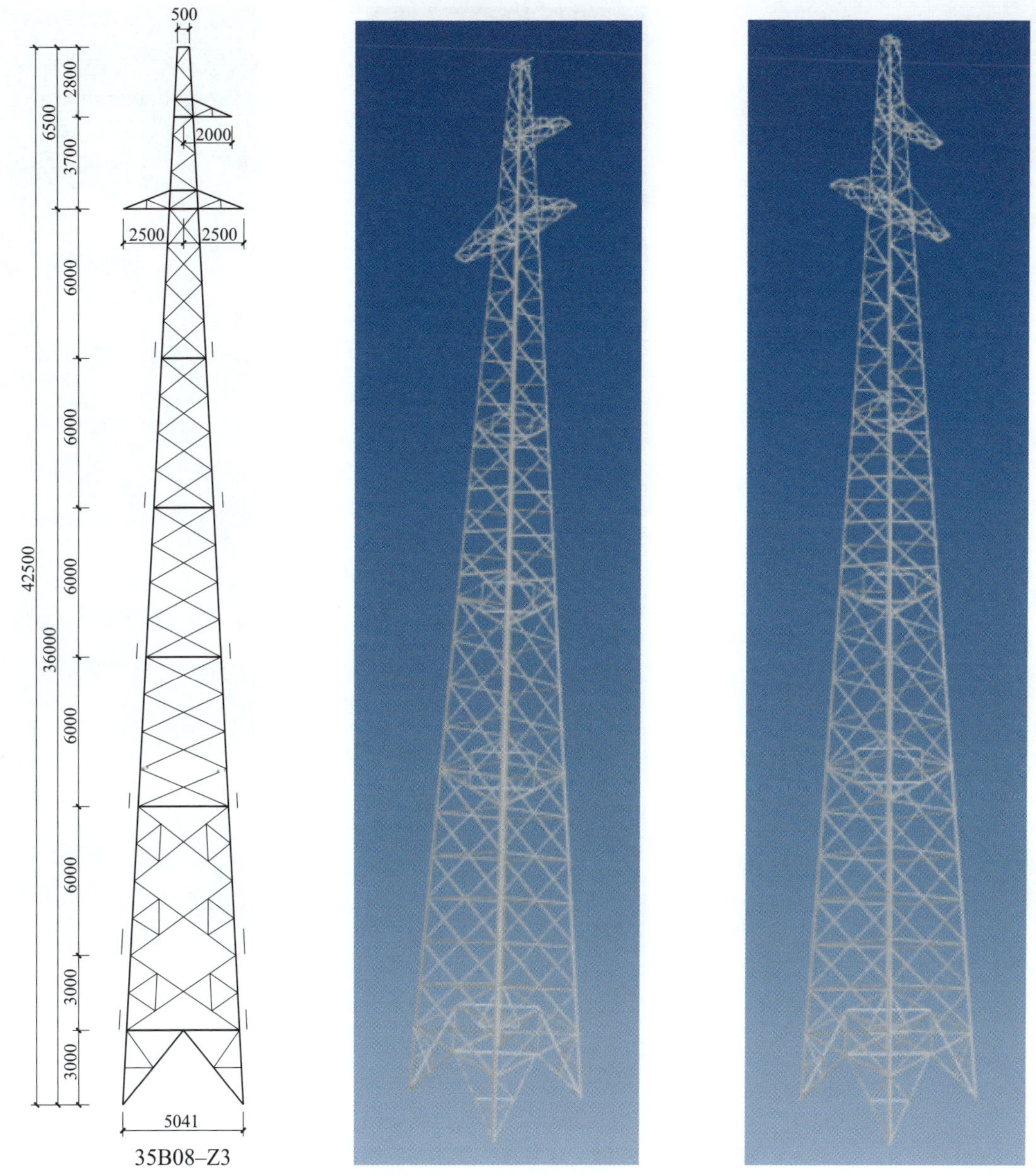

图 19–3　35B08–Z3 杆塔一览图与三维模型图

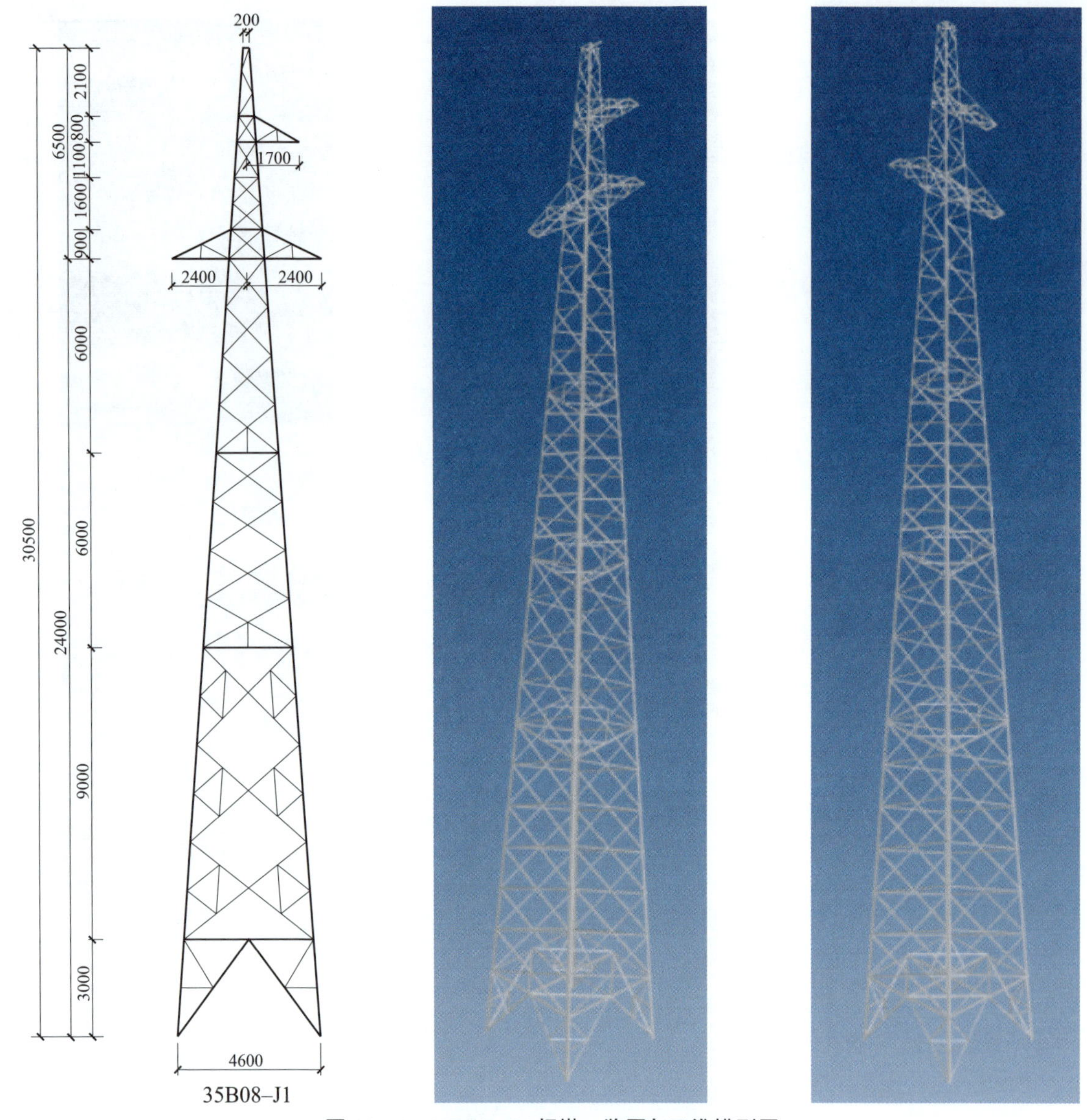

图 19-4　35B08-J1 杆塔一览图与三维模型图

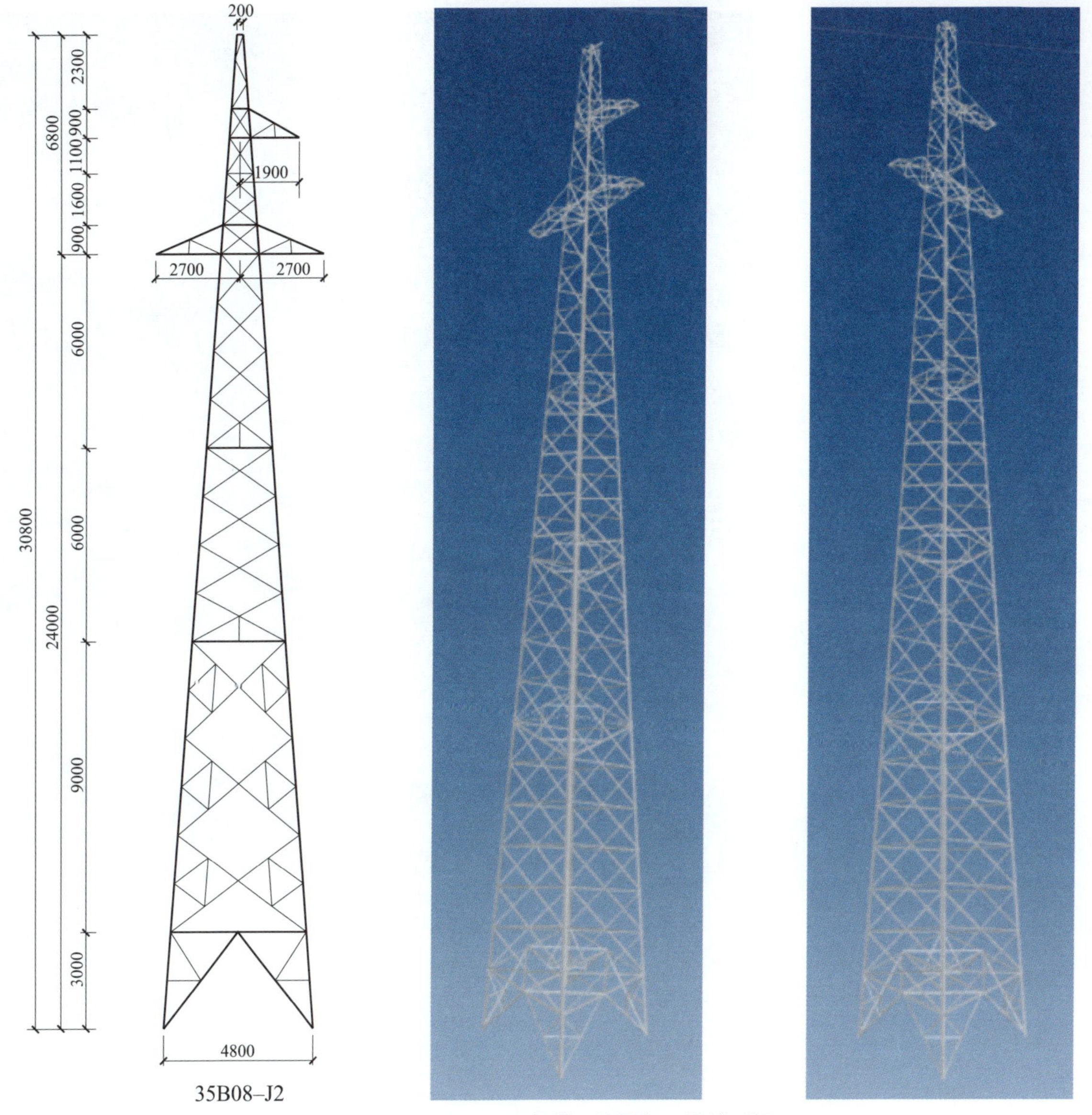

图 19－5　35B08－J2 杆塔一览图与三维模型图

图 19－6　35B08－J3 杆塔一览图与三维模型图

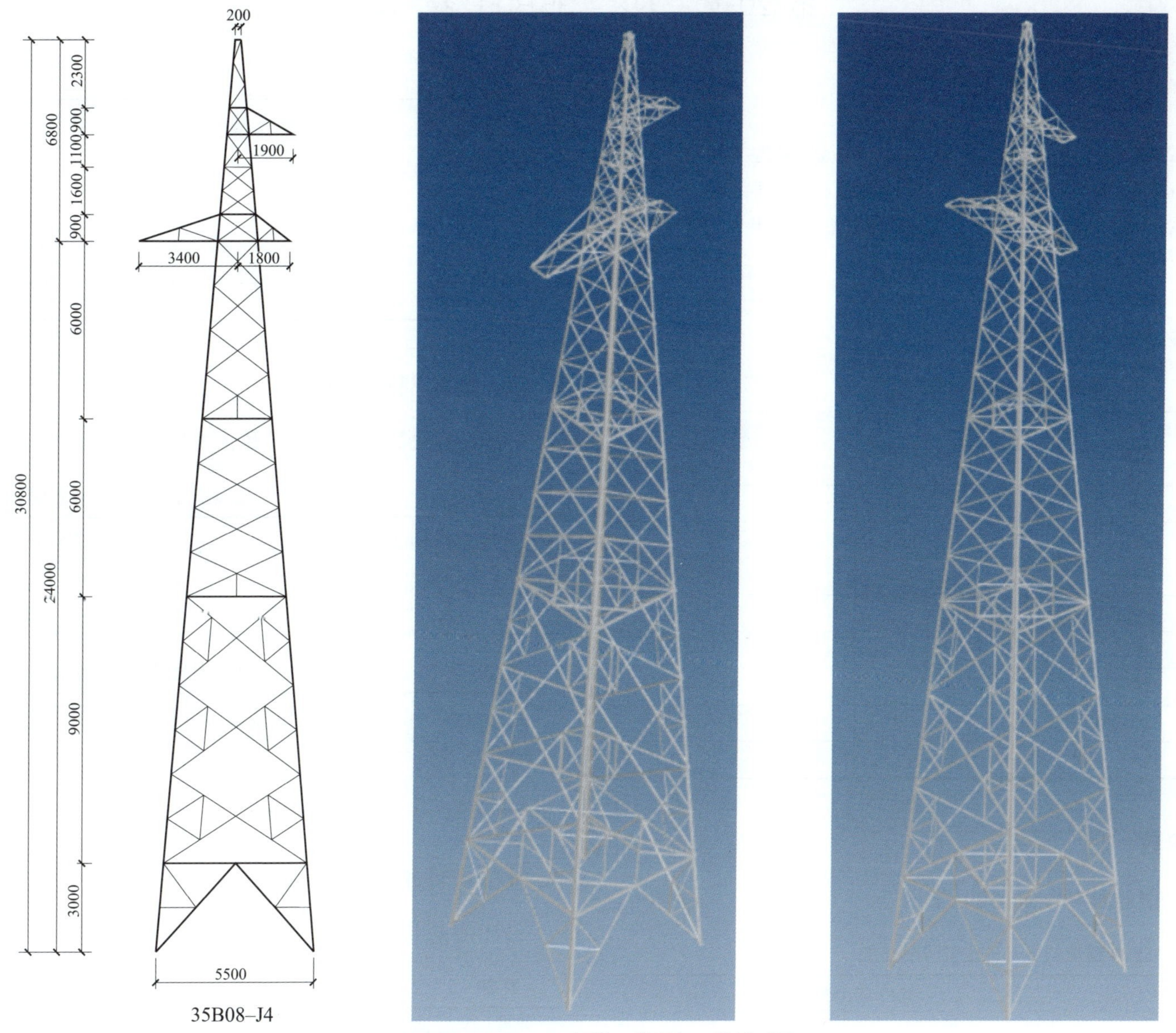

图 19 – 7　**35B08 – J4** 杆塔一览图与三维模型图

第 20 章　NX－35B09 模 块

1. 概述

35B09 模块为海拔 2000m 以内、设计最大风速 30m/s（离地 10m）、覆冰厚度 10mm，导线 JL/G1A－150/25 的双回路铁塔。地线采用 GJ－35。该模块在平地进行规划，直线塔、耐张塔均为上字形塔。该子模块共计 7 种杆型。

2. 气象条件

35B09 模块气象条件如表 20－1 所示。

表 20－1　　35B09 模块气象条件

项目	气温（℃）	风速（m/s）	覆冰厚度（mm）
最高气温	40	0	0
最低气温	－30	0	0
覆冰	－5	10	10
最大风速	－5	30	0
安装情况	－15	10	0
年平均气温	10	0	0
雷电过电压	15	10	0
操作过电压	10	15	0
带电作业	15	10	0

3. 导、地线型号及参数

35B09 模块导、地线型号及参数如表 20－2 所示。

表 20－2　　35B09 模块的导、地线型号及参数

型　号		JL/G1A－150/25	GJ－35
构造（根数/直径，mm）	铝	26/2.70	—
	钢/铝包钢	7/2.1	7/2.6
计算截面积（mm^2）		173.11	37.17
计算直径（mm）		17.10	7.8
单位质量（kg/m）		0.601	0.295
综合弹性系数（MPa）		73000	181420
线膨胀系数（1/℃）		19.6×10^{-6}	11.5×10^{-6}
计算拉断力（N）（地线为钢丝破断拉力总和）		54110	43600

4. 导、地线型号及张力

35B09 模块导、地线型号及张力如表 20－3、表 20－4 所示。

表 20－3　　导、地线型号及张力－直线塔

电压等级	35kV	导线型号	JL/G1A－150/25	导线最大使用张力（N）	20560	导线断线张力取值（%）	40
		地线型号	GJ－35	地线最大使用张力（N）	13663	地线最大使用张力（%）	50

表 20－4　　导、地线型号及张力－耐张塔

电压等级	35kV	导线型号	JL/G1A－150/25	导线最大使用张力（N）	20560	导线断线张力取值（%）	70
		地线型号	GJ－35	地线最大使用张力（N）	13663	地线最大使用张力（%）	80

5. 杆塔设计条件

35B09 模块杆塔设计条件如表 20－5 所示。

表 20－5　　杆 塔 设 计 条 件

塔型名称	呼高范围（m）	计算呼高（m）	水平档距（m）	垂直档距（m）	允许转角（°）
35B09－SZ1	12～30	30	300	450	0
35B09－SZ2	12～30	30	450	700	0

续表

塔型名称	呼高范围（m）	计算呼高（m）	水平档距（m）	垂直档距（m）	允许转角（°）
35B09－SZ3	12～36	36	600	900	0
35B09－SJ1	9～24	24	300	450	0～20
35B09－SJ2	9～24	24	300	450	20～40
35B09－SJ3	9～24	24	300	450	40～60
35B09－SJ4	9～24	24	300	450	60～90

注　直线塔呼高一列中第一行为计算呼高，第二行为最高呼高。

6. 塔重及基础作用力

35B09 模块塔重及基础作用力如表 20－6 所示。

表 20－6　　塔重及基础作用力

塔型名称	塔重范围（kg）	基础作用力范围（kN）					
		Tmax	Tx	Ty	Nmax	Nx	Ny
35B09－SZ1	2312.3/2641.8/2974.0/3478.9/3911.5/4461.7/4982.5	231～330	21～31	20～30	257～374	23～34	23～33
35B09－SZ2	2671.1/3030.4/3385.6/3963.5/4396.1/4963.7/5482.6	295～396	25～36	25～35	328～449	28～40	27～38
35B09－SZ3	3393.0/3787.1/4249.4/4857.5/5354.1/6201.5/7355.9/8015.5/9039.4	389～534	34～53	33～52	431～614	37～59	37～59
35B09－SJ1	3770.2/4153.9/4729.3/5288.2/6113.4/6622.2	432～491	53～46	44～42	493～570	59～50	52～48
35B09－SJ2	4067.2/4526.4/5206.5/5844.1/6697.7/7330.6	493～633	55～57	50～59	530～689	62～66	53～63
35B09－SJ3	4451.5/4991.6/5833.7/6557.6/7521.6/8254.3	593～748	66～75	62～72	630～808	73～81	72～81
35B09－SJ4	5463.6/6165.3/7140.7/7991.9/9044.0/9970.1	796～976	84～94	102～109	844～1047	107～116	80～95

7. 杆塔一览图

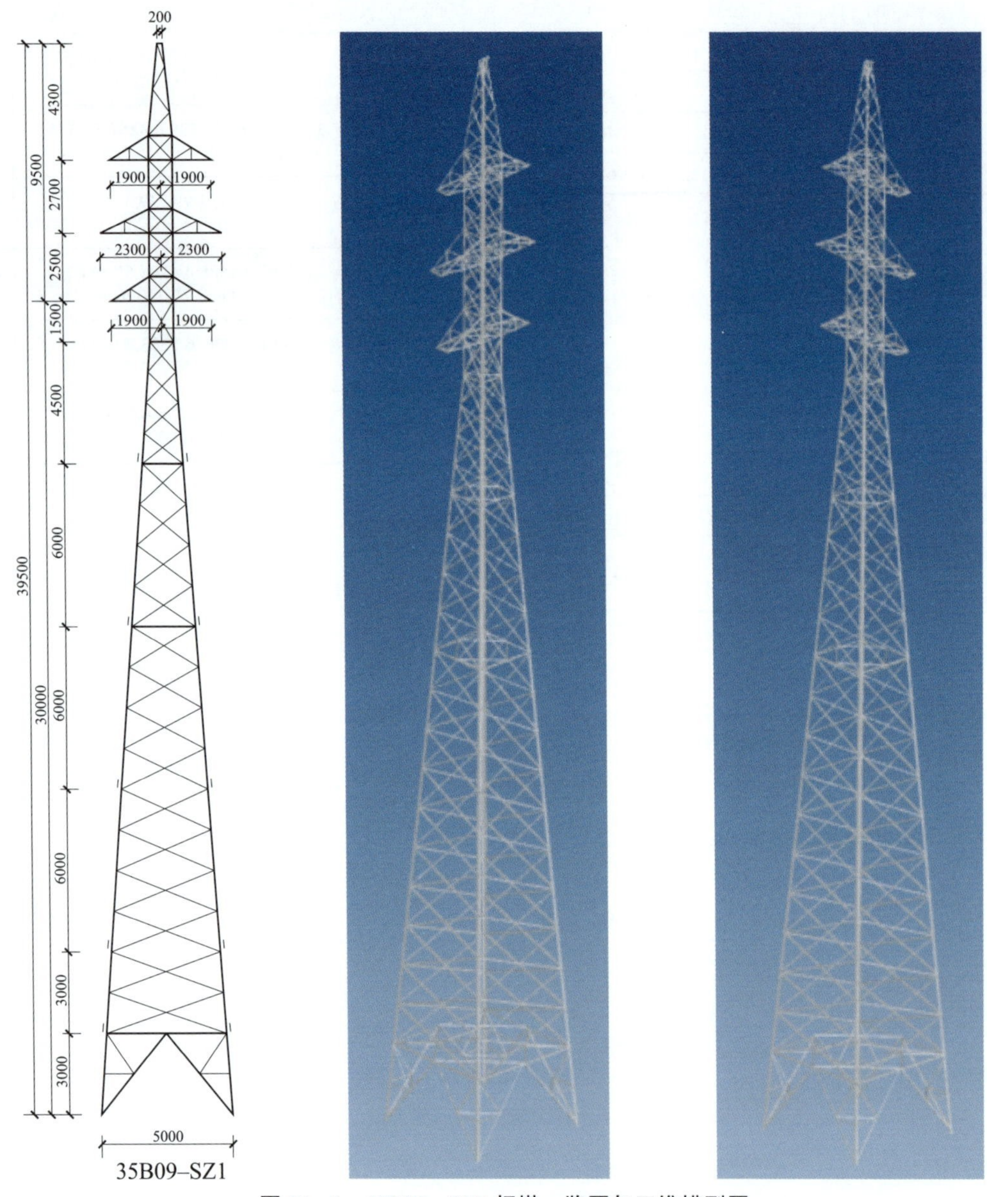

图 20－1 35B09－SZ1 杆塔一览图与三维模型图

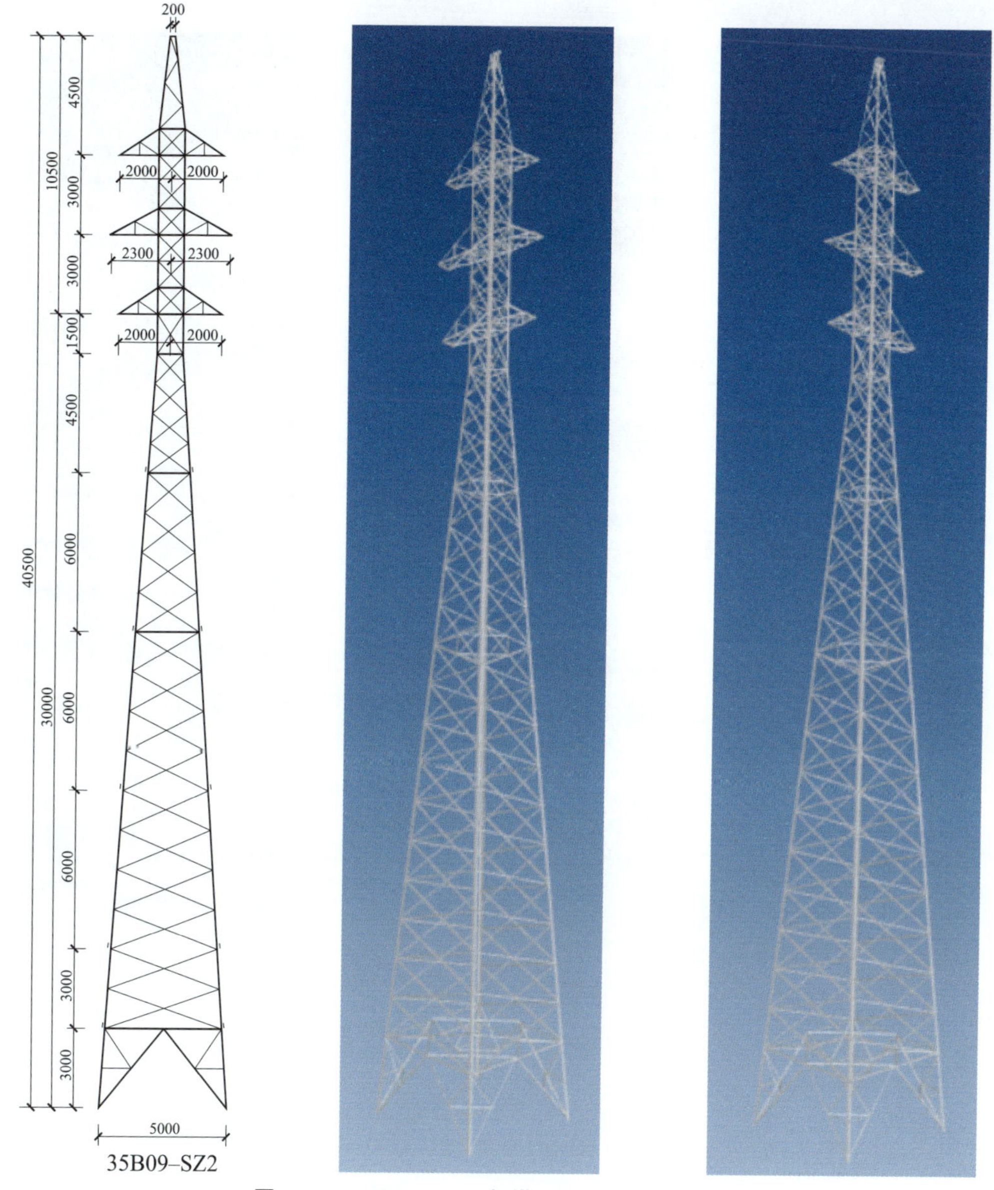

图 20-2　35B09-SZ2 杆塔一览图与三维模型图

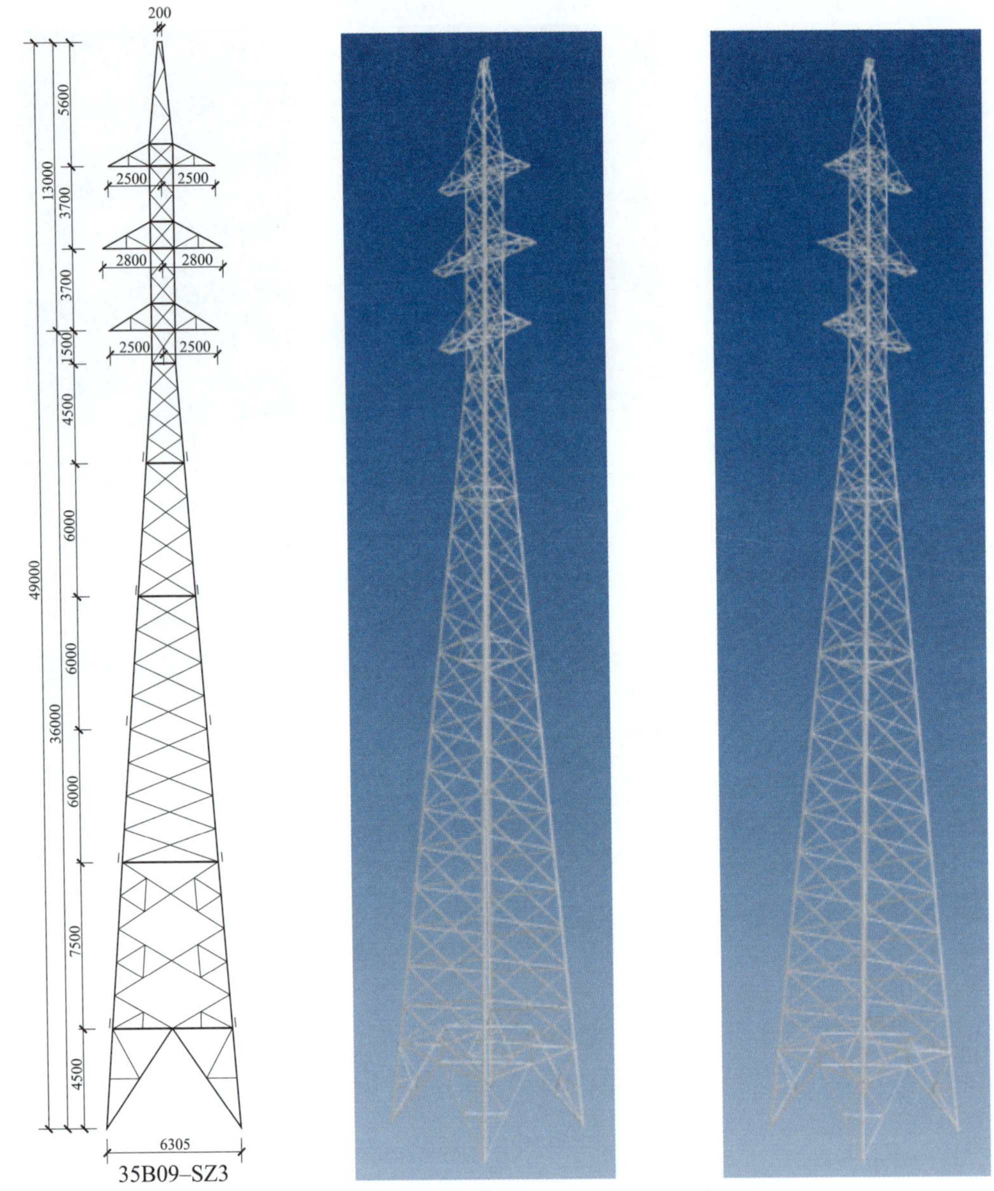

图 20 – 3　35B09 – SZ3 杆塔一览图与三维模型图

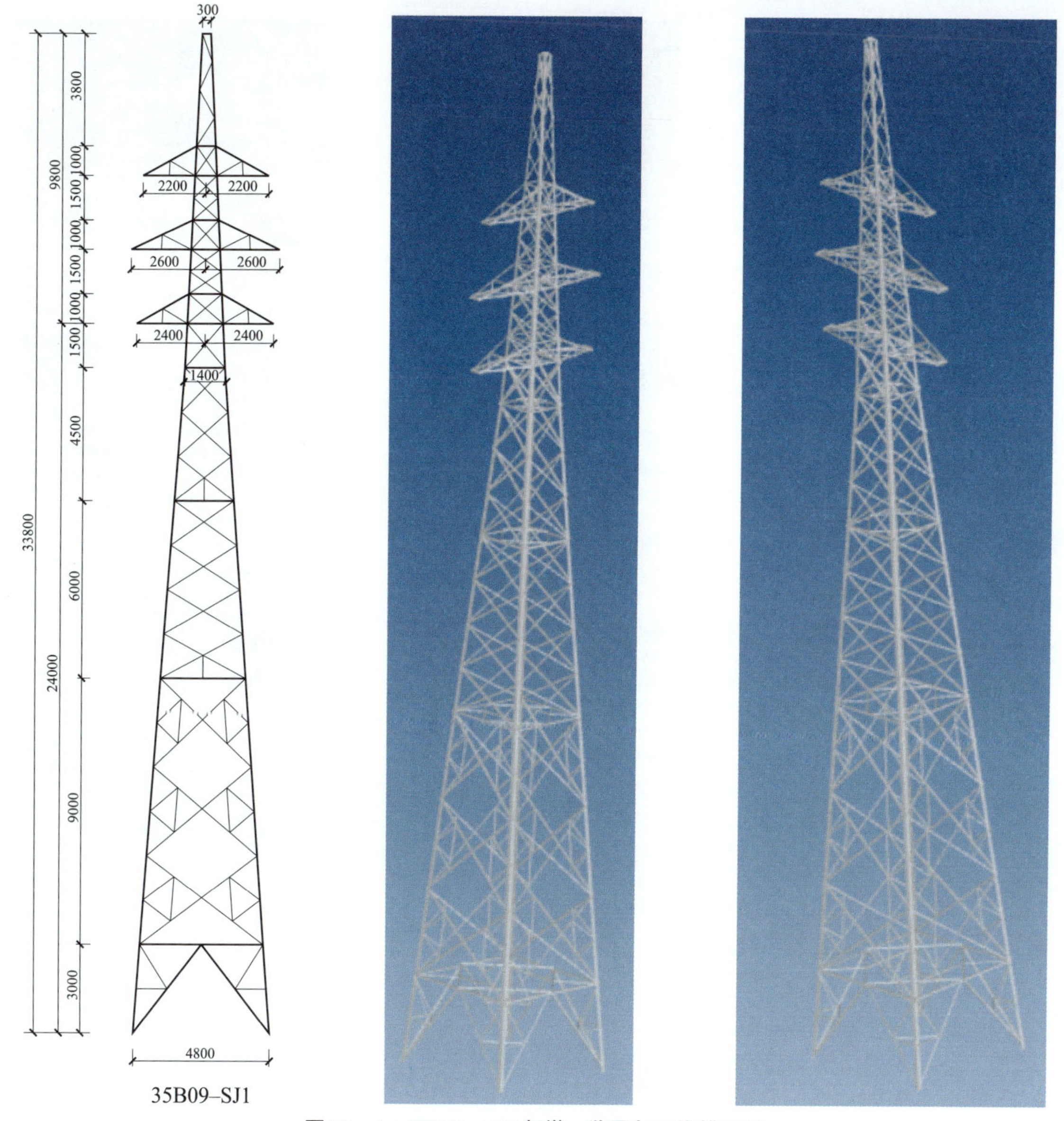

图 20－4　35B09－SJ1 杆塔一览图与三维模型图

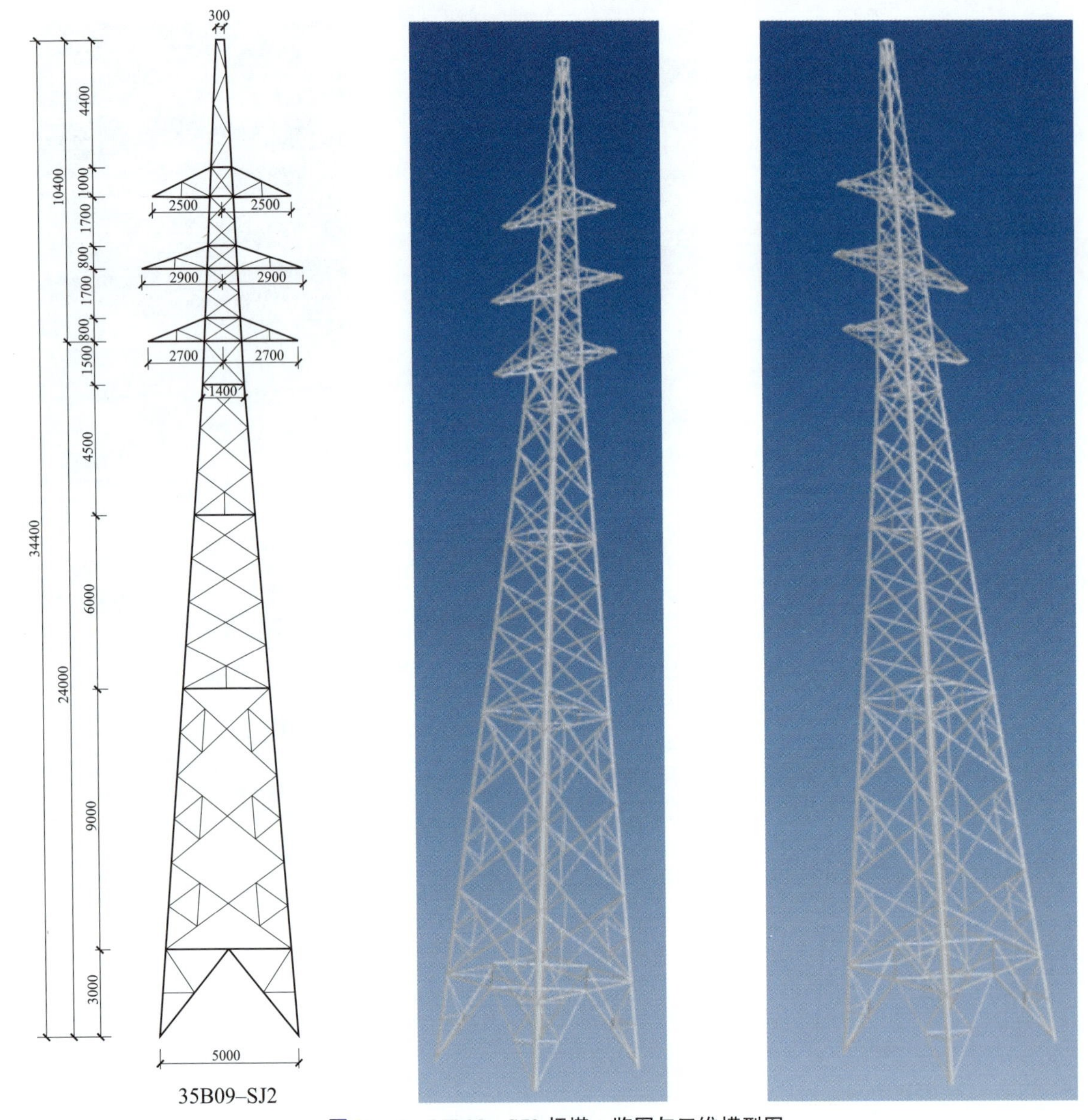

图 20-5　35B09-SJ2 杆塔一览图与三维模型图

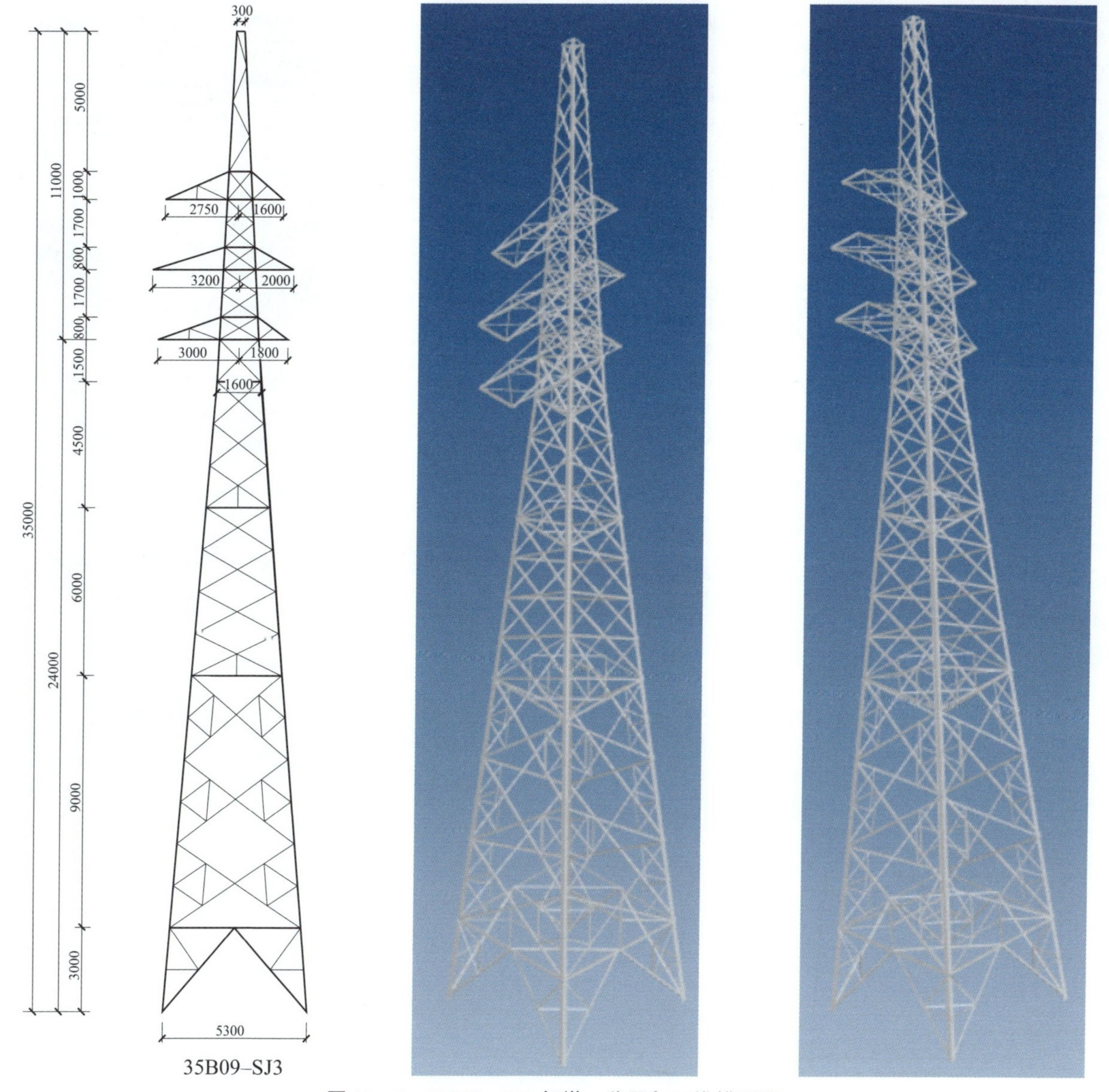

图 20-6　35B09-SJ3 杆塔一览图与三维模型图

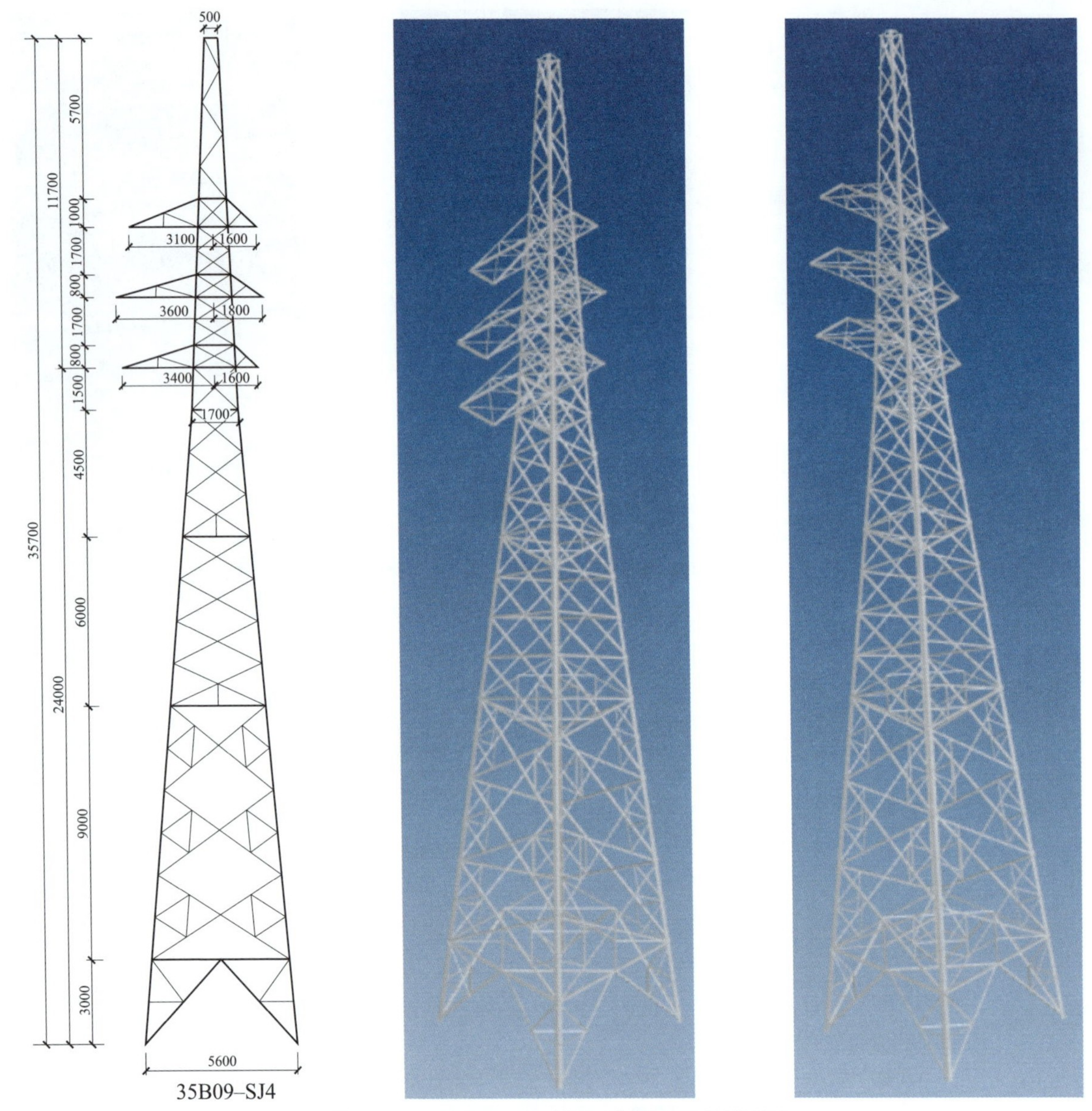

图 20-7　35B09-SJ4 杆塔一览图与三维模型图

第 21 章　NX－35B10 模块

1. 概述

35B10 模块为海拔 2000m 以内、设计最大风速 30m/s（离地 10m）、覆冰厚度 10mm，导线 JL/G1A－240/30 的双回路铁塔。地线采用 GJ－50。该模块在平地进行规划，直线塔、耐张塔均为上字形塔。该子模块共计 7 种杆型。

2. 气象条件

35B10 模块气象条件如表 21－1 所示。

表 21－1　35B10 模块气象条件

项目	气温（℃）	风速（m/s）	覆冰厚度（mm）
最高气温	40	0	0
最低气温	－30	0	0
覆冰	－5	10	10
最大风速	－5	30	0
安装情况	－15	10	0
年平均气温	10	0	0
雷电过电压	15	10	0
操作过电压	10	15	0
带电作业	15	10	0

3. 导、地线型号及参数

35B10 模块导、地线型号及参数如表 21－2 所示。

表 21－2　35B10 模块导、地线型号及参数

型　号		JL/G1A－240/30	GJ－50
构造（根数/直径，mm）	铝	24/3.60	—
	钢/铝包钢	7/2.4	7/3.0
计算截面积（mm^2）		275.96	46.24
计算直径（mm）		21.6	8.7
单位质量（kg/m）		0.9222	0.367
综合弹性系数（MPa）		73000	181420
线膨胀系数（1/℃）		19.6×10^{-6}	11.5×10^{-6}
计算拉断力（N）（地线为钢丝破断拉力总和）		75620	58200

4. 导、地线型号及张力

35B10 模块导、地线型号及张力如表 21－3、表 21－4 所示。

表 21－3　导、地线型号及张力－直线塔

电压等级	35kV	导线型号	JL/G1A－240/30	导线最大使用张力（N）	28572	导线断线张力取值（%）	40
		地线型号	GJ－50	地线最大使用张力（N）	20453	地线最大使用张力（%）	50

表 21－4　导、地线型号及张力－耐张塔

电压等级	35kV	导线型号	JL/G1A－150/25	导线最大使用张力（N）	28572	导线断线张力取值（%）	70
		地线型号	GJ－35	地线最大使用张力（N）	20453	地线最大使用张力（%）	80

5. 杆塔设计条件

35B10 模块杆塔设计条件如表 21－5 所示。

表 21－5　杆 塔 设 计 条 件

塔型名称	呼高范围（m）	计算呼高（m）	水平档距（m）	垂直档距（m）	允许转角（°）
35B10－SZ1	12～30	30	300	450	0
35B10－SZ2	12～30	30	450	700	0

续表

塔型名称	呼高范围（m）	计算呼高（m）	水平档距（m）	垂直档距（m）	允许转角(°)
35B10－SZ3	12～36	36	600	900	0
35B10－SJ1	9～24	24	300	450	0～20
35B10－SJ2	9～24	24	300	450	20～40
35B10－SJ3	9～24	24	300	450	40～60
35B10－SJ4	9～24	24	300	450	60～90

注　直线塔呼高一列中第一行为计算呼高，第二行为最高呼高。

6. 塔重及基础作用力

35B10 模块塔重及基础作用力如表 21－6 所示。

表 21－6　　塔重及基础作用力

塔型名称	塔重范围（kg）	基础作用力范围（kN）					
		Tmax	Tx	Ty	Nmax	Nx	Ny
35B10－SZ1	2542.0/2900.3/3253.6/3765.0/4207.0/4787.5/5327.2	251～348	22～33	22～32	282～398	25～36	24～35

续表

塔型名称	塔重范围（kg）	基础作用力范围（kN）					
		Tmax	Tx	Ty	Nmax	Nx	Ny
35B10－SZ2	3026.8/3467.4/3837.4/4444.9/4905.0/5507.6/6077.7	323～428	27～39	28～38	366～491	31～43	30～41
35B10－SZ3	3943.1/4439.7/4896.1/5646.5/6173.8/7103.9/8255.8/8950.0/10043.3	428～572	37～76	36～75	483～667	41～74	41～73
35B10－SJ1	4587.9/5098.1/5863.5/6542.9/7486.7/8142.2	560～634	67～61	53～55	637～731	56～75	61～66
35B10－SJ2	5181.9/5770.8/6693.9/7446.8/8515.5/9201.7	607～746	65～72	61～74	686～813	71～80	66～80
35B10－SJ3	5373.4/6048.7/7112.7/7990.9/9117.7/9910.1	748～903	83～89	76～92	795～974	90～96	77～96
35B10－SJ4	6364.1/7016.5/8138.8/9128.6/10235.3/11172.5	925～1078	104～112	93～113	999～1160	114～120	96～114

7. 杆塔一览图

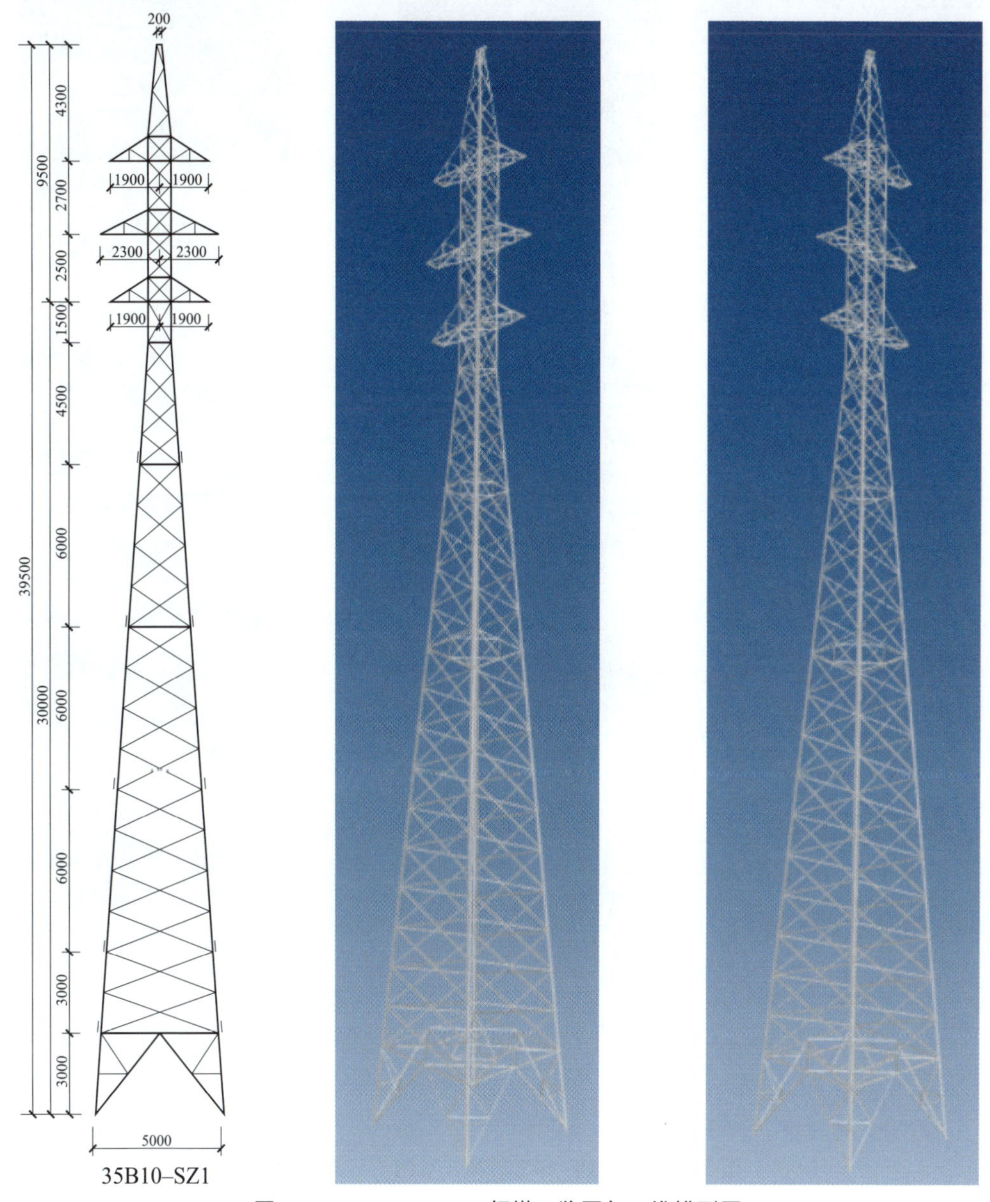

图 21－1　35B10－SZ1 杆塔一览图与三维模型图

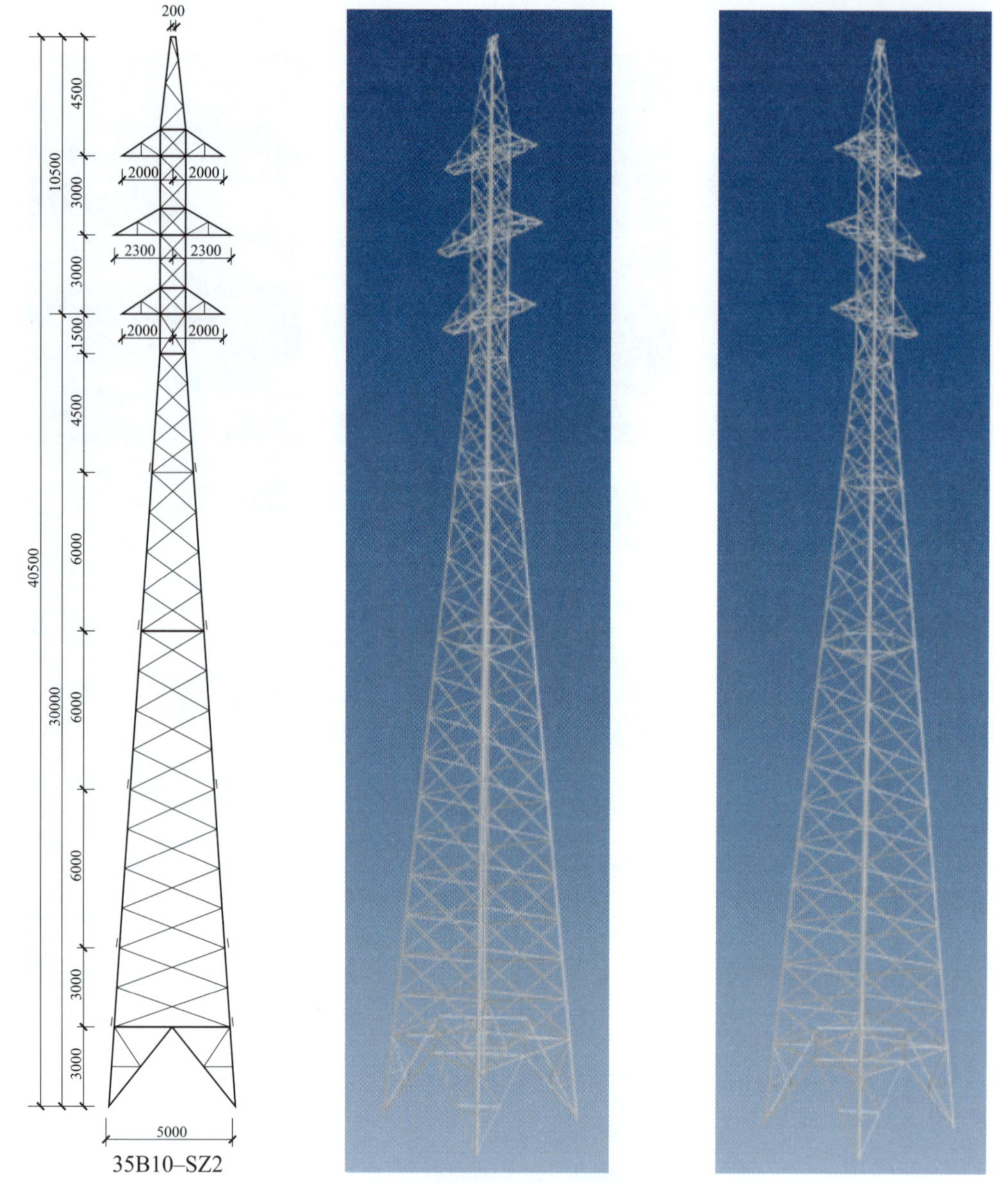

图 21－2　35B10－SZ2 杆塔一览图与三维模型图

图 21－3　35B10－SZ3 杆塔一览图与三维模型图

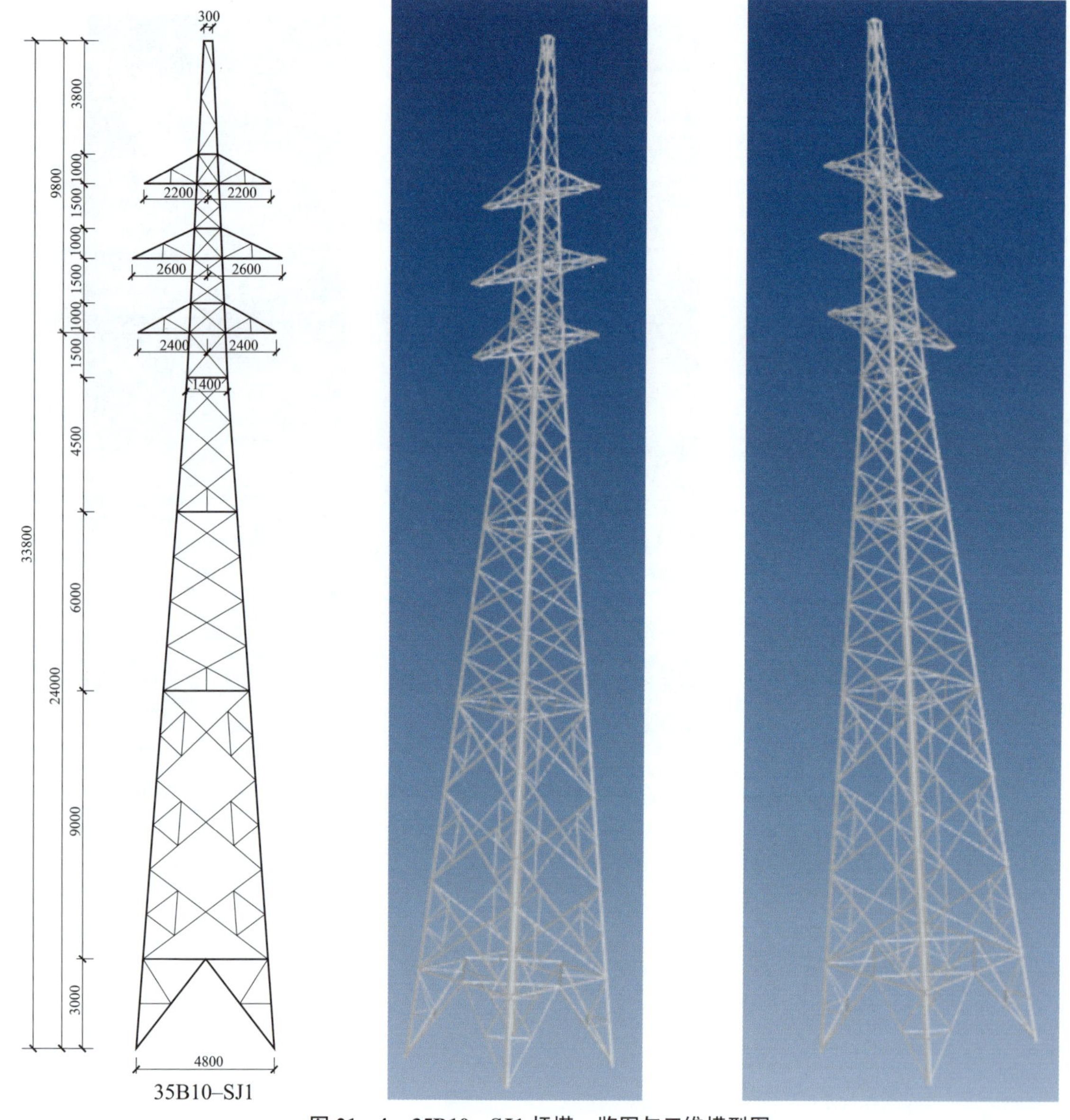

图 21－4　35B10－SJ1 杆塔一览图与三维模型图

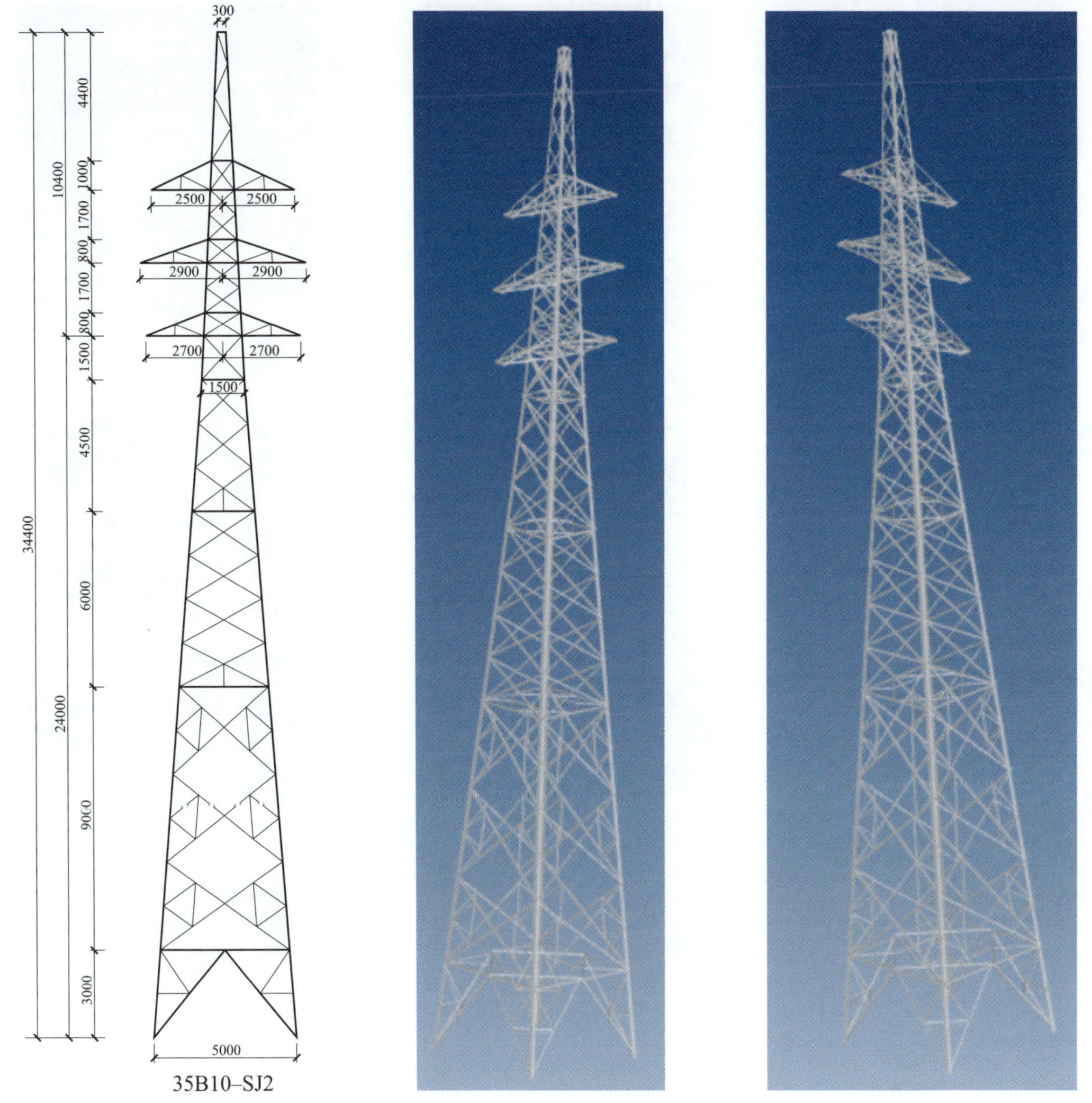

图 21－5　35B10－SJ2 杆塔一览图与三维模型图

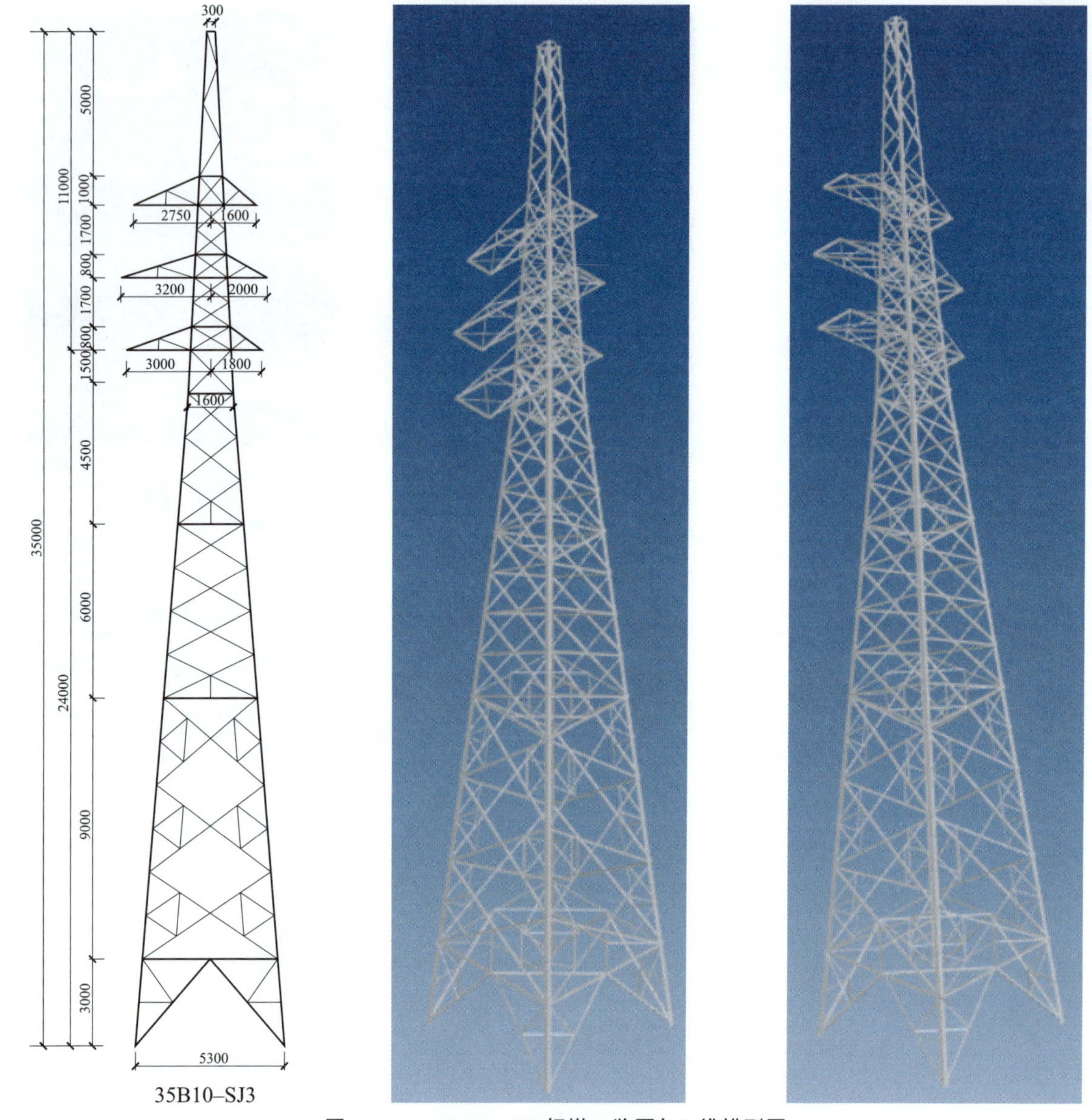

图 21－6　35B10－SJ3 杆塔一览图与三维模型图